U1069426

国际电气工程先进技术译丛

智能电网技术与应用

[斯里兰卡] 阇那迦·挨家纳雅克 (Janaka Ekanayake)
[斯里兰卡] 凯斯赛锐·利亚纳杰 (Kithsiri Liyanage)
吴建中 (Jianzhong Wu) 著
[日本] 明彦横山 (Akihiko Yokoyama)
[英国] 尼克·詹金斯 (Nick Jenkins)
师瑞峰 张 丽 焦润海 关志涛 等译

机 械 工 业 出 版 社

本书全面论述了智能电网的技术与应用，讨论了支撑智能电网系统运行的信息与通信技术（ICT），传感、测量、控制及自动化技术，以及新能源并网与需求侧管理所需的电力电子及储能技术。本书通过大量的例题对智能电网分析的方法应用进行了示例分析，使读者可以全面掌握智能电网相关的基础理论与方法应用要点。

本书可作为高等院校电气工程、通信、自动化、能源动力工程等高年级本科生专业选修教材或低年级研究生的参考教材，同时也可供智能电网相关领域研究和工程技术人员参考。

Copyright © 2012 John Wiley & Sons, Ltd.

All Right Reserved. This translation published under license. Authorized translation from English language edtion, entitled Smart Grid: Technology and Applications, ISBN: 978-0-470-97409-4, by Janaka Ekanayake, Kithsiri Liyanage, Jianzhong Wu, Akihiko Yokoyama and Nick Jenkins, Published by John Wiley & Sons. No part of this book may be reproduced in any form without the written permission of the original copyrights holder.

本书中文简体字版由 Wiley 授权机械工业出版社独家出版，未经出版者书面允许，本书的任何部分不得以任何方式复制或抄袭。版权所有，翻印必究。

北京市版权局著作权合同登记　图字：01-2012-5201 号。

图书在版编目（CIP）数据

智能电网技术与应用/（斯里）阇那迦·挨家纳雅克（Janaka Ekanayake）等著；师瑞峰等译. —北京：机械工业出版社，2016.11

（国际电气工程先进技术译丛）

书名原文：Smart Grid Technology and Applications

ISBN 978-7-111-55038-9

Ⅰ.①智…　Ⅱ.①阇…②师…　Ⅲ.①智能控制-电网-研究

Ⅳ.①TM76

中国版本图书馆 CIP 数据核字（2016）第 239223 号

机械工业出版社（北京市百万庄大街 22 号　邮政编码 100037）

策划编辑：顾　谦　责任编辑：顾　谦

责任校对：潘　蕊　封面设计：马精明

责任印制：李　洋

三河市国英印务有限公司印刷

2017 年 1 月第 1 版第 1 次印刷

169mm×239mm · 16.25 印张 · 294 千字

0 001—3000 册

标准书号：ISBN 978-7-111-55038-9

定价：79.00 元

凡购本书，如有缺页、倒页、脱页，由本社发行部调换

电话服务	网络服务
服务咨询热线：010-88361066	机 工 官 网：www.cmpbook.com
读者购书热线：010-68326294	机 工 官 博：weibo.com/cmp1952
010-88379203	金 书 网：www.golden-book.com
封面无防伪标均为盗版	教育服务网：www.cmpedu.com

译　者　序

智能电网是以物理电网为基础，将先进的现代传感测量技术、通信技术、信息技术、计算机技术和控制技术与物理电网高度集成的新型电网。它以充分满足用户对电力的需求和优化资源配置，确保电力供应的安全性、可靠性、经济性，满足环保约束，保证电能质量、适应电力市场化发展为目的，实现对用户可靠、经济、清洁、互动的电力供应和增值服务。在节能减排、产业结构调整及新能源发电快速增长的新的能源发展形势下，如何提升新能源消纳能力、增强电网供电质量与可靠性，发展基于多能互补的低成本、高可靠度的智能电网技术是当前的研究与应用热点。

本书不仅全面、系统地介绍了智能电网涉及的信息与通信技术（ICT），传感、测量、控制及自动化技术，新能源并网及需求侧管理的电力电子与储能技术，并且通过大量的例题展示了如何运用这些方法对智能电网进行分析，使读者可以全面掌握智能电网相关的基础理论与方法应用要点。此外，几位作者在智能电网理论研究和实际应用领域都有十分深厚的造诣，本书在理论和应用两方面都分别做了深入讨论与分析，适合各个层次的读者，使其有所受益。

本书的主要内容包括：智能电网概述，面向智能电网的数据通信技术、信息安全技术，智能测量与需求侧整合，配电自动化设备，配电管理系统，输电系统运行，电力电子变换装置与应用，以及储能系统等。另外，书中在各个章节穿插大量方法应用例题，增强了方法应用的易懂、易用性。因此，本书无论对于课程学习、基础研究还是实际应用都具有宝贵价值，非常值得一读。

本书由师瑞峰组织翻译并完成最后的修订和统稿。师瑞峰负责第1、5、6、7、8章的翻译，张丽负责第9、10、11、12章的翻译，焦润海负责第2、3章的翻译，关志涛负责第4章的翻译。参与翻译、录入、校对工作的还有王薇薇、崔灿、吴玥、张宁、张慧、郑士尧、史永锋、廖振宏、胡宇宸、孙常浩、马源、梁子航、杨阳等研究生。本书的翻译工作得到国家自然科学基金（61203100）与中央高校基本科研业务费（2016MS42）的资助，在此表示感谢。最后，感谢机械工业出版社电工电子分社顾谦老师在本书翻译过程中给予的持续关注和支持，促使本书最终得以完成出版。

由于译者水平有限，难免会出现一些错误之处，敬请广大读者批评指正。

师瑞峰

2016年8月　华北电力大学

作者简介

Janaka Ekanayake

Janaka Ekanayake 于 1990 年获得斯里兰卡佩拉德尼亚（Peradeniya）大学的电气与电子工程学士学位，并于 1995 年在英国曼彻斯特大学的科学与技术学院获得电气工程博士学位。他目前是英国卡迪夫（Cardiff）大学的一名高级讲师，在此之前曾是佩拉德尼亚大学电气与电子工程系的教授。他的主要研究方向包括电力电子应用、可再生能源发电与并网。他是一名注册工程师、IET（英国工程技术学会）会士、IEEE［电气与电子工程师协会（美）］高级会员，IESL（斯里兰卡工程师学会）会员。他先后发表了 30 余篇相关的期刊论文，并合著 3 本专著。

Kithsiri Liyanage

Kithsiri Liyanage 是斯里兰卡佩拉德尼亚大学电气与电子工程系教授。他于 1983 年获得佩拉德尼亚大学的工学学士学位，并于 1991 年获得东京大学工学博士学位。他在 1993~1994 年间曾在华盛顿大学电气工程系从事访问研究，并于 2008~2010 年间在东京大学电力与环境技术研究中心担任访问学者。他发表了 30 余篇关于智能电网应用与控制方面的论文，其研究方向主要为智能电网下的 ICT（信息与通信技术）应用。

Jianzhong Wu

Jianzhong Wu 分别于 1999 年、2001 年和 2004 年在中国天津大学获得学士、硕士和博士学位。他曾担任天津大学副教授，于 2006 年加入曼彻斯特大学。自 2008 年开始担任卡迪夫大学工程学院讲师。他的主要研究方向包括电力基础设施和智能电网。他承担着数项欧盟持续项目和其他基金项目。作为 IET、IEEE 和 ACM［计算机协会（美）］会员，他发表了 30 余篇论文，并合著 1 本专著。

Akihiko Yokoyama

Akihiko Yokoyama 分别于 1979 年、1981 年和 1984 年在日本东京大学获得学士、硕士和博士学位。自 2000 年起担任东京大学电气工程系教授。他曾作为访问学者在德州大学阿灵顿分校、加州大学伯克利分校从事过研究。他的主要研究方向包括电力系统分析与控制、智能电网。他是日本电气工程学会（IEEJ）的高级会员，日本工业与应用数学学会（JSIAM）、IEEE 及 CIGRE（国际大电网协会）会员。

Nick Jenkins

Nick Jenkins 于 1992 ~ 2008 年在曼彻斯特大学工作，其后担任卡迪夫大学的可再生能源专业教授。他具有 14 年的工业界从业经历，其中 5 年在发展中国家。在卡迪夫大学，他开创了关于电力能源工程和可再生能源的教学及科研工作。他目前是 IET、IEEE 及皇家工程院的会士。他是 CIGRE 的杰出会员，2009 ~ 2011 年期间担任美国斯坦福大学大气与能源项目的 Shimizu 访问教授。

原书前言

全球电力正在经历着由无碳电力供给带来的深刻变革：在更换现有老化设备的同时，更多地将新近发展的信息与通信技术（ICT）引入到电力系统。所有这些需求都可以通过智能电网方案获得解决。智能电网技术采用先进的ICT控制新能源系统可靠、高效地发电。尽管现有高压输电系统中已经建立了一些ICT基础设施，但实时通信在用户或分布式系统（回路）中尚不多见。

智能电网的设想是给低压电网提供更大的可视化，并使用户能够通过智能电表和智能家庭方案参与到电力系统的运行中。智能电网可以提供更好的能源效率，且在更大程度上支撑可再生能源的利用。当前，关于智能电网的研究与发展在美国、英国、中国、日本和欧洲等国家和地区得到了大力支持。它是国际上重要的研究主题和潜在的商业利润增长方向。

本书写作初衷是提供一些对智能电网基本概念的讨论与见解，并对实现这些技术的细节展开部分描述。尽管当前智能电网的定义并不完备，但本书无疑对关键的可行技术进行了前瞻性的探讨，这对读者了解电力系统的发展现状和参与未来智能电网的讨论大有裨益。

本书是作者们在中国、日本、斯里兰卡、英国和美国的本科生与研究生教学过程中的经验总结，也是作者们相关研究工作的展示。本书内容主要分为三大技术主题：

1）第1部分为ICT（第2~4章）；

2）第2部分为传感、测量、控制及自动化技术（第5~8章）；

3）第3部分为电力电子与储能技术（第9~12章）。

本书展示的三大类技术主题彼此相对独立。对电力系统或能源专业的工学或理学硕士生课程而言，第2~4章、第5~7章以及第9~11章之间的相关性更强一些；但对通用性更强的智能电网课程而言，选择第2~5章、第9章、第12章等内容则更为恰当。

本书技术内容包括了不同的专题，可以拓展不同学科工程技术人员的知识体系，以帮助他们更好地投入到智能电网的建设中。

原书致谢

我们非常感谢那些为本书作出积极贡献的同事和朋友，没有他们的付出，本书难以如此顺利完成。尤其要感谢东芝公司、S&C 电气欧洲有限责任公司、东京电力公司、日本风电公司和天大求实电力新技术有限责任公司等企业为本书提供的大量图片。非常感谢 John Lacari 为本书数值算例所做的校验工作；Jun Liang、Lee Thomas、Alasdair Burchill、Panagiotis Papadopoulos、Carlos Ugalde-Loo 和 Iñaki Grau 等人为第 5 章、第 11 章和第 12 章提供的信息；Mahesh Sooriyabandara 对某些章节的校对；以及 Luke Livermore、Kamal Samarakoon、Yan He、Sugath Jayasinghe 及 Bieshoy Awad 等人给予的帮助。

缩略语对照表

2-D	2-dimensional	二维
3-D	3-dimensional	三维
3G	3rd Generation mobile systems	第三代移动通信系统
3GPP	3rd Generation Partnership Project	第三代合作项目
ACL	Asynchronous Connectionless Link	异步无连接链路
ADC	Analogue to Digital Conversion or Converter	模-数转换器
ADMD	After Diversity Maximum Demand	后多样性最大需求
ADSL	Asymmetric Digital Subscriber Line	非对称数字用户线路
ADSS	All-Dielectric Self-Supporting	全介质自承式
AES	Advanced Encryption Standard	高级加密标准
AGC	Automatic Generation Control	自动发电控制
AM	Automated Mapping	自动映射
AMM	Automatic Meter Management	测量管理自动化
AMR	Automatic Meter Reading	自动抄表
ARIMA	Autoregressive Integrated Moving Average	自回归整合平均移动
ARIMAX	Autoregressive Integrated Moving Average with exogenous variables	含外生变量的自回归整合平均移动
ARMA	Autoregressive Moving Average	自回归平均移动
ARMAX	Autoregressive Moving Average with exogenous variables	含外生变量的自回归平均移动
ARPANET	Advanced Research Projects Agency Network	高级研究计划机构网络
ASD	Adjustable Speed Drives	可调速驱动器
ASK	Amplitude Shift Keying	幅移键控
AVC	Automatic Voltage Control	自动电压控制

BES	Bartery Energy Storage	电池储能
BEV	Battery Electric Vehicles	纯电动汽车
BPL	Broadband over Power Line	电力线宽带
CB	Circuit Breaker	断路器
CC	Constant Current	恒定电流
CI	Customer Interruptions	用户中断
CIM	Common Information Model	公共信息模型
CIS	Customer Information System	用户信息系统
CML	Customer Minutes Lost	用户平均断电分钟数
COSEM	Companion Specification for Ehergy Metering	电能计量配套规范
CSC	Current Source Converter	电流源变换器
CSC-HVDC	Current Source Converter High Voltage DC	电流源型高压直流电流变换器
CSMA/CD	Carrier Sense Multiple Access/Collision Detect	载波侦听多址访问/碰撞检测
CT	Current Transformer	电流互感器
CTI	Computer Telephony Integration	计算机语音集成
CV	Constant Voltage	恒定电压
CVT	Capacitor Voltage Transformers	电容式电压互感器
DAC	Digital to Analogue Converter	数-模转换器
DARPA	Defense Advanced Research Project Agency	美国国防部先进研究项目局
DB	Demand Bidding	需求竞标
DCC	Diode-Clamped Converter	二极管钳位变换器
DER	Distributed Energy Resources	分布式能源
DES	Data Encryption Standard	数据加密标准
DFIG	Doubly Fed Induction Generators	双馈感应发电机
DG	Distributed Generation	分布式发电
DLC	Direct Load Control	直接负载控制

DMS	Distribution Management System	配电管理系统
DMSC	Distribution Management System Controller	配电管理系统控制器
DNO	Distribution Network Operators	配电网运行
DNS	Domain Name Server	域名服务器
DR	Demand Response	需求响应
DSB	Demand-Side Bidding	需求侧竞标
DSI	Demand-Side Integration	需求侧集成
DSL	Digital Subscriber Lines	数字用户线路
DSM	Demand-Side Management	需求侧管理
DSP	Digital Signal Processor	数字信号处理器
DSR	Demand-Side Response	需求侧响应
DVR	Dynamic Voltage Restorer	动态电压恢复器
EDGE	Enhanced Data Rates for GSM Evolution	增强型数据速率 GSM 演进技术
EMI	Electromagnetic Interference	电磁干扰
EMS	Energy Management System	电能管理系统
ESS	Extended Service Set	扩展服务集
EU	European Union	欧洲联盟
EV	Electric Vehicles	电动汽车
FACTS	Flexible AC Transmission Systems	柔性交流输电系统
FCL	Fault Current Limiters	故障限流器
FCS	Frame Check Sequence	帧校验序列
FFD	Full Function Device	完整功能设备
FM	Facilities Management	设备管理
FPC	Full Power Converter	全功率变换器
FSIG	Fixed Speed Induction Generator	定速感应发电机
FSK	Frequency Shift Keying	频移键控
FTP	File Transfer Protocol	文件传输协议
GEO	Geostationary Orbit	地球同步轨道
GGSN	Gateway GPRS Support Node	网关 GPRS 支持节点

GIS	Gas Insulated Substations	气体绝缘变电站
GIS	Geographic Information System	地理信息系统
GPRS	General Packet Radio Service	通用分组无线服务
GPS	Global Positioning System	全球定位系统
GSM	Global System for Mobile Communications	全球移动通信系统
GTO	Gate Turn-off (Thyristor)	门极关断（晶闸管）
HAN	Home-Area Network	家庭区域网络
HDLC	High-Level Data Link Control	高级数据链路控制
HMI	Human Machine Interface	人机接口
HTTP	Hypertext Transfer Protocol	超文本传输协议
HVAC	Heating, Ventilation, Air Conditioning	供热通风与空气调节
HVDC	High Voltage DC	高压直流
ICT	Information and Communication Technology	信息与通信技术
IED	Intelligent Electronic Device	智能电子设备
IGBT	Insulated Gate Bipolar Transistor	绝缘栅双极型晶体管
IGCT	Insulated Gate Commutated Thyristor	集成门极换流晶闸管
IP	Internet Protocol	网络协议
IPFC	Interline Power Flow Controller	线间潮流控制器
IPng	IP Next Generation	下一代 IP
IPsec	Internet Protocol Security	网络协议安全性
ITE	Information Technology Equipment	信息技术设备
KDC	Key Distribution Centre	密钥分配中心
LAN	Local Area Network	局域网
LCD	Liquid Crystal Displays	液晶显示器
LED	Light Emitting Diodes	发光二极管
LLC	Logical Link Control	逻辑链路控制
LMU	Line Matching Unit	线路匹配单元
LOLP	Loss of Load Probability	缺电概率
M2C	Multi-Modular Converter	多模块变换器

MAS	Multi Agent System	多智能体系统
MD	Message Digest	信息摘要
MDM	Metre Data Management system	电能表数据管理
METI	Ministry of Economy, Trade and Industry	经济贸易和工业部门
MGCC	Micro Grid Central Controllers	微网中央控制器
MMS	Manufacturing Message Specification	制造消息规范
MOSFET	Metal Oxide Semiconductor Field Effect Transistor	金属-氧化层半导体场效晶体管
MPLS	Multi Protocol Label Switching	多协议标签交换
MPPT	Maximum Power Point Tracking	最大功率点跟踪
MSB	Most Significant Bit	最高有效位
MTSO	Mobile Telephone Switching Office	移动电话交换局
NAN	Neighbourhood Area Network	邻域网
NERC CIP	North America Electric Reliability Corporation-Critical Infrastructure Protection	北美电力可靠性公司-重要基础设施保护
NOP	Normally Open Point	常开触点
NPC	Neutral-Point-Clamped	结构中点钳位型
OCGT	Open Cycle Gas Turbines	开式循环燃气轮机
OFDM	Orthogonal Frequency Multiplexing	正交频分复用
OFDMA	Orthogonal Frequency Division Multiple Access	正交频分多址
OLTC	On-Load Tap Changers	有载调压变压器
OMS	Outage Management System	停电管理系统
OPGW	OPtical Ground Wires	光纤复合架空地线
PCM	Pulse Code Modulation	脉冲编码调制
PDC	Phasor Data Concentrator	相位数据集中器
PET	Polyethylene Terephathalate	聚对苯二甲酸乙二醇酯
PGA	Programmable Gain Amplifier	可编程序增益放大器
PHEV	Plug-in Hybrid Electric Vehicles	插电式混合动力电动汽车
PLC	Power Line Carrier	电力线载波

PLL	Phase Locked Loop	锁相环
PMU	Phasor Measurement Units	相量检测单元
PSK	Phase Shift Keying	相移键控
PSS	Power System Stabilisers	电力系统稳定器
PSTN	Public Switched Telephone Network	公共电话交换网
PV	Photovoltaic	光伏
PWM	Pulse Width Modulation	脉冲宽度调制
RFD	Reduced Function Device	精简功能设备
RMU	Ring Main Unit	环网单元
RTU	Remote Terminal Unit	远程终端单元
SAP	Session Announcement Protocol	会话通告协议
SCADA	Supervisory Control and Data Acquisition	数据采集与监控
SCE	Southern California Edison	南加州爱迪生（公司）
SCO	Synchronous Connection Orientated	同步连接导向
SGCC	State Grid Corporation of China	中国国家电网公司
SGSN	Serving GPRS Support Node	服务 GPRS 支持节点
SHA	Secure Hash Algorithm	安全哈希算法
SMES	Superconducting Magnetic Energy Storage	超导磁储能系统
SMTP	Simple Mail Transfer Protocol	简单邮件传输协议
SNR	Signal to Noise Ratio	信噪比
SOC	State Of Charge	充电状态
SVC	Static Var Compensator	静态无功补偿器
TCP	Transmission Control Protocol	传输控制协议
TCR	Thyristor Controlled Reactor	晶闸管控制电抗器
TCSC	Thvristor Controlled Series Capacitor	晶闸管控制串联电容器补偿
THD	Total Harmonic Distortion	总谐波失真
TSC	Thyristor Switched Capacitor	晶闸管开关电容器
TSSC	Thyristor Switched Series Capacitor	晶闸管开关串联电容器
UHV	Ultra High Voltage	超高压
UML	Unified Modelling Language	标准建模语言

UPFC	Unified Power Flow Controller	统一潮流控制器
UPS	Uninterruptable Power Supplies	不间断电源
URL	Uniform Resource Locator	统一资源定位符
UTP	Unshielded Twisted Pair	非屏蔽双绞线
VPN	Virtual Private Network	虚拟专用网络
VPP	Virtual Power Plant	虚拟电厂
VSC	Voltage Source Converter	电压源变换器
VSC-ES	Voltage Source Converters with Energy Storage	储能电压源变换器
VSC-HVDC	Voltage Source Converter HVDC	电压源型高压直流变换器
VT	Voltage Transformer	电压互感器
WAMPAC	Wide Area Monitoring, Protection and Control	广域监测、保护和控制
WAMS	Wide-Area Measurement Systems	广域监测系统
WAN	Wide Area Network	广域网
WiMax	Worldwide Interoperability for Microwave Access	全球微波互连接入
WLAN	Wireless LAN	无线局域网
WLAV	Weighted Least Absolute Value	加权最小绝对值
WLS	Weighted Least Square	加权最小二次方
WPAN	Wireless Public Area Networks	公共区域无线网
XOR	Exclusive OR	异或

目　　录

第1部分　ICT

第2部分　传感、测量、控制及自动化技术

第3部分　电力电子与储能技术

第1章 智能电网

1.1 简介

现有的电力系统在过去70多年间获得了长足发展，由大型中央发电机组通过发电侧变压器向互连网络供电，成为今天使用广泛的输电网。无论是由水能、核能还是化石燃料进行驱动，每种单个独立发电机组都可获得高达1000MW级别的发电能力。输电网传送电能时，由于受距离因素制约，必须通过一系列配电变压器的能量转换才能向终端用户提供可用的优质电能。

电力系统的供电体系（大型发电机组和输电网）具有良好高效的通信网络，帮助其完成市场交易、系统安全及发电机组与输电线路的集成运行等功能。部分带有自动控制功能的电力系统，尽管其作用范围受限，但其脱网运行功能可在发电机组与输电网之间通信受干扰情况下保证系统的安全运转。

配电系统中的接入负荷类型广泛，通信和本地控制限制使系统控制变为一种被动控制。除了超大负荷（例如炼钢或炼铝等冶炼厂）等重要工业部门外，绝大多数负荷用电过程无实时电压或电流的监测记录，电力系统除了向这些负荷提供电能外，几乎不与负荷发生其他信息交互。

现有的通信系统在互联网影响下发生了重大变革，可以为电力系统的整体监控提供更加有效、灵活和低成本的定制服务。智能电网是一种借助信息与通信技术（ICT）对电力系统进行变革的尝试，但由于电力系统已往的巨额投资，任何大的变革都将带来天文数字的开销，所以这种变革是一个审慎推进的革新过程。

气象学界已经达成了如下共识，即人造温室气体正在带来严峻的气候问题，因此需要探寻新的发电方式以提升能源利用率的同时有效降低CO_2排放。高效的负荷管理和降低电能损耗需要以掌握精确信息为前提，为了在大型可再生发电系统中实现供需平衡，电力系统需要集成负荷运行信息。由于智能电表可以提供负荷与潮流信息，因而成为智能电网的重要组成部分。一旦实现对电力系统中所有组成部分的有效监控，其运行状态可实时观测，其运行方式会有更多的选择。

在英国，未来的低碳化电力系统将依托可再生能源、核电、燃料电池的综合发电系统，实现综合发电管理（目前尚存在困难，主要是由于它同时涵盖了可再生发电、大型核电和燃料电池发电机等可变发电系统），由于技术和商业原因，综合发电系统主要以恒定输出状态运行。目前来看，未来智能电网必须以高效的监控系统为依托方能实现高效运作管理。

1.2　为何选择智能电网?

2005年以来，人们对智能电网的关注度越来越高。ICT为电网系统的现代化运行提供了巨大契机，电力部门若采取有效的监测和控制措施，就可以在降低电力系统碳排放的同时保持现有成本，业界目前已对上述两点结论达成了共识。此外，下列这些因素也是促使人们重视智能电网的重要动因。

1.2.1　资产老化且传输能力不足

目前，世界上许多国家（如美国和大部分欧洲国家）的电力系统是在20世纪60年代开始迅速扩建的，当时安装的输电和配电设备现在已经超出了设计寿命，急需更换。但对等更换的经济成本非常高，甚至能否找到熟悉这些发电设备制造和装配技术的熟练技工都存在问题。因此，输电和配电线路更新换代作为电力系统变革的一个非常契机，让人们有机会对系统进行创新性的设计与重新部署。

在某些国家，架空线路在满足负载增长需求的同时还需要与可再生发电系统进行对接，由于获取方式和环境方面的制约使这项工作推迟了10年或更长时间，由此导致一些可再生发电设备无法接入现有的输电和配电线路运行发电。因此，这种电力系统传输能力不足的现状迫切需要引入更加智能的方法来提高系统动态传输能力，并计算出流经较少负载的潮流路径。

1.2.2　热约束

现有的输电、配电线路与设备已达到其电力传输能力的极限，当电力设备中的电流超越其耐热等级时，会由于过热而导致绝缘层迅速恶化。这也间接导致了设备寿命减少和故障率的增加。如果架空线路通过的电流过大，则会导致导体链延长、凹陷增加与地面间隙减少的情形。架空线与地面间隙的减少不仅会增加故障概率，而且可能会引发其他潜在的公共安全危害。由于热约束依赖于环境条件，而环境条件随季节不断变化，因此使用动态评级技术有些情况下可以增加线路的传输容量。

1.2.3　操作约束

任何电力系统都要在额定电压和频率范围内工作。如果电压值超越上限，可能会破坏电力系统和用户设备的绝缘部件，导致断路故障；如果电压过低，可能会引起用户设备故障或过电流，甚至会引发一些线路与发电机断电。许多传统配电网线路容量在电压最大和最小负载期间受其变化限制，此时电路负载接近其热极限。虽然减小线路负载可以降低损耗，但无疑会增大投资成本。

自 1990 年以来，人们对发电设备直接连接到配电网开展了广泛研究。分布式发电在负载较小时会引起过电压，因此需要局部发电设备、在线负载分接开关和其他控制配电线路电压设备之间的协调运行。电力系统频率可根据发电侧和需求侧实际状况进行动态调整：50Hz 或 60Hz 的频率偏差与大规模电力系统的控制区域联络线可以有效地反映这种不平衡状况，系统运营商会确保频率稳定在规定范围，频率一旦发生波动，就会触发呼叫响应和备用服务器，使频率迅速调回合理范围[1]。紧急情况下，可以通过切除部分负载来保持系统的稳定性。

由于现有技术不能准确地预测可再生能源的能量随时间（如小时）的变化情况，因此导致了风力发电、太阳能光伏发电等可再生能源发电系统的输出功率的不确定性。大型化石燃料发电机组从冷却状态起动至稳态可能需要 6h 左右的时间，某些发电机组则由于技术或商业原因，必须工作在一个恒定的输出工况下，因此保持电能供需平衡和系统频率稳定成为了一件越来越困难的任务。如果不考虑成本增加，欠负荷发电“旋转备用”或能量存储可以部分解决这个问题，因此，电力系统运营商正在寻找频率响应和来自负荷需求的储能设备。笔者认为未来供暖负荷的电气化（减少 CO_2 排放量）和电动汽车充电需求的增加会扩大柔性负荷容量，有助于保持电网的稳定性，并由此降低部分负荷的备用电力需求及网络加固的必要性。

1.2.4 供给安全

现代社会由于越来越多的临界负荷接入电网，需要更加可靠的电力供给。提高可靠性的传统方法是在考虑资本成本和环境影响的前提下，配置额外的冗余电网。当发生故障时，除了切断故障线路，不需要其他操作来保证供电。无论如何电力系统都不可能绝对避免故障的发生，因此智能电网通过采用故障前诊断的方式为用户提供尽可能可靠的稳定供电，但这需要额外的冗余电路耗能作为代价，如何能够通过优化减少冗余线路耗能，有望在电力节能方面取得重要突破。

1.2.5 各国政策

目前，许多国家都积极鼓励智能电网的建设，将其作为电力系统基础设施更新换代的一种有效经济方式加以扶持；同时各国也在积极探索对低碳能源进行整合。多数国家甚至认为智能电网是经济/贸易领域开发新产品、提升新服务的重要机遇。

1.2.5.1 中国

中国政府已经宣布，到 2020 年，单位 GDP 增长伴随的碳排放量将比 2005

年减少 40% ~45%，中国发展智能电网的另一个驱动因素是国家的经济快速增长和电力生产与消费的地理分布不均匀。

中国国家电网公司（SGCC）已经发布了智能电网发展的中长期规划，其中将智能电网描述如下[2]：

“一个强大、可靠的，以超高压（UHV）电网为依托，对不同电压等级网络协调发展基础上，由信息技术与通信基础设施支撑的，具有自动化和互操作性的，集电力、信息和商业流的系统集成。”

1.2.5.2 欧盟

欧盟（EU）的智能电网技术平台已经发布了未来欧洲电网的愿景和战略[3]。它指出：

“欧洲电网整合整个低碳发电技术，同时鼓励需求侧在供应链中发挥积极作用，这必须通过高效、经济地升级和开发网络来实现。”

智能电网技术平台指出下列重要领域面临的主要挑战，即欧盟规定的分别到 2020 年和 2050 年的可再生能源利用率、发电效率和碳减排的目标，以及其对现有输电系统的影响：

- 强化电网，包括延伸至近海；
- 开发系统控制的分散式架构；
- 提供通信基础设施；
- 启用主动需求侧；
- 整合间歇性发电；
- 加强发电、需求和电网的智能化；
- 获取分布式发电和存储的优势；
- 做好应对电动汽车需求的准备。

1.2.5.3 日本

2009 年，日本政府宣布到 2020 年各行业 CO_2 排放量将减少到 1990 年的 75% 或 2005 年的 2/3，而要达到这一目标，就必须在 2020 年和 2030 年分别完成 20GW 和 53GW 的光伏发电装机容量。经济贸易和工业部门（METI）自 2008 年起建立了 3 个研究委员会专门开展智能电网相关内容的研究，这些委员会在成立后积极探讨了低碳电力系统（2008 ~2009 年）、下一代输电和配电网以及具有日本特色的智能电网（2009 ~2010 年）和下一代输电与配电系统的监管（2010 ~2011 年）等问题。该委员会下一步任务目标是研究讨论下列技术及其监管问题，尤其是关于可再生能源的普及运用、光伏发电系统的接入等问题：

- 轻负载条件下的剩余电力问题；
- 频率波动问题；
- 配电线路的电压上升问题；

- 优先互连及可再生能源发电系统的接入和调度问题；
- 智能电网投资成本回收问题。

此外，日本还启动了一个由国家主导的项目："下一代输配电系统的最优控制技术的现场测试项目"，整合了由26家电力公司、制造公司和研究实验室组成的研究团队，共同开发解决智能电网面临的技术难题。

自从2011年3月11日日本东北部地震以来，日本开始逐渐重视灾区重建以及低碳社会发展中存在的智能电网研究课题。

1.2.5.4 英国

英国能源和气候变化部门发布的《Smarter Grids：The Opportanity》（智能电网：机遇）[4]文件提出，发展智能电网的目的是使当前电网更具灵活性，从而促进现有电力系统向低碳、安全的低成本智能电网系统转型。《The Smart Grid route map》（智能电网的发展蓝图）[5]中明确了一些关键的发展方向，旨在带动英国电力系统向低碳型系统转变。这些技术包括：

- 在大力拓展间歇性可再生能源与灵活小巧的核电技术同时，逐步降低火力发电规模；
- 加热和运输系统的电气化；
- 分布式能源的普及，包括分布式发电、需求响应与存储；
- 电动汽车的日益普及。

1.2.5.5 美国

根据公法110-140-DEC. 19，2007[6]，美国（USA）电网的发展目标如下：

"支持输电网和配电网的现代化，以便维护电力系统设施的可靠性和安全性，满足未来的需求增长，增加数字信息与控制技术的应用；电网运行和资源的动态优化；分布式发电系统的配置与集成；需求响应、需求侧资源和能效资源整合；智能测量技术和用户设备开发；先进电力存储和调峰技术的配置与集成；为消费者提供及时的信息与控制服务，并扩展通信与互操作性方面的标准。"

1.3 什么是智能电网？

智能电网的概念包括许多技术、终端用户解决方案、解决政策和监管机制。但截至目前，国际上尚未形成统一、明确的智能电网定义。

欧洲技术平台[3]定义的智能电网：

"智能电网是一个可以智能化集成所有与之连接的用户行为的电网—发电机—客户，并保证高效、可持续、经济、安全的电力供给。"

美国能源局[7]定义的智能电网：

"智能电网采用数字化技术提高大规模发电的电力系统可靠性、安全性和效率（包括经济性和电能质量），通过输电系统传送至用户，并且可吸纳众多分布式发电和储能装置。"

《机遇》[4]定义的智能电网：更加智能的电网：

“智能电网采用传感、嵌入式处理和数字通信等使电网可观测（可测且可视化）、可控（可操作与优化）、自动化（可适应并自修复）且完全集成（完全兼容现有系统和不同的能源）。”

文献［7-10］表明智能电网具有以下特征：

1）通过在需求响应与需求侧管理中集成智能电表、智能设备、用户负载、微型发电、电力存储（电动汽车）等要素，为用户提供电能使用及电价的相关信息。通过提供用户自身信息、结合用电激励机制来改变用户的消费模式，从而突破现有电力系统的某些局限。

2）可以吸纳和促进各种可再生能源、分布式发电、住宅微型发电和储能元件，减小电力系统对环境的影响，同时提供整合方法。智能电网还应当具备简化互连功能，类似于即插即用。

3）通过交付系统（电源路由重建、自主运行）的智能操作优化、提高资产经营管理的效率，且能适应不同类型、不同时间的应用需求。

4）可以对地域干扰、攻击和自然灾害等情况进行预测，并实施系统应对干扰措施（如预防性维护和自我修复等），以及通过增强传输能力加强供电安全，以保证和提升供电的可靠性和安全性。

5）保证供电的电能质量，以满足数字经济增长而不断增加的敏感用电设备的使用要求。

6）通过增加传输路径，整合供电和需求的相应计划，并通过辅助服务条款等进一步开拓市场。

1.4 早期智能电网尝试

1.4.1 主动配电网

图 1.1 所示是一个简明的含分布式发电设备（DG）的配电网结构图，与典型被动配电网不同，它具备以下特征：首先，潮流非单向流动，其方向与电网侧电压幅值取决于用户需求及接入电网的发电设备；其次，分布式发电并网可能会带来大面积故障电流，因此需要建立复杂保护和协调设置保护网络（安全）；再次，无功潮流在电网中可以独立于有功潮流；最后，许多类型的分布式发电系统通过电力电子技术作为接口或以注入谐波的方式接入电网。

图 1.1 还展示了主动控制功能的实现结构，其中，采用分布式管理系统控制装置（Distribution Mangement System Contreller，DMSC）评估电网状态以及控制电网的电压和潮流。分布式管理系统控制装置从电网中获取测量值并在其控制下

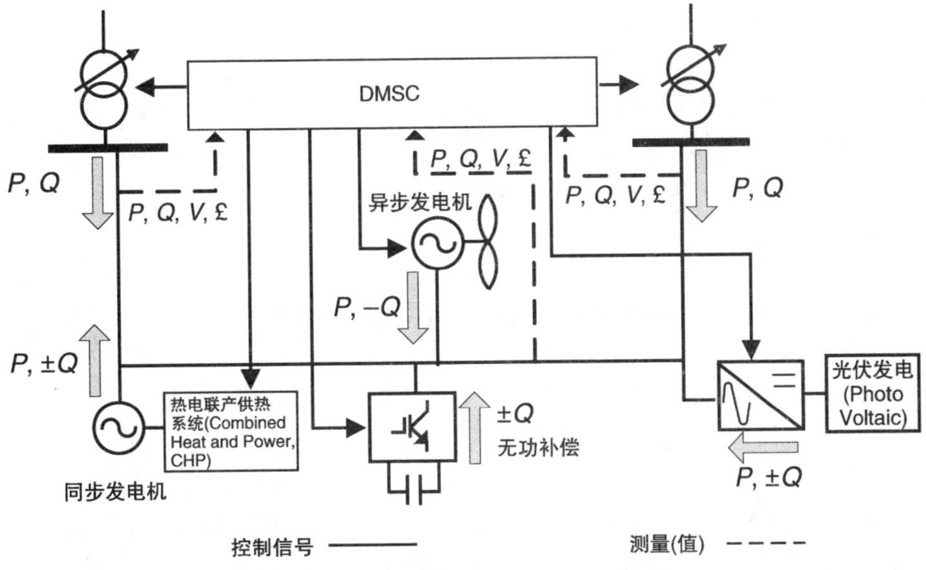

图 1.1　配电网主动管理方案

向设备发送信号，控制操作包括变压崎头操作、改变分布式发电机的输出和无功功率的注入/吸收等。

图 1.2 表明 DMSC 结构是通过构建控制器模块对操作条件进行评估，并实现与电网相连设备的控制操作。DMSC 的关键功能是状态估计、不良数据检测与最

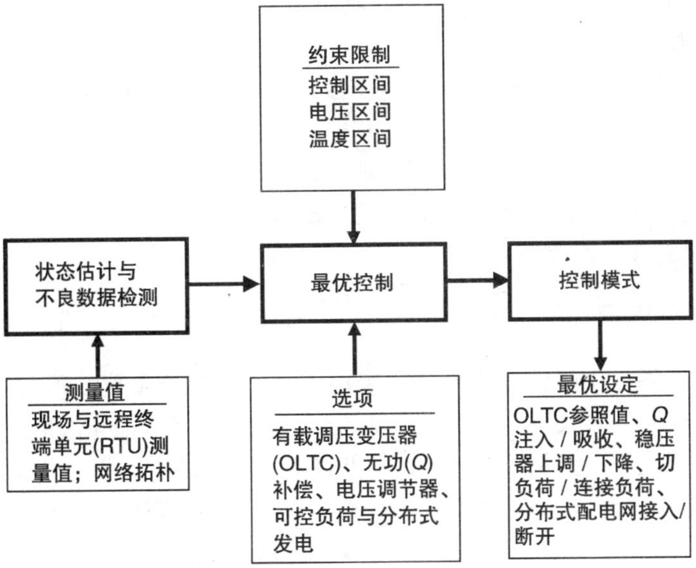

图 1.2　DMSC 架构

优控制配置计算。

DMSC 每过一定间隔会从网络节点接收一组实时测量数据，主要包括电压、接入负荷以及来自主变电站和其他次级子站的潮流数据，这些测量数据可用于分析电网运行状态。除此之外，DMSC 每隔一段时间还利用负荷模型预测电网各节点的接入负荷情况，该估算间隔与实时测量周期一致，其中，网络拓扑和阻抗均来自 DMSC 系统。

状态估计器（详见第 7 章）利用上述数据对电网运行状态进行评估，包括节点电压、电路潮流和接入电网负荷等。不良数据探测和辨识模块可以过滤错误的测量数据。

当 DMSC 完成电网运行状况评估后，控制算法通过分析各总线上的网络电压幅值辨别出电网是否在其允许阈值内运行。优化算法由备用主动控制选项、对这些控制和网络运行约束的限制等提供。控制限制是指设备可以运行的高于或低于设定值的允许范围；操作约束通常为电压限制以及电路和设备的耐热等级；优化控制算法计算出控制设定值，然后在不违反约束和运行限制的前提下优化设备设定值。

控制算法的解决方案是优化控制进度，将控制进度发送至与电网相连的设备上。这些控制操作可以单独执行，也可以多个并行执行。以下操作可以修改控制系统的设定值：

- 修改 OLTC 变压器/电压调节继电器的参考值；
- 请求自动电压调节器（AVR）或同步发电机调速器调节发电机（输出）的有功/无功功率；
- 发送信号至风电场数据采集与监控（SCADA）系统，实现风电场输出功率的控制；
- 切换或连接电网系统的控制性负荷；
- 增大或减小无功功率补偿设备的设定值；
- 通过开关电路重置网络。

1.4.2 虚拟电厂

分布式能源（DER）主要指近年来由于电力系统低碳化改革而广受关注的微型发电系统、分布式发电系统、电动汽车及储能设备等发电/储能系统，分布式能源由于规模小、数量多的特点，不能像对待传统的大型集中发电机组一样进行管理，并且它接入电网后还可能会时常陷于“连接-忘记”的尴尬状态。虚拟电厂（VPP）是指许多小型发电机集成运行，并由系统运营商直接控制，从而使电能输出交易变得更易实现[11]。通过对分布式能源进行 DER 集成，使电力系统运营商可以方便地控制其发电。VPP 的聚合输出使 DER 在技术上具备了与传统中央发电机组相似的商业运营模式。

VPP概念允许单独的分布式发电设备在电力市场上进行交易和对外可见，此外，系统运营商可从所有通过网络并网的可用设备中进行优化，使其效益最大化。

VPP的组成规模与技术构成对其聚合参与者有重要影响，例如，风力发电的输出波动可能会降低电网竞价，但这种减少幅度会随着与电网与风电场之间距离的增加而缩小。如果VPP同时安装多种发电设备，则聚合这些发电设备后的总输出受其波动性影响会大为降低。

1.4.3 其他尝试和验证

1.4.3.1 高尔文电力新方案

高尔文（Galvin）规划[12,13]是2005年提出的一项新方案，希望定义和实现“完美电力系统”。该方案中的完美电力系统定义如下：

“完美电力系统将确保绝对、普遍的可用性，且电能在数量、质量上能尽量满足每个用户的需求。”

完美电力系统的理念不同于传统电力系统，后者设计和建立的假设未能给用户一个给定概率和可靠性测量，如缺电概率（LOLP）。LOLP假设，完全可靠的电力系统只能通过电厂不计成本无限运行提供保证。

完美电力系统的一些特征类似于智能电网，如为了获得智能电网，电力系统必须达到以下目标：

- 智能、自我检测、安全、自我纠错和自我修复；
- 在单个部件的故障情况下依然保证用户供电；
- 能保证特定区域（或某一集中区域）的用电需求；
- 以合理的成本，在最少资源、最小环境代价前提下，最大程度满足用户用电需求；
- 提高生活质量和环境生产力。

完美电力系统的发展基于设备集成与建设；智能负荷、局部发电和储能设备集成；管理系统和微型CHP的建设，以及整合分布式系统（共享资源和储能）的建设。并最终建成完全集成的电力系统（电能优化、市场系统和集成操作）。

1.4.3.2 智慧型电网SM

EPRI的智慧型电网（Intelli Grid）SM[12,14]，是通过智能电网的基础技术研究，使电力系统具备以下特征：

- 由大量自动化输、配电系统组成，所有操作均具备协调、高效、可靠等特点；
- 通过自我修复功能处理紧急情况，响应能源市场和公用事业单位、企业的用电需求；

• 为数以百万计用户提供服务，具有智能通信设备，能够及时、安全且根据信息流需要向数字经济提供可靠、经济的电力供应。

为实现这些功能，首先应当集成能源和通信系统，建立一种开放的标准架构技术，包括数据网络、物理介质通信、嵌入式计算等技术。这种架构可实现电力传送系统的自动监控，提高电力输送的系统容量，加强终端用户的性能和互连。

除了前面提到的通信架构，智慧型电网^{SM}还需其他的技术支撑，如自动化、分布式能源、储能、电力控制、市场工具和消费类门户网站等。自动化技术将广泛用于发电、输电和用电等各个环节；分布式能源和储能装置可提供潜在的解决方案以缓解输电系统的压力，为消费者提供更低成本、更加安全和更加可靠的电能；通过特定通道直接输电，提高现有设备的输电能力，帮助解决电能质量问题并提高电能使用效率；市场工具的开发有利于输电系统的高效运营；消费类门户网站含有智能电表，它支持价格信号、决策、通信信号和网络智能需求等信息通过双向接口实现无缝对接。

1.4.3.3　埃克西尔能源公司智能电网

埃克西尔能源（Xcel energy’s）公司关于智能电网的愿景[15]包括：

“一个完全的网络连接系统，可以识别电网的所有信息，传输其状态和消费决策（包括经济、环境和可靠性影响）的影响至网络中的自动化决策系统。”

埃克西尔能源公司智能电网涉及许多当下可用的开发项目，尽管这些项目还未能完全实现，但它们引入了如何运用不同智能电网技术构建智慧型电网的规划：

1）风电储能：证明了长期减排有助于减少风力变化影响的1MW电池储能系统。

2）神经网络：有助于减少燃煤锅炉结渣和积灰的最新开发的系统。

3）智能变电站：采用远程监控技术的变电站自动化，并可通过开发的分析引擎处理数据，进行实时预测和自动化操作。

4）智能配电系统：利用先进测量技术检测停电并实现电力系统的恢复。

5）智能停电管理系统：利用统计数据预测输电系统故障的诊断软件。

6）插入式混合动力电动汽车：通过现场试验开发电动汽车接入电网的技术。

7）消费者门户网站：允许消费者编程或预置其电能使用，并且可基于个人情况（包括电能成本和环境因素）自动控制用户的电能消费。

1.4.3.4　SCE 公司智能电网

南加州爱迪生（SCE）公司的智能电网战略包括5个战略主题，即可再生、分布式能源集成、电网控制与资产优化、劳动力效益、智能测量和节能用户解决方案[16]。该公司预计这些主题研究将会解决一系列广泛的业务需求，以便更好地定位和满足当前/今后的输电难题。到2020年，SCE公司将有一千万台设备与电网连接，如智能电表、智能能源设备和用户设备、电动汽车、分布式能源、变频器和储能技术等，提供检测信息并自动响应价格/时间信号。

SCE公司2009~2012年间将启用智能电表应用项目，部署五百万台智能电表。该项目目标如下：通过信息增加价值，并开启新的用户伙伴关系等。届时，他们可提供包括间歇账单、分级费率、基于时段用电费率等诸多服务和信息。

1.5 智能电网领域技术文献综述

为满足智能电网的不同需求，本书将在后续章对以下智能电网技术和应用领域应当优先发展的主题进行介绍。

1. ICT（本书第2~4章）。包括：

1）双向通信技术，提供电力系统与负荷之间不同元器件的连接；

2）开放式的家用电器即插即用结构，包括电动汽车和微型发电系统的整合；

3）为用户提供更多信息的通信及必要的软、硬件技术，使用户在电力市场交易的同时，提供需求侧响应信息；

4）保证、维护信息安全的软件技术，提供标准化的信息和通信系统，增强其可扩展性和互操作性。

2. 传感、测量、控制及自动化技术（本书第5~8章）。包括：

1）智能电子设备（IED），可提供先进的继电保护、测量、电力系统故障记录和事件记录信息。

2）采用相量测量单元（PMU）和广域监测、保护与控制（WAMPAC）技术，确保电力系统安全性。

3）集成传感器、测量、控制与自动化系统及ICT，实现快速诊断，并及时应对电力系统各类突发事件。促进资产管理和电力系统组件的高效运行，缓解输、配电系统的线路拥堵，防止或减少潜在的系统中断，在需要时可快速启动自主修复功能。

4）采用智能仪器、通信、控制与监测元件，提高用户节能及用电的安全性、舒适性和便利性。

5）采用智能电表、通信、显示与相配套的软件技术，为用户提供更多选择，控制电力和天然气的最佳使用。可为用户提供精确账单，用户实时的电力、天然气使用情况信息，以及其他相关信息，便于用户的需求管理、增加其参与电网的需求侧管理。

3. 电力电子与储能技术（本书第9~12章）。包括：

1）采用高压直流（HVDC）输电背靠背方案，以及柔性交流输电系统（FACTS），保证长距离输电和可再生能源发电系统的有效整合；

2）具备各种电力电子接口及相关支持设备，为可再生能源和储能设备提供高效的接口；

3）采用串联电容器、统一潮流控制器（UPFC）和其他FACTS设备，为输电网提供更加高效的潮流控制；

4）HVDC、FACTS、有源滤波器的集成通信和协同控制，共同确保更好的低通灵活性、供电可靠性和电能质量；

5）通过电力电子接口和集成通信与控制，保证可再生能源发电、储能设备和用户负荷的协调运行；

6）通过储能增加电力系统的灵活性与可靠性。

表1.1给出了上述各项技术的应用列表。

表1.1　不同技术的应用矩阵

应用场景	要求	ICT	传感器、可控化和自动化	电力电子和能源存储
工厂、家用	即插即用的智能家居设备、电动汽车、微电网	●	●	
	使用户能在能源市场交易	●	●	
	允许用户有更多选择并控制过剩电量	●	●	
	为用户提供精确账单，以及更迅速便捷地与供应商连接切换	●	●	
	为用户提供用电信息的准确实时反馈	●	●	
	集成设备、充电汽车（充电和能源存储）和微网发电	●	●	●
	完成需求侧管理和需求侧参与	●	●	
输配电	完成电网不同部分任意事件的快速诊断和实时响应	●	●	
	支持强化资产管理	●	●	
	在输配电网络中减少电阻塞，预防或减少潜在电力中断	●	●	●
发电	通过控制可再生能源支持系统操作	●	●	●
	确保长距离传输和可再生能源的集成			●
	确保可再生能源的充分连接			●
	确保虚拟发电厂的集成和操作	●	●	●

（续）

应用场景	要求	ICT	传感器、可控化和自动化	电力电子和能源存储
整个电力系统	为供电系统提供更强大的灵活性、可靠性和更好的质量	●	●	●
	实时平衡发电和需求	●	●	●
	提供电力系统组件的充分安装	●	●	●

参考文献

[1] Erinmez, I.A., Bickers, D.O., Wood, G.F. and Hung, W.W. (1999) *NGC Experience with frequency control in England and Wales: provision of frequency response by generator*. IEEE PES Winter Meeting, 31 January–4 February 1999, New York, USA.

[2] Sun, Q., Wu, J., Zhang, Y. *et al.* (2010) *Comparison of the development of Smart Grids in China and the United Kingdom*. IEEE PES Conference on Innovative Smart Grid Technologies Europe, 11–13 October 2010, Gothenburg, Sweden.

[3] European Commission (2006) *European SmartGrids Technology Platform:Vision and Strategy for Europe's Electricity*, http://ec.europa.eu/research/energy/pdf/smartgrids_en.pdf (accessed on 4 August 2011).

[4] Department of Energy and Climate Change, UK, *Smarter Grids: The Opportunity*, December 2009, http://www.decc.gov.uk/assets/decc/what%20we%20do/uk%20energy%20supply/futureelectricitynetworks/1_20091203163757_e_@@_smartergridsopportunity.pdf (accessed on 4 August 2011).

[5] Electricity Networks Strategy Group, *A Smart Grid Routemap*, February 2010, http://www.ensg.gov.uk/assets/ensg_routemap_final.pdf (accessed on 4 August 2011).

[6] Kaplan, S.M., Sissine, F., Abel, A. *et al.* (2009) *Smart Grid: Government Series*, The Capitol Net, Virginia.

[7] U.S. Department of Energy, *Smart Grid System Report*, July 2009, http://www.oe.energy.gov/sites/prod/files/oeprod/DocumentsandMedia/SGSRMain_090707_lowres.pdf (accessed on 4 August 2011).

[8] *A Compendium of Modern Grid Technologies*, July 2009, http://www.netl.doe.gov/smartgrid/referenceshelf/whitepapers/Compendium_of_Technologies_APPROVED_2009_08_18.pdf (accessed on 4 August 2011).

[9] European Commission, *ICT for a Low Carbon Economy: Smart Electricity Distribution Networks*, July 2009, http://ec.europa.eu/information_society/activities/sustainable_growth/docs/sb_publications/pub_smart_edn_web.pdf (accessed on 4 August 2011)

[10] World Economic Forum (2009) *Accelerating Smart Grid Investments*, http://www.weforum.org/pdf/SlimCity/SmartGrid2009.pdf (accessed on 4 August 2011).

[11] Pudjianto, D., Ramsay, C. and Strbac, G. (2007) Virtual power plant and system integration of distributed energy resources. *Renewable Power Generation, IET*, **1** (1), 10–16.

[12] Gellings, C.W. (2009) *The Smart Grid: Enabling Energy Efficiency and Demand Response*, The Fairmont Press, Lilburn.
[13] Galvin, R., Yeager, K. and Stuller, J. (2009) *Perfect Power: How the Microgrid Revolution Will Unleash Cleaner, Greener, More Abundant Energy*, McGraw-Hill, New York.
[14] *The Integrated Energy and Communication Systems Architecture*, 2004, http://www.epri-intelligrid.com/intelligrid/docs/IECSA_VolumeI.pdf (accessed on 4 August 2011).
[15] *XCel Energy Smart Grid: A White Paper*, March 2007, http://smartgridcity.xcelenergy.com/media/pdf/SmartGridWhitePaper.pdf (accessed on 4 August 2011).
[16] *Southern California Edison Smart Grid Strategy and Roadmap*, 2007, http://asset.sce.com/Documents/Environment%20-%20Smart%20Grid/100712_SCE_SmartGridStrategyandRoadmap.pdf (accessed on 4 August 2011).

第 1 部分

ICT

第2章　数据通信

2.1　简介

在现代电力系统中，数据通信都至关重要，并且其重要程度会随着智能电网技术的应用普及逐渐增大。典型的例子为，采用数据通信系统从智能电子设备（IED）向用户显示终端（人—机接口）发送状态信息（详见第6章）。任何电力系统都需要依托大量有效连接的通信设备开展协调控制。

图2.1以通信通道为途径，采用点对点的数据通信系统进行数据传送，其中，通信通道被视为信源和信宿的专用链接或者共享通道。

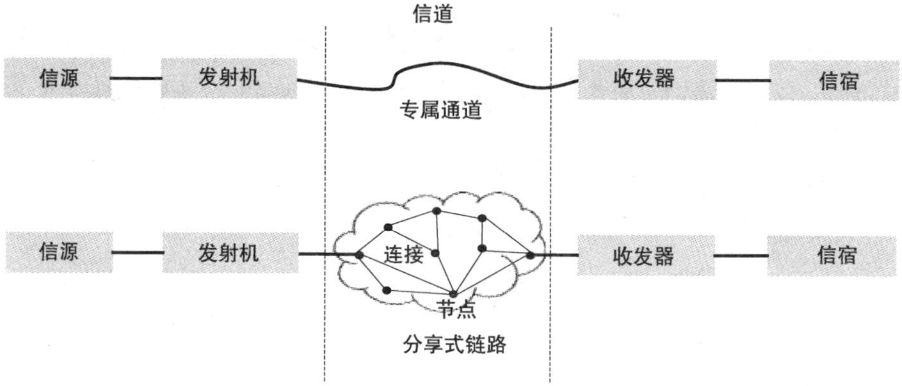

图2.1　简单的点对点通信系统模型

将电力系统看作一个例子，这个模型中一些可能的组件以及一些相关的物理设备都在表2.1中给出。

表2.1　一个电力通信系统中的实际设备

组成部分	实际设备
信号源	变压器
	变流器
发射台	远程终端设备（RTU）

（续）

组成部分	实际设备
通信频道	LAN（以太网）
收发器	网络接口卡
目的地址	图形显示工作站
	IED 保护与控制

通信通道是以数据传输的最大速度、错误率、延迟和通信技术使用为特点的。常规使用的电力系统应用的通信需求已在表 2.2 中给出。

表 2.2 电力系统应用与通信需求[1]

应用	需要的响应时间(包含延迟)/ms	网络拓扑与通信技术
输电线路保护	<20	专用的点对点链接
配电线路保护	<100	线路交换与分组交换

2.2 专用、共享的通信通道

核心应用需要数据的点对点传输，而其他应用可能需要数据的点到多点传输。当安全通信通道需从一点连接到另一点，专用链接已被广泛应用于信源和信宿之间的通信。相比之下，当一个共享通信通道被使用时，信源发出的信息被所有连接在共享通道上的设备所接收。信息中的地址字节被发送到指定的设备，其余的设备忽略掉这条信息。

图 2.2 说明了一个典型的通信网络在变电站中的使用。每个主板都有一个采用就地测量的控制器（如电流与电压互感器），同时包含了一些需要保护的软件以及模块的控制设备（如变压器与断路器）。这些底板的控制器都通过星形或环形联结到变电站的控制与监测设备上（RTU），如图 2.2a 和图 2.2b 所示。在星形联结中（见图 2.2a），每个间隔控制器都有一个与变电站计算机相连的专用链接。在环形联结中（见图 2.2b），底板控制器和变电站控制器通过共享介质连接形成了一个局域网（LAN）。

专用的通信通道被用于不同的传输线路的特殊保护。通信通道用来传输一个反映三相线电流总和的信号（利用一个求和变压器[2]来加和），从一点传送到另一点来比拟那一点的相似信号（见图 2.3）。

在图 2.3 所示的特殊保护中，一条试点通信线路或者一条电力线路载波可能会被使用。智能电子设备（IED）中的比特流首先和载波调制在一起。

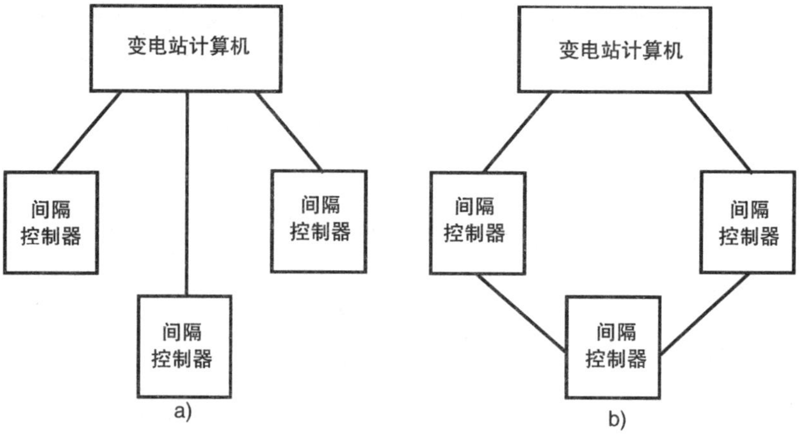

图 2.2 变电站内部通信架构[2]

a）星形联结 b）环形联结

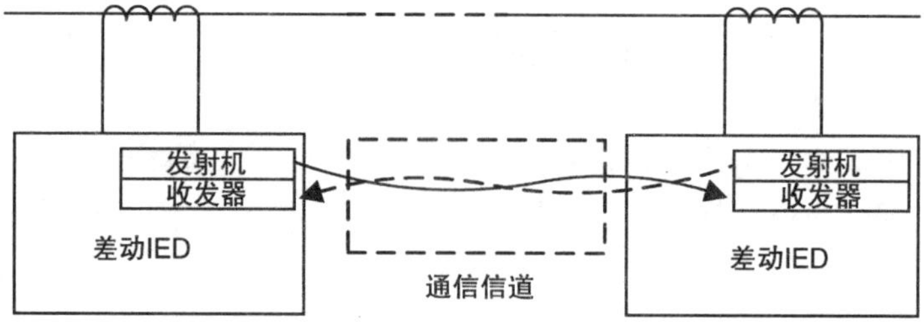

图 2.3 差动继电器

调制技术通常采用幅移键控（ASK）、频移键控（FSK）和相移键控（PSK）[1,3,4]。在 ASK 中，载波频率固定不变，数字信息被编码为载波振幅，如图 2.4 所示。在 FSK 和 PSK 中，或者载波信号的相位被用以调制数字信息。

图 2.5 表示变电站中一个应用多点连接安排的共享通信通道。变电站计算机向一个或多个 IED 发送带有编址的信息；每个 IED 依次与变电站计算机交流以避免冲突，因此可以同时连接共享媒介的通道。

图 2.5 中，静态试验中出现的模拟测量，首先通过一个编码器数字化（位于 IED 中）。最简单且最广泛应用的数码化方法就是脉冲编码调制（PCM）。在这个方法中，模拟信号会定期产生一些脉冲。然后，这些脉冲会通过一个分配的离散值表示出来，如图 2.6 所示。接下来，这个离散值会转化成一个二进制数来表示一个依靠传输媒介受到进一步编码的比特流。

比特可以通过两种方式传送：一种是非同时性传送，即从一大堆数据的始端

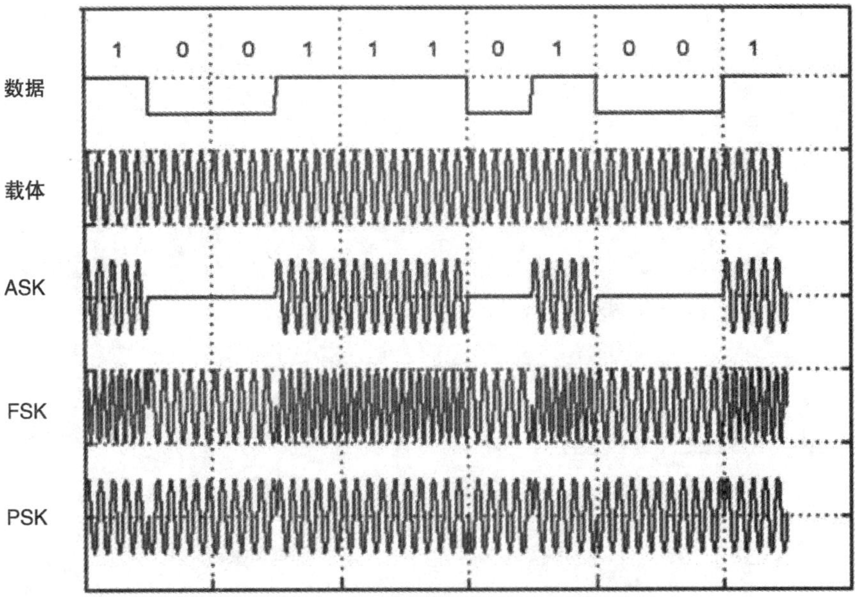

图 2.4　数字比特流调制载波信号

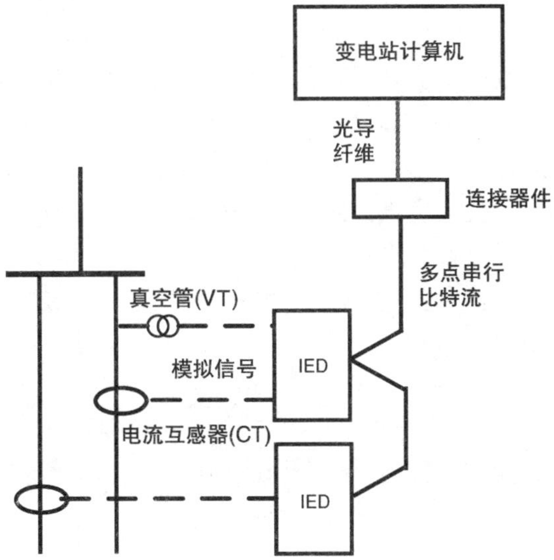

图 2.5　变电站内部多点串行比特流通信架构

和末端启停比特，这是用来从大量数据中鉴别比特的；另一种是同时传送，即发送者和接收者，保持相同的速度传送和接收数据[1,3,4]。有一个不同时传送的实例，就是 EIA 232 标准㊀，它已被广泛应用于短距离连接计算机终端设备。图 2.6 展示了比特流在 EIA 232 标准形式中的表示。传输大量数据时，同时传送通常显得更加高效。

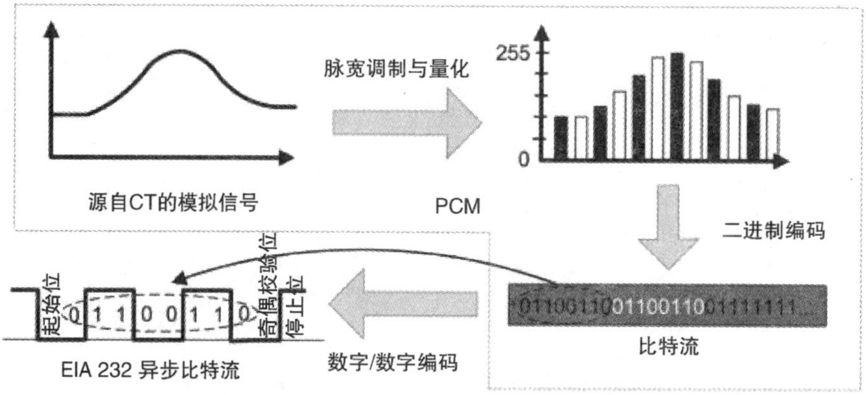

图 2.6　模拟信号向可发送数字信号的转换过程[2]

2.3　交换技术

交换技术是通过共享的通信通道建立起来的一个在信号源和信宿之间传输数据的连接。如图 2.1 所示，这通常是一个由节点和连接组成的网络。一个节点可以分成一个网络适配器、一个开关或者一个路由器。连接节点的主机㊁，可以通过网络实现它们之间的信息交换。随着主机数量的增长和地理覆盖面的扩大，这种配置具有良好的可扩展性和高性价比。

线路交换、信息交换和包交换技术都普遍应用了转换技术，以便于数据在信源和信宿之间的转换。

2.3.1　线路交换

在线路交换中，通信过程中一个专用的物理连接为信源和信宿之间的大量使用而建立。节点和连接不能应用于任何信宿/信源中。如果数据传输模式不是连续的，这会使线路交换变得低效。

㊀ 通常由 RS232 得知。

㊁ 这里的主机包括信号源、信宿或介于两者之间运行应用程序的计算机。

2.3.2　信息交换

在信息交换中，信源会给节点发送一条信息。信息可以是由传感器或者控制功能收集的测量信息，节点将数据存储在其缓冲器中。当所有的信息都被传送到节点时，节点会主动寻找一个自由连接连接另一个节点，然后将信息传送给这个节点。这个过程一直持续，直到数据被传送到目标处。由于其工作原则，它也被称作存储和转发。

2.3.3　包交换技术

由于经济与可靠原因，包交换技术在当今数据通信网络占据了主导。信息在被拆成大小适当的信息块后被发送，这便称为包。当穿过网络适配器、开关、路由器和其他网络节点时，包被缓冲和排序，这就导致不可控延迟和网络的负担。

2.3.3.1　虚电路包交换技术

图 2.7 表示数据包流模式的一个典型的虚拟线路数据包交换节点，两个信源被定义为 A 和 B。与每个信源对应的数据包信息都是由信息源鉴别字母鉴别的，同时附上数据图。数值越低，信息从信源发射得越早。例如数据包 A1 在 A2 之前发送。

因为数据传送的优先级、信源和信宿之间的路径已经建立。建立连接后，数据开始传输，并且传输结束后关闭连接。因此，信息就沿着相同的路径从信号源传送到目标。虚拟线路数据包交换的一个重要特征就是信息的传送顺序是一定的。换句话说，信息从信源传送至信宿，其离开数据源就会走相同的路径。如图 2.7 所示，通过几个模拟线路传输的信息组都是多路复用的。这就使得物理连接的容量得以有效利用。

由于信源至信宿之间的路径是从一开始就建立的，所以在每一步信息包传递过程中就不必携带最终目标的位置信息，因此，这种方式极大地减少了消息传递开销。但虚拟线路的包交换技术的弊病是：一旦某个节点传递失效，则整个路径信息就会丢失，必须从数据源重新建立整个路径。

2.3.3.2　数据报分组交换

在数据报分组交换中，数据包被独立处理（见图 2.8）。因此，每个数据包都需要携带一个完整的目标地址。数据包是否属于一个信源、是否遵循同一路径还没有保证。因此，数据包能否按照从信源发出的路径到达信宿就无法保证。节点在传送信息中失败只影响当前节点处的数据包，且通信对话在虚拟线路数据报交换的情况下信息不会被破坏。

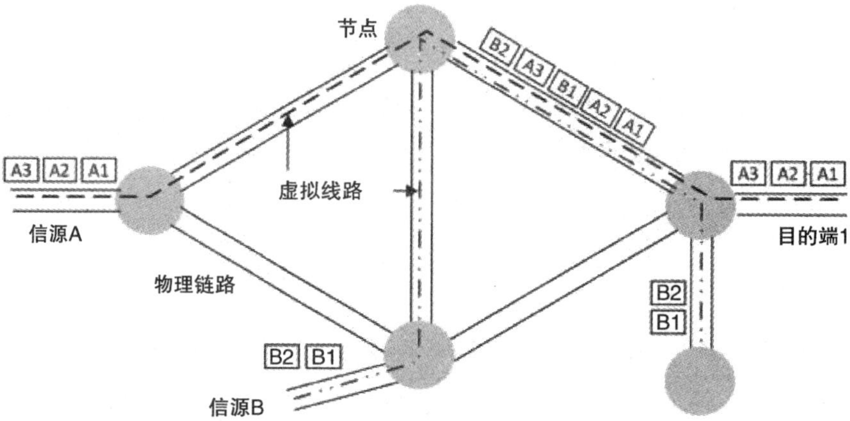

图 2.7 虚电路封包交换过程

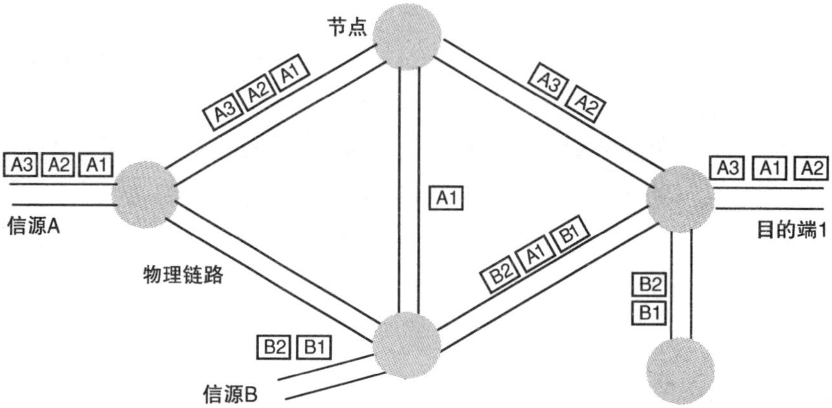

图 2.8 数据报分组交换过程

2.4 通信通道

通信通道通过物理介质在信源和信宿之间传播运行。在专用的通道下，如图 2.9 所示，单个介质被广泛使用，共享通信介质在沿信号传播的路线运行时，其内部可能包含多于一个的介质。通过引导介质，例如铜电缆或光纤或通过非引导介质如无线电连接来提供通信通道。

描述通信通道的运行可以使用以下参数：

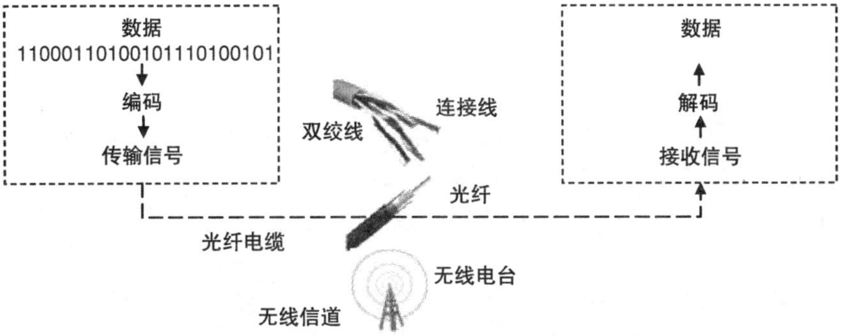

图 2.9　数据信息传输示例（有线、光纤、无线）

1. 带宽/比特率

带宽是一个通信通道上下限频率之间的差值。在模拟系统中，一般是用赫兹来计算的，在数字传输中，比特率经常用来表示通道的容量。比特率是以每秒钟的比特数来计算的（bit/s）。

2. 衰减

当一个信号沿通信通道传播时，其振幅下降。在长距离传播中，每隔一定时间安装振幅（模拟信号）与转发器（数字信号）以增强衰减的信号。例如当铜电缆有数字信号传播时，要求转发器每隔 10km 增强一次衰减的信号。而光纤传输信号可以超过 100km 不用增强衰减。

3. 噪声

在通信中，电气噪声是一个固有的问题，当数字信号在通道内传播时，有时噪声足以改变从逻辑 0 到逻辑 1 的电压等级，反之亦然。通常把噪声等级描述为信噪比（SNR），单位是 dB。SNR 定义为

$$\mathrm{SNR} = 10\lg\left[\frac{\text{信号强度}}{\text{噪声强度}}\right] \tag{2.1}$$

例如如果 SNR = 20dB，从式（2.1）可得，信号强度与噪声强度比率为 $10^{(20/10)} = 100$。

4. 信号传输延迟

有限的时间内延迟，也就是从信源传输至信宿的时间，通常称为传输延迟。在通信通道中，被用于扩大且重建引入的信号（见第 3 章），不论是介质还是转发器都会造成延迟。就像智能电网中的一些设备，需要实时低延迟通信能力。对于通道来说，考虑传输延迟问题就显得十分重要。

2.4.1 有线通信

2.4.1.1 明线

早期的电话线使用的是有线线路，这项技术现在仍在一些国家中使用。使用明线线路，就必须小心避免邻近线路的交叉电子信号。

电力线载波（PLC）通信使用输电线路作为物理传播通信介质，经常把它看作明线通信系统。这为同时在同一种介质中用电传输数据提供了可能。电力线载波通过线路匹配单元（LMU）将信号注入高压传输线或分配线中，如图 2.10 所示。线路陷波器组织被注入的信号扩散到电网的其他部分。

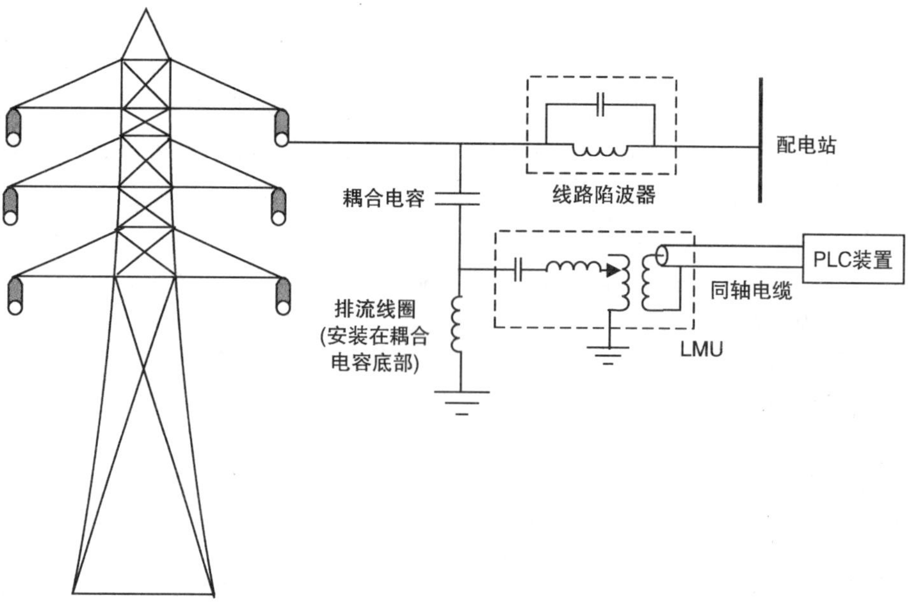

图 2.10 基于 PLC 的体系结构

例 2.1

图 2.11 中，PLC 设备使用了一个频率为 100kHz 的载波。若线路陷波器中的电感为 0.25mH，求电容值。

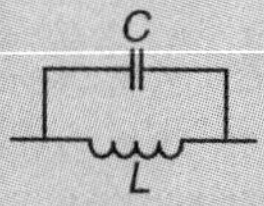

图 2.11 线路陷波器

解：

线路陷波器阻抗为

$$Z=\frac{\mathrm{j}\omega L\times 1/\mathrm{j}\omega C}{\mathrm{j}\omega L+1/\mathrm{j}\omega C}=\frac{L/C}{\mathrm{j}[\omega L-1/\omega C]}$$

在平衡的共振下，当 $\omega L=1/\omega C$，$Z\to\infty$，线路陷波器的阻抗频率为 $f=1/2\pi\sqrt{LC}$。

当 $f=100\text{kHz}$、$L=0.25\text{mH}$ 时：

$$C=\frac{1}{(2\pi f)^2L}=\frac{1}{(2\pi\times100\times10^3)^2\times0.25\times10^{-3}}=10(\text{nF})$$

2.4.1.2 双绞线

非屏蔽双绞线（UTP）广泛应用于长距离通信线路中。这些电缆通常由两根扭曲的铜线电缆组成，且每一根带有外涂的聚氯乙烯（PVC）或是绝缘外层。根据数据速率（数据速率受电缆材料、连接器等的影响）把 UTP 电缆分成几类（或 CAT）。对电话传输来说，是使用第一类 UTP 电缆，但是它们不适合数据传输；对于 4Mbit/s 的低速数据传输来说，使用第二类 UTP 电缆；第三、四、五类 UTP 电缆能提供传输速率高达 10Mbit/s 以及速率更高可达 16Mbit/s 和 100Mbit/s 的信息数据传输；在数据通信里应用最广泛的 UTP 电缆是第五类；对那些要求更高数据传输速率的设备，可以应用 5e、6、6e、7、7a UTP 这几种无屏蔽双绞线电缆，它们支持速率高达 1.2Gbit/s 的数据传输。

数字用户线路（DSL）允许数据通过普通铜质高速率双绞线电话线提供宽带服务。DSL 的变化，非对称的 DSL 和 ADSL，都是家庭宽带服务中常用的技术。

2.4.1.3 同轴电缆

在同轴电缆中，通信媒介使用屏蔽铜线。同轴外导体提供抵抗外界干扰的有效保护，同时减少辐射造成的损失以及对皮肤的影响。超过数米距离的情况下，比特率是有可能达到 10Mbit/s 的。

例 2.2

根据香农的容量公式[5]，最大通道容量给定为 $B\log_2[1+(\text{信号强度})/(\text{噪声强度})]$，其中 B 为通道的带宽，将最大通道容量值与同轴电缆相比，对铜质电缆来说，带宽为 250kHz，SNR 为 20dB；对同轴电缆来说，带宽为 150kHz，SNR 为 22dB。

解：

对铜质电缆：

$$\frac{\text{信号强度}}{\text{噪声强度}}=10^{(20/10)}=100$$

$$\text{最大通道容量}=250\times10^3\times\log_2[1+100]\approx1.7\text{Mbit/s}$$

同轴电缆：

$$\frac{\text{信号强度}}{\text{噪声强度}}=10^{(22/10)}=158$$

$$\text{最大通道容量}=150\times10^6\times\log_2[1+158]\approx1.1\text{Gbit/s}$$

2.4.2 光纤

无论是在变电站内部还是在长距离，传送数据的过程中都可以使用光纤传送。光纤通常被嵌在高架线的防护线滞留导体中，这些电缆被称作 OPGW（光纤复合架空地线）。如图 2.12a 所示，OPGW 内含有一根或多根管状结构的光纤，其外围包着一层一层的钢线或铝线。相导体包围光纤，有时独立操作的电缆包围光纤，也使用 ADSS（全介质自承式）光缆。

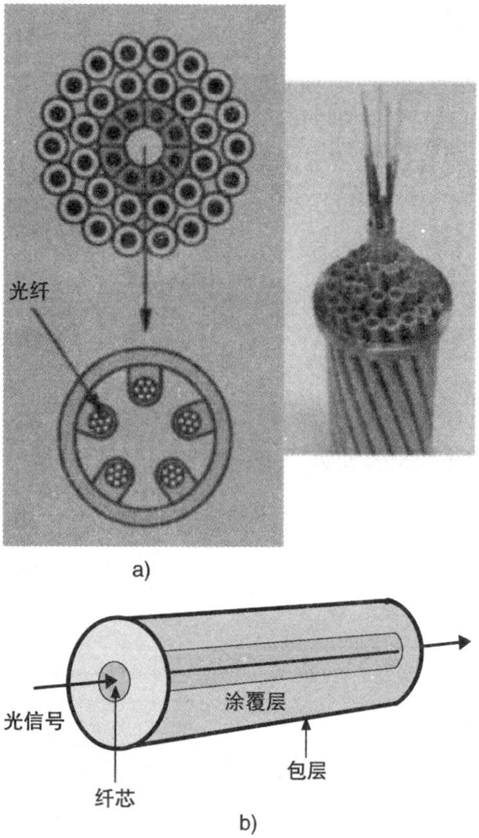

图 2.12　光导纤维［来源：OPGW 光缆图片，日本东京电力公司（TEPCO）］

如图 2.12b 所示，光纤由三部分组成：纤芯、包层和涂覆层。光纤的中心是薄玻璃，是光传送的地方。外围的光学材料被称为包层，是反射光的地方。最外围包裹着的缓冲层是为了保护其不受水和其他损害的影响。

与通信媒介相比，光纤电缆的带宽更宽。相比铜导线，它们更不易受到信号格降的影响。同时重量也相对较轻。不同于铜线中传播的电子信号，光纤中传播的光信号不会受同一根电缆中其他信号的干扰。更重要的是，光纤传送对外部的电磁干扰（EMI）是具有免疫力的。由于需要让数据穿过变电站的电力干扰区传播，这对其在能源系统中的应用非常重要。

光纤的主要缺点在于其成本较高、特殊的终止要求和易损坏性（比同轴电缆更加易碎）。

图 2.13 表示了光信号在光纤中传播的路径。从光源处发出的信号首先将入射到表面 A，然后被折射至纤芯，然后入射纤芯和包层之间的表面，随后的路径由入射角 θ_1 决定[6]。

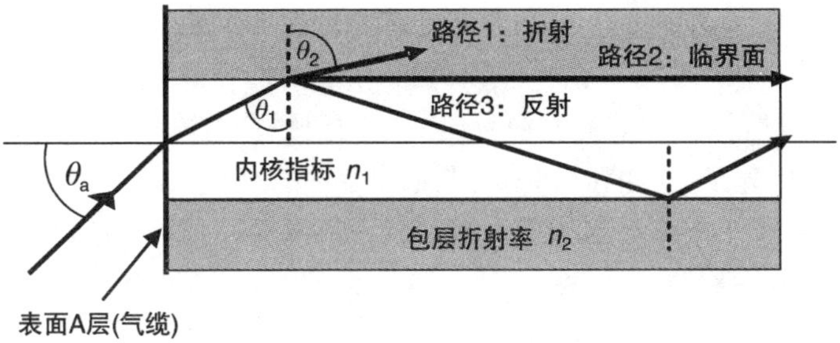

图 2.13　纤维光学原理

根据 A 表面的折射法则，可得下式：

$$n_0 \sin\theta_a = n_1 \sin\left(\frac{\pi}{2} - \theta_1\right) = n_1 \cos\theta_1 \tag{2.2}$$

式中，θ_a 是入射角；n_1、n_2 和 n_0 是纤芯、包层和空气的折射系数。

因为真空中 $n_0 = 1$，由式（2.2）可得

$$\sin\theta_a = n_1 \cos\theta_1 \tag{2.3}$$

在纤芯-包层表面：

- 若光信号走路线 1，$n_1 \sin\theta_1 = n_2 \sin\theta_2$，信号在目标处不会被接收。
- 对路线 2 来说，$n_1 \sin\theta_1 = n_2 \sin\frac{\pi}{2} = n_2$。
- 路线 3 表明了反射（对于从信源到信宿来说，沿光纤纤芯传播信号的引导很重要）：

$$\mathrm{n}_1 \sin\theta_1 > n_2 \tag{2.4}$$

从式（2.4）可得

$$1 - \cos^2\theta_1 > \left(\frac{n_2}{n_1}\right)^2 \tag{2.5}$$

将 $\cos\theta_1$ 代入式（2.3）中，可从式（2.5）得出下式：

$$\left(\frac{\sin\theta_a}{n_1}\right) + \left(\frac{n_2}{n_1}\right)^2 < 1$$

$$\therefore \theta_a < \sin^{-1}(n_1^2 - n_2^2)^{\frac{1}{2}}$$

式中，$\sin\theta_a = (n_1^2 - n_2^2)^{\frac{1}{2}}$ 指的是光纤孔径的数值。

由于纤芯直径的不同，在光纤纤芯内可能有一个或多个传播路径。光纤电缆中，若具有 50 ~400μm 的纤芯直径，则光可以从多种角度、多条路径反射进来，这种物体叫作多模纤维。另一方面，有着较小纤芯直径的，大概为 5 ~ 10μm，支持单一传送路径的叫作单模纤维。单模纤维具有诸如低色散率、噪声小、传输信号速度更快等优点。因此，长途传送设备常采用单模纤维。

在多模纤维中被广泛使用的光纤如下：

1）阶梯式射率光纤：这种电缆有特定的纤芯与包层的折射系数，是成本最低廉的电缆。其大的纤芯直径，可以连接诸如发光二极管（LED）这种无序光源。如图 2.14a 所示，不同的光源发出的不同射线会沿着不同的路线传播。正因为路线不同，其会在不同的时间出现在输出端。

2）折射率渐变光纤：在这里，光线就像图 2.14b 所示的那样，沿正弦曲线的路径传播，尽管路线的长度不同，但所有的光线都会在同一时间到达光线末端。

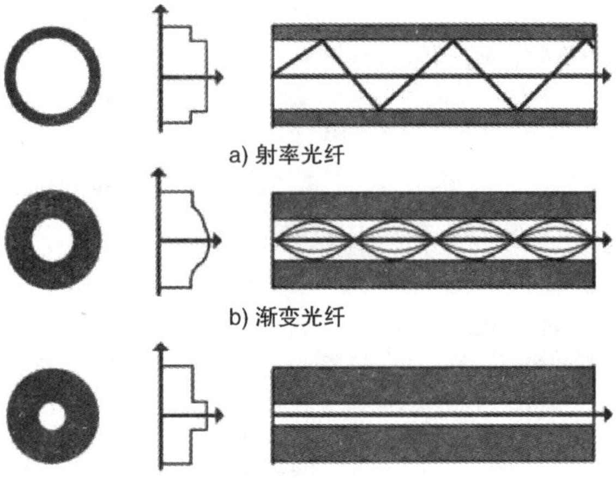

a) 射率光纤

b) 渐变光纤

c) 单模光纤

图 2.14　不同纤维内部的光传播

3 种光纤的一般参数都已给出于表 2.3[7] 中。

表 2.3　射率光纤、渐变光纤、单模光纤的典型参数电力系统设备和通信需求

	内径 /μm	包层直径 /μm	频带宽度 /MHz	衰减 /dB/km	数值孔径
射率光纤	50 ~ 400	125 ~ 500	6 ~ 50	2.6 ~ 50	0.16 ~ 0.5
渐变光纤	50 ~ 100	100 ~ 150	300 ~ 3000	2 ~ 10	0.2 ~ 0.3
单模光纤	5 ~ 10	125	> 500	2 ~ 5	0.08 ~ 0.15

例 2.3

现有一阶梯式折射纤维，其磁心折射系数为 1.5，包层折射系数为 1.485。

1）折射到纤芯—包层面上的最大可接受角度是多少？

2）若光纤长度为 500m，长距离和短距离信号传播路径差多少？

解：

从式（2.6）可得

$$\theta_a < \sin^{-1}(n_1^2 - n_2^2)^{\frac{1}{2}}$$

$$< \sin^{-1}(1.5^2 - 1.485^2)^{\frac{1}{2}}$$

$$< 12.2°$$

最大反射角度为12.2°，如图 2.15 所示。

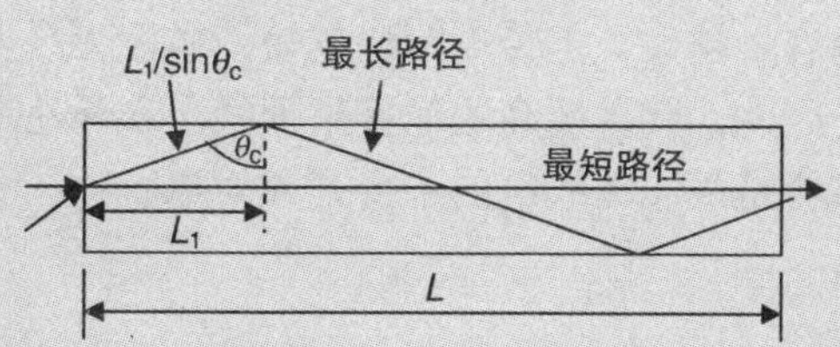

图 2.15　最长及最短信道

$$最短距离 = L = 500\text{m}$$

$$最长距离 = L/\sin\theta_c$$

$$\sin\theta_a = n_1\cos\theta_c$$

$$\sin(12.1°) = 1.5\cos\theta_c$$

$$\theta_c = 82°$$

所以，最长距离 = 500/sin 82° = 505m

两者差为 5m。

2.4.3 无线电通信

电力系统的变电站经常会被分散到各地，远离控制中心。对如此远的距离来说，铜导线或光纤线的应用就会有很高的成本。无线电为控制中心和变电站之间提供交替通信。尽管无线电通信不能提供有线技术所提供的带宽，但无线电的可靠性运行、运行费用在近几年中都有了很大的改善，使其成为了一种比较吸引人的选择。

无线电通信可以是多点的、点对点的、可以在超高频（UHF）频率下运行（300MHz～3GHz）或是微波频率下运行（3～30GHz）。

2.4.3.1 超高频

UHF 无线电对于应用来说是一项不错的选择。其适用于以下两种条件：带宽要求窄，在地形严峻的情况下通信的节点普遍存在，其频率要求为 300MHz ~ 3GHz。和微波无线电不同的是，UHF 在信源和信宿之间不需要一条可见线路。信源与信宿之间的最大距离由天线的尺寸大小决定，通常为 10 ~ 30km，带宽为 192kbit/s。

2.4.3.2 微波无线电

微波无线电的运行条件，频率在 3GHz 以上，并提供高信道容量和高数据传输率。在长途通信中，广泛使用微波无线电。把抛物面天线安装在信源处的桅杆和塔上，来向安置在 10km 外目标处的天线发射光束。微波无线电提供频率从几 Mbit/s 到上百 Mbit/s 的传输容量。微波无线电的传输容量与所使用的频率成比例，频率越高，传输容量越大，但传输距离越短。微波无线电需要一条连接信源和信宿的可视线路，因此，就需要高的桅杆架天线。在长途通信的条件下，高架无线电桅杆的架设将会是微波无线电的主要开支对象。

2.4.4 移动通信

移动通信技术为移动的物体之间提供通信。为了把这种情况变成可能，其服务区被分成不同的小区，把这些小区称作单元格。每个单元格内都包含着如图 2.16 所示的由 MTSO（移动电话交换局）控制的天线。在一个移动网络中，MTSO 确保通信的持续性，尤其是在设备从一个单元格移至另一个单元格的过程中。例如，假设一个移动电话的用户所在的地区为 A，通信就通过单元格 A 中的天线来实现。如果这个用户移出 A 区进入了 B 区，MTSO 就自动把通信频道分配给 B 区，其过程不会打断通信。

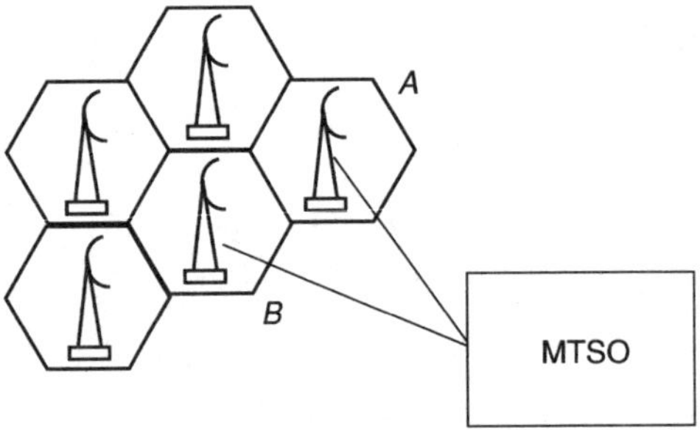

图 2.16 一个蜂窝系统

2.4.5 卫星通信

在通信网络中，卫星已经被使用了很多年，并且也被应用到监控与数据采集（SCADA）系统。可以把卫星通信看作在微波网络中将卫星当作转发器使用的通信。

2.4.5.1 同步轨道卫星

越来越多的卫星在同步轨道上运行工作。同步轨道（GEO）卫星一般在距离赤道35786km的高空，其运行速度与地球旋转速度是相同的。其高度之高允许通信信号覆盖约地球表面的1/3[8]。

尽管GEO卫星为长途通信提供了技术支持，但还是存在一定的缺点：

1）在卫星与用户之间实现信号的长途传输和探测面临巨大的挑战。

2）从信源到信宿的长途信号传输导致端与端之间的传播延迟，延误值约为250ms。

2.4.5.2 近地轨道卫星通信

近地轨道（LEO）卫星置于地球上空200～3000km处，其大大减少了传播延迟。排除低延迟率，即使在恶劣的天气中，卫星的近地性使得信号很容易被探测到。

LEO卫星通信技术提供了一系列内在的优点，比如数据包快速连接、异步拨号数据的可用性、网络服务的可靠性以及对基础设施条件要求较低（相对GEO而言）。除此之外，LEO卫星通信频道可支持诸如TCP/IP之类的协议，因其可支持延迟相对较低的面向数据报的通信模式。

2.5 分层结构与协议

协议是指为数据通信而建立的规则、标准或约定的集合。一系列共同支持数据通信运转的协议的集合叫作协议栈。在协议栈中，把协议分层安置。这样分层处理，可以将复杂的信息交换任务分解成多个几乎各自独立的子任务。因此，可以在不影响整个通信任务或栈中其他协议的情况下修改或改变一个协议。

2.5.1 ISO/OSI模型

国际标准化组织（ISO）开发的开放式系统互连（OSI）参考模型，是一种由7层结构来描述与信号源和目标之间，通过通信网络连接的移动信息的任务的协议架构。该ISO/OSI参考模型的7层结构如图2.17所示。

在这个模型中，除了物理层，其余层都使用了下面一层的服务。比如，应用层使用的是表示层的服务，以确保从应用层发出的信息能够被另一个系统中的应用层所识别，这个过程中使用的是不同的数据格式。

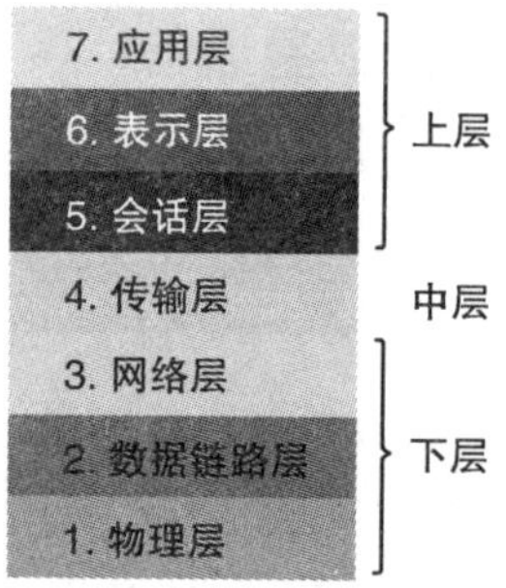

图 2.17　ISO/OSI 参考模型

如图 2.17 所示，模型中的 7 层由 3 组协议集组成。上层为用户提供接口，它们是定向应用[㊀]，并且没有考虑到数据在应用层中是如何传输的。下层是独立运行的，与数据传输有密切的关联，通常在下层定义服务提供者。中层把上层从下层导向传输中分离出来。

2.5.1.1　物理层

物理层是传输数据当作信号（以比特形式）从一个节点通过传输频道传输至下一个节点的保证。其由以下因素决定：信号发送的方法、数据编码、带宽和通信频道所使用的数据传输多重发信技术。

2.5.1.2　数据链路层

数据链路层所传输的数据单元称为帧。这里考虑到了信源和信宿处数据传播的同步性，解决与多个用户连接的共享介质的相关问题。图 2.18 表明了 HDLC（高级数据链路控制）[㊁]协议的结构框架。在这里，比特都是从右边的数据头开始按顺序组织起来的。

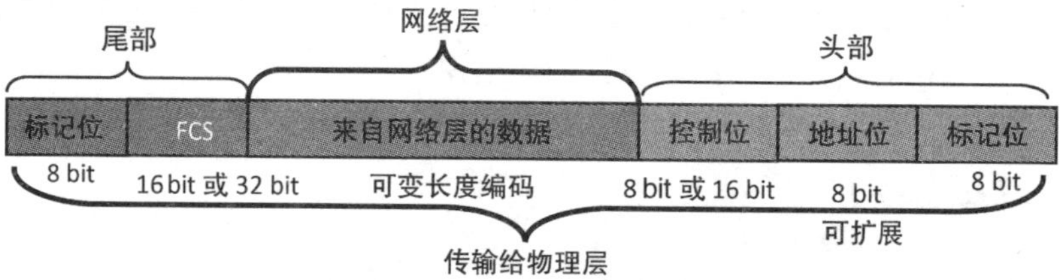

图 2.18　HDLC 协议结构框架

数据链路层的功能如下：

1）组帧：如图 2.17 所示，从网络层接收到的数据都是通过加入数据头和尾标信息来被压缩成一个框架。数据头通常标记，特有的用来表示框架开端比特顺序，信源与信宿的编址和不同的要求，更正数据传输的控制信息。尾标通常包括那些要求检测的错误信息，还有特有的表明框架末尾的比特顺序。

2）差错控制：误差控制的目的在于每一个结构都是用一个限定数目的比特

㊀ 第 2、3、7、8 章中，“应用”一词表达的意思是可以帮助用户实现特定目的的计算机软件。

㊁ 应用广泛的同步数据链路协议是许多其他数据链路控制协议的基础。

来为其编码的［帧校验序列（FCS）］。这些有序的数字允许数据链路决定传输哪种结构，哪种是携带错误信息传至目标需要重新发送的，哪种被告知发送无误。

3）介质访问控制（MAC）：在多个用户共享一个介质的网络中，要求确定数据该被哪个用户传输。这里是指介质访问控制，也是数据链路层的一种功能。

4）物理寻址：当把一个唯一编址分配给一个物理设备时，就用它来鉴别正确传输结构的目标或节点。通常把这种编址叫做网络适配商分配来的 MAC 编址。

2.5.1.3　网络层

这一层主要负责通过通信网络从信源到信宿传送数据包。例如，如图 2.19 所示，可以把信源主机和目标主机之间的路径分为 3 类。一个主要的功能就是用数据包转换的形式（见 2.3 节）在每一个节点处转换数据。

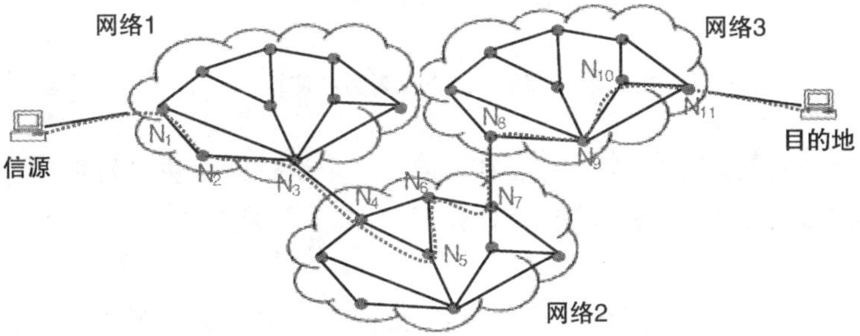

图 2.19　从信源到信宿的多网络传输示例

网络层的其他功能如下：

1）流量控制：同时间同一网络中，流量控制尝试控制多个数据包，来阻止网络出现拥塞。可以通过流控制、拥塞控制和规定的路线实现流量控制。流量制调节的是两节点之间的数据传输率。当一系列数据包在一个节点处排队并且队伍不断壮大时，在整个网络中，拥塞被有序数据包控制。因此，拥塞控制在多个节点处发生。推动更新数据计算并考虑到节点处负荷的情况下，规定路线就是为了缓解拥塞。

2）编址：网络层是包含从信号源到目标移动数据的最低层，如图 2.20 所示。

网络层运用寻找方案通过多个网络从信号源至目标传送数据包。这些编址能够通过网络来传送数据包。IP 地址就是一个运用网络层很好的例子，详见 2.5.2 节。

2.5.1.4　传输层

传输层接收来自会话层的信息，并将数据分割用于传输。大体上来讲，传输层负责确保数据在合适顺序下的无误传送。通常发生在传输层的流量控制用来促

a) 网络拓朴

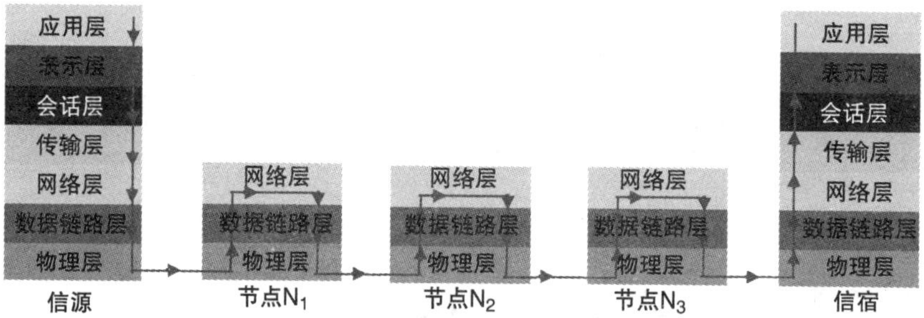

b) 数据传输层

图 2.20 数据的端到端传输

进两个节点之间的数据传送率，是为了防止一个运行速度快的发射器连接一个速度慢的接收器[3]。传输层同样提供数据是否被正确发送的通知。

2.5.1.5 会话层

会话层负责建立、组织并且终止通信会话。通信会话由服务请求和服务回应组成。这些都运行于各应用层之间。这些需求与回应都是由诸如 SAP（会话通告协议）[10]和 L2TP（第 2 层隧道协议）[11]等执行于会话层中的协议来调节。

2.5.1.6 表示层

表示层提供的是不同种类的编码以及应用于应用层数据的转换函数。这些函数确保了从应用层发送的信息能被另一个系统的应用层识别。有一些关于表示层编码和转换的例子，包括通用数据表示格式、角色转换格式、通用数据压缩方案和通用数据加密方案。

普通数据表示格式，或是标准图像的使用，声音和影像格式，使得在不同的计算机系统之间实现应用数据交换。把转换方案用作交换信息，利用的是诸如 EBCDIC（扩展的二进制编码的十进制交换码）和 ASCII（美国标准信息交换码）这类文本与数据表示方法。标准数据压缩方案使得在信号源处压缩的数据能够在信宿处适当解压。

2.5.1.7 应用层

应用层是离用户最近的 OSI 分层，也就是说，OSI 应用层和用户可以直接互动。

这一层与用户的互动是通信的一个组成部分。这种运行超出了 OSI 模型的范围。应用层的功能包括鉴别通信模式、确定资源的可用性以及同步通信。在鉴别数据模式时，应用层决定通信模式的性质和可用性。在决定资源可用性时，应用层必须决定是否有足够的网络资源可用。在同步通信中，与应用层共同工作时，所有的通信都是由应用层安排组织的。

2.5.2　TCP/IP

TCP/IP 是现今应用最广泛的协议结构。这是美国国防高级研究计划署（DARPA）在 20 世纪 70 年代建立起来的高级研究项目机构网络（ARPANET）。TCP/IP 应用于除机构网络之外的互联网中。

如图 2.21 所示的 5 层都是在 TCP/IP 中定义的，它们分别是物理层、网络层、因特网层、传输层和应用层。

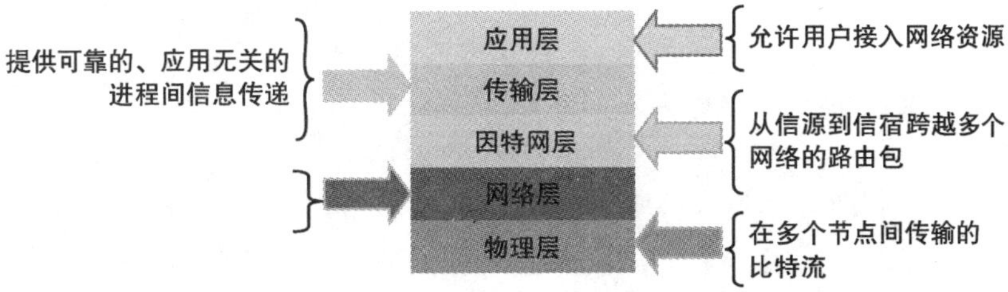

图 2.21　TCP/IP 体系架构

物理层在 TCP/IP 中的作用和在 ISO/OSI 参考模型中的作用是完全相同的，由电气和机械方面的接口和传输介质来决定。同时也负责将数据编码成信号，定义数据的传送率和同步比特率。

网络层负责为因特网层提供无误通道。其功能包含[3]：将从因特网来的数据包装成 IP 结构的数据包、结构的同步性、检测错误和纠正错误、逻辑链路控制、提供流和错误控制、MAC、物理编址、局域网交换、数据包的排序或调度算法、IP 地址与物理地址的解析。

因特网层主要负责的是给信源到信宿的数据包规定路线。通过网络传送数据报时，准确地识别主机，对于规定数据包传送路线是很重要的㊀。因特网层使用一种叫作标示符的 IP 编址来识别连网的设备。有两种版本，IPv4 和 IPv6，在 IP 编址中不断应用。自从 1998 年以 IETF RFC2373[12] 和 RFC2460[13] 的版权引入 IPv6，它在互联网中逐渐被广泛使用，但 IPv4 仍被广泛使用。

传输层代表传输控制协议。TCP 在信源和目标之间建议了一条虚拟的路线，负责发送由信源形成的所有数据报。TCP 通过通知目标，告知有更多的数据将被

㊀ 数据包是一种包含了包头和数据的可变长度包（详见 2.5.1.2 节）。包头包含了路径和传送地址等必要信息。

传送，且只有所有数据报传送结束时才会终止运行，建立一次传输。

TCP/IP 中的应用层是 OSI 模型中会话层、表示层和应用层的结合体。有些 TCP/IP 的协议与应用层有关联：DNS（域名系统）、FTP（文件传输协议）、SMTP（简单邮件传输协议）、HTTP（超文本传输协议）、URL（统一资源定位符），可在文献［3，4］中找到更多关于这方面的信息。

2.5.2.1　IPv4

IPv4 地址占 32bit。通常来说，它们是由 4 组包含空格的 8bit 有序组成的形式㊀，这样使得地址更容易识别。为了使地址简洁，有一种叫作点分十进制的记号法，如图 2.22 所示，用来表示 IPv4 的地址。

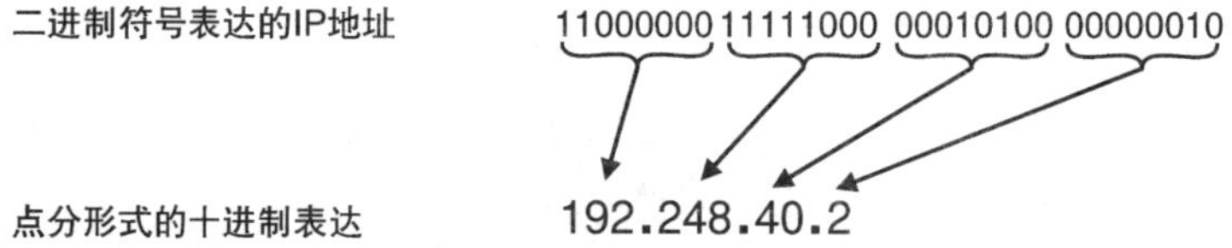

图 2.22　IPv4 地址符号

IPv4 寻址有两种架构：分类寻址与无分类寻址。分类寻址是最初使用的概念，现在已经广泛使用。无分类寻址是 20 世纪 90 年代中期引入的，现今期望代替分类寻址。

1）分类寻址：在分类寻址中，把 32bit 地址分为 A、B、C、D、E 5 个等级。如图 2.23 所示，定义的重要依据是“八位组”中的位模式。IPv4 分类寻址方案如图 2.23 所示，通过观察地址的第一个字节识别网络类别。这 32bit 的主机地址由两个组成部分，名为网络 ID 和主机 ID。网络 ID 在一个给定的网络环境中对所有主机来说都是相同的。主机 ID 是用来鉴别主机的。网络 ID 通过网络传输数据，主机 ID 在网络内向特定主机传输数据。如图 2.23 所示，A 类网络理论上应有 2^{24}（16777216）个主机，因为它是使用 24bit 表示主机 ID 的。同样地，B 类和 C 类网络理论上也应有 2^{16}（65536）和 2^{8}（256）个主机。D 类网络中，一个数据报被多个用户控制。分类寻址会导致一系列 IP 地址的浪费。例如，并不是所有的组织都能够完全使用 A 类地址。

2）无分类寻址：无分类寻址只需要 IP 地址可分配不同长度的数据块到组织中。大幅度裁剪的记号法，也就是用作表示地址的网络 ID 的字节数量，用作鉴别网络地址。参数如下：

① 192.248.40.0/24—只有前 3B 用作网络 ID，如图 2.23 中的 C 类。这里减掉的 24 代表 3B（3×8＝24bit）。

㊀ Octet 是一个 8bit 序列。尽管 8bit 通常代表 1B，但仍然没有字节的标准定义。

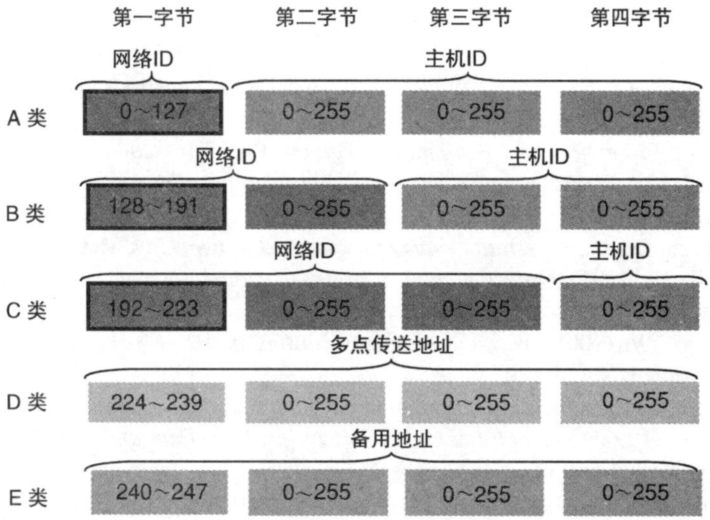

图 2.23　IPv4 分级寻址

② 192.248.40.252/30—前 3B 和从第四字节开始的 6bit 用作网络 ID。这里减掉的 30 代表前 3B 乘以从最后 1B 开始的 6bit（$3\times8+6=30$bit）。

2.5.2.2　IPv6

IPv6 还有另外一个名称，就是下一代 IP（IPng），是 128bit 寻址方案。因此，相对于 IPv4 来讲，IPv6 提供了一个更大的编址空间。IPv6 的主要优点如下：

1）互联网协议安全（IPsec）是强制实施的。IPsec 协议对会话中的每个数据包均要进行加密和认证，从而保证 IP 通信安全。

2）在 IPv6 中，支持诸如 4294967295（$2^{32}-1$）8bit 的特大数据包。相反，IPv4 支持诸如 65535（$2^{16}-1$）8bit 的数据包。

IPv6 地址采用一种叫做十六进制冒号符号的格式，如图 2.24 所示。

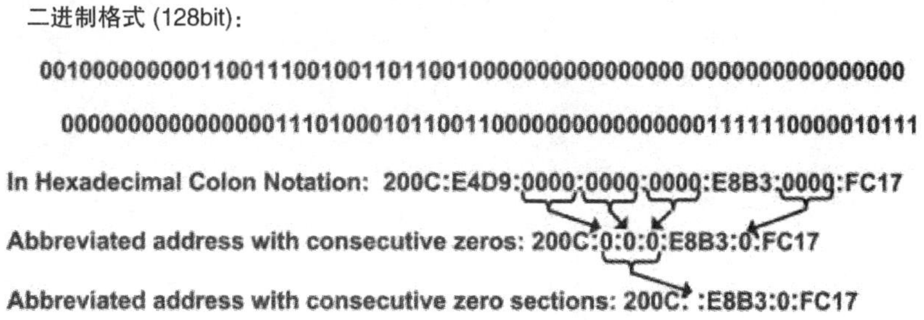

图 2.24　IPv6 地址

参考文献

[1] Aggarwal, R. and Moore, P. (1993) Digital communications for protection. *Power Engineering Journal*, **7**(6), 281–287.

[2] *Network Protection and Automation Guide: Protective Relays, Measurements and Control*, May 2011, Alstom Grid, Available from http://www.alstom.com/grid/NPAG/ on request.

[3] Forouzan, B.A. (2007) *Data Communication and Networking*, McGraw-Hill, New York.

[4] Halsall, F. (1995) *Data Communications, Computer Networks and Open Systems*, Addison-Wesley, Wokingham.

[5] Stallings, W. (2005) *Wireless Communications and Networks*, Pearson Educational International, New Jersey.

[6] Lacy, E. (1982) *Fiber Optics*, Prentice-Hall International, London.

[7] Senior, J. (1992) *Optical Fiber Communications: Principles and Practice*, Prentice-Hall International, London.

[8] Hu, Y. and Li, V. (2001) Satellite-based internet: A tutorial. *IEEE Communications Magazine*, **39**(3), 154–162.

[9] Stallings, W. (2007) *Data and Computer Communications*, Pearson Prentice-Hall, New Jersey.

[10] Handley, M., Perkins, C. and Whelan, E. *Session Announcement Protocol*, IETF RFC 2974, http://www.rfc-editor.org/rfc/rfc2974.txt (accessed on 4 August 2011).

[11] Townsley, W., Valencia, A., Rubens, A. *et al. Layer Two Tunneling Protocol L2TP*, IETF RFC 2661, http://www.rfc-editor.org/rfc/rfc2661.txt (accessed on 4 August 2011).

[12] Hinden, R. and Deering, S. *IP Version 6 Addressing Architecture*, http://www.rfc-editor.org/rfc/rfc2373.txt (accessed on 4 August 2011).

[13] Deering, S. and Hinden, R. *Internet Protocol, Version 6, (IPv6) Specification*, http://www.rfc-editor.org/rfc/rfc2460.txt (accessed on 4 August 2011).

第3章　面向智能电网的通信技术

3.1　简介

电力系统通信基础设施一般是由连接到系统控制中心的带有专用通信通道的SCADA系统和广域网（WAN）组成。一些长期建设下的电力公用设备有私人电话网络以及其他剩余的通信系统。SCADA系统连接了电力系统所有的主要运行设备，也就是说，中央发电站、电网传输变电站和主要的配电变电站连接到系统的主控制中心。企业和市场运行之间的合作使用WAN。这些构成了传统电力系统的核心通信网络。但在智能电网中，两个通信设备的基本元素期望应用于实际WAN中。

智能电网的一个重要发展方向（见图3.1）就是自始至终在配电系统中拓展通信，同时建立起一个双向的由配网变电站服务的，通过邻域网（NAN）覆盖整个区域的，与用户之间的通信。前提是用户有家庭局域网络（HAN）。NAN与HAN会通过一个智能电表或是一个智能装置连接起来。

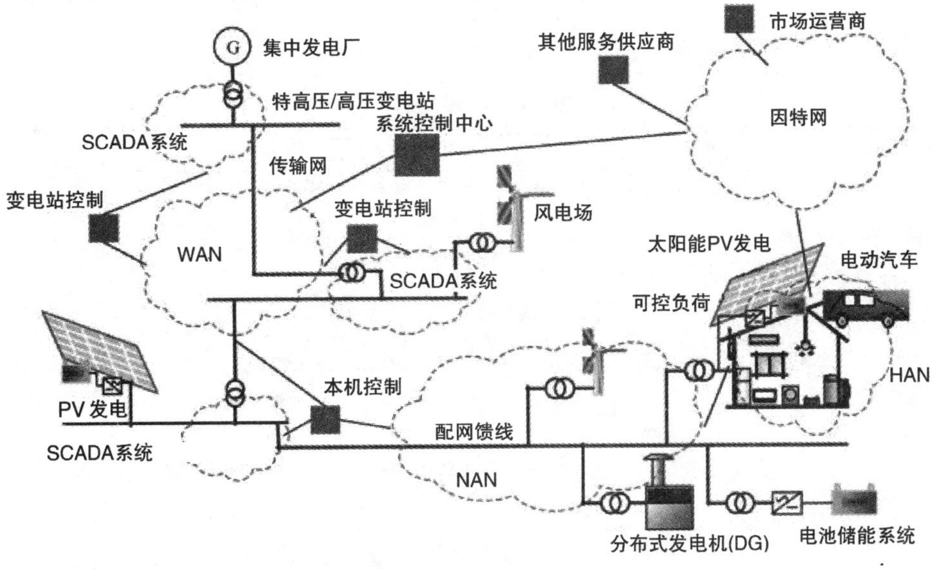

图3.1　智能电网可能的通信架构

不同的通信网络可以使用不同的通信技术来弥补智能电网的不足，并且还面临着一个严峻的挑战，就是如何把它们有效地结合起来。

在ISO/OSI模型中，如第2章讨论的那样，上层处理与实际传输机制相关的应用层数据，而下层则考虑与应用需求无关的数据传输。本章将讨论ISO/OSI模型最低3层相关的通信技术。

3.2 通信技术

3.2.1 IEEE 802系列

这是一个开发出来支持局域网（LAN）的家庭标准。对如图3.1所示的智能电网来说，IEEE 802标准在SCADA系统中是可以应用的。在配电网的NAN和HAN中亦然。当然这些是在用户使用的前提下才可以实现的。表3.2表示了不同的IEEE 802标准在其固有的频率、带宽、比特率和范围下广泛应用的通信技术。

表3.1 不同子网络中的技术

子网络	通信技术
HAN	以太网、无线以太网、电力线载波（PLC）、宽带电力线通信（BPL）、无线个域网（ZigBee）
NAN	PLC、BPL、数字用户线路（DSL）、增强型数据速率GSM演进技术（EDGE）、高速分组接入（HSPA）、通用移动通信系统（UMTS）、长期演进（LTE）技术、全球微波互连接入（WiMAX）、帧中继
WAN	多协议标签交换（MPLS）、WiMAX，LTE技术、帧中继

表3.2 IEEE 802定义的不同技术[1,2]

协议	说明	频带	带宽	比特率	范围
IEEE 802.3	以太网——3.2.1.1节			见表3.2	
IEEE 802.4	令牌总线——这是一个LAN，网络中的每个设备成环形联结[4]			1Mbit/s、5Mbit/s和10Mbit/s	
IEEE 802.11a	无线LAN（Wi-Fi）——3.2.1.2节	5GHz	20MHz	6Mbit/s、9Mbit/s、12Mbit/s、18Mbit/s、24Mbit/s、36Mbit/s、48Mbit/s、54Mbit/s	室内：35m 室外：120m
IEEE 802.11b		2.4GHz	20MHz	1Mbit/s、2Mbit/s、5.5Mbit/s、11Mbit/s	室内：38m 室外：140m
IEEE 802.11g		2.4GHz	20MHz和40MHz	1Mbit/s、2Mbit/s、6Mbit/s、9Mbit/s、12Mbit/s、18Mbit/s、24Mbit/s、36Mbit/s、48Mbit/s、54Mbit/s	室内：38m 室外：140m

（续）

协议	说明	频带	带宽	比特率	范围
IEEE 802.11n		2.4GHz 和 5GHz	20MHz 和 40MHz	6.5～300Mbit/s	室内：70m 室外：250m
IEEE 802.15.1	蓝牙——3.2.1.3 节	2.4GHz		1～3Mbit/s	1 级——1m 2 级——10m 3 级——100m
IEEE 802.15.4	这种标准适用于低占空比的通信。指定物理层和 MAC 层——3.2.1.4 节	868.3MHz 902～928MHz 2400～2483.5MHz	600kHz 2000kHz 5000kHz	20kbit/s 40kbit/s 250kbit/s	
IEEE 802.16	WiMAX——3.2.1.5 节	2～66GHz	1.25MHz、5MHz、10MHz 和 20MHz	75Mbit/s（座机）和 15Mbit/s（手机）	50km

图 3.2 表示 IEEE 802 结构是如何与 ISO/OSI 最低两层相连的[3,4]。它表示了两个 LAN 是如何通过桥接器来实现连接的。这样的连接在很多组织中广泛应用，且它有很多 LAN。从信源发出的一个数据包，作为一个接口在网络层和 MAC 子层之间连接进入逻辑连接控制子层（见表 3.4）。逻辑链路控制（LLC）子层通过 IEEE 802 标准定义，提供复用机制、流控制和错误控制。数据包随后被传送至 MAC 子层。在 MAC 子层中，把数据头和尾标（数据包已进入 LAN 的基础下）加入数据包。然后它就穿过通信物理层和通信通道到达桥接器。在桥接

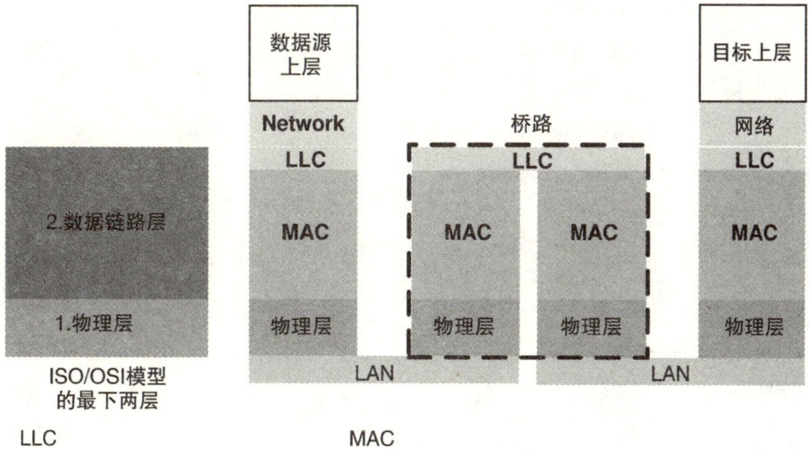

图 3.2　IEEE 802 结构[4]

器的 MAC 层中，数据头和尾标都会被移动，原始的数据包被恢复，然后传至桥接器的 LLC 层。数据包会针对其传送前往（的目标）通过 MAC 层（通过添加适当的数据头和尾标）处理。桥接器的这种用途，对于不同的 LAN 使用不同的结构长度和速度来说是很重要的。例如，IEEE 802.3 采用的是 1500B 结构，然而 IEEE 802.4 采用的是 8191B 结构[4]。

3.2.1.1 以太网

以太网因为其简单、容易控制，将新技术和可靠性结合在一起的特点已经成为有线 LAN 中最广泛使用的网络技术。它安装成本低，并且容易更新。其框架建立在 IEEE 802.3 之上。其基带是用一系列数字标准定义。例如 10BASE5、10BASE2、10BASE-T、1BASE5、100BASE-T 等。第一个数字，也就是 1、10、100，表示以 Mbit/s 为单位的数据传输率。最后一个数字或字母代表电缆最大长度和其形式，详见表 3.3。一个以太 LAN 有一些表 3.4 中列出的设备组成。

表 3.3　以太网标准和其覆盖范围[4]

标准	媒介	数据速率	最大段长/m
10BASE5	粗同轴电缆（50Ω）		500
10BASE2	细同轴电缆（50Ω）		185
10BASE-T	非屏蔽双绞线（UTP）	10Mbit/s	100
10BASE-FP	62.5μm/125μm 多模光学纤维对		500
100BASE-TX	2 对 5 号非屏蔽双绞线		100
100BASE-FX	2 根光纤	100Mbit/s	100
100BASE-T4	4 对 3 号（或 4、5 号）UTP		100
	10μm 单模光纤		5000
1000BASE-LX	50μm 多模光纤		550
	62.5μm 多模光纤		550
1000BASE-SX	50μm 多模光纤		550
	62.5μm 多模光纤	100Mbit/s	220
1000BASE-T	5、5e、6 或 7 号 UTP		100
1000BASE-CX	屏蔽电缆		25
1000BASE-ZX	单模光纤		约 70000
10GBASE-S	50μm 多模光纤	1Gbit/s	300
	62.5μm 多模光纤		26~82
10GBASE-L	单模光纤		10000
10GBASE-E	单模光纤		40000
	单模光纤		10000
10GBASE-LX4	50μm 多模光纤		300
	62.5μm 多模光纤		300

表 3.4　以太网的数据传输设备

设备	描述
中继器	一个中继器有两个端口。一旦它接收了一个信号，就放大以排除任何失真（当信号在通信频道中传播时已经引入大量失真）并且运送给输出端。中继器在 ISO/OSI 参考模型的物理层工作。中继器工作如图 3.3 所示。注意到尽管输入是数字式的，也能如图 3.3 所示弱化失真
集线器	集线器是连接了多个以太网设备的多端口中继器，一个集线器将输入信号传送给所有与之相连的设备（见图 3.4）
桥接器	桥接器有两个端口，在数据链路层操作。只有当信道是空的或者机架是广播机架时，桥接器才会把入局机架转至目的桥接器上的每个端口都支持双工操作
交换机	交换机是个多端口桥接器。不同于集线器，交换机不会在整个网络内广播帧，它只会向目的端口传播帧（见图 3.5）
路由器	路由器用作 LAN 和 WAN 之间的网关。一个路由器智能地决策如何分配流量。路由协议由不同决定路由器如何路由流量的算法构成。路由器在网络层运作

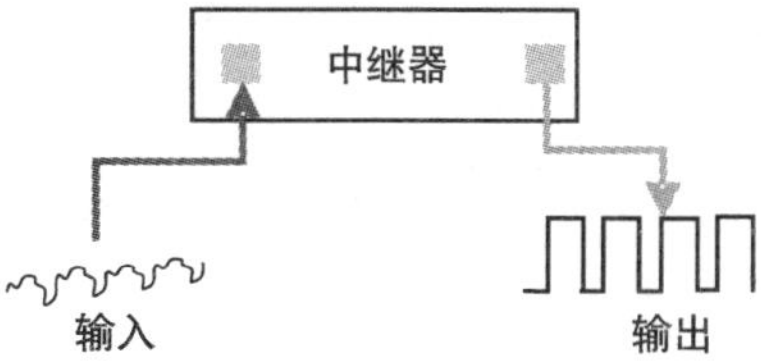

图 3.3　中继器的传输路径

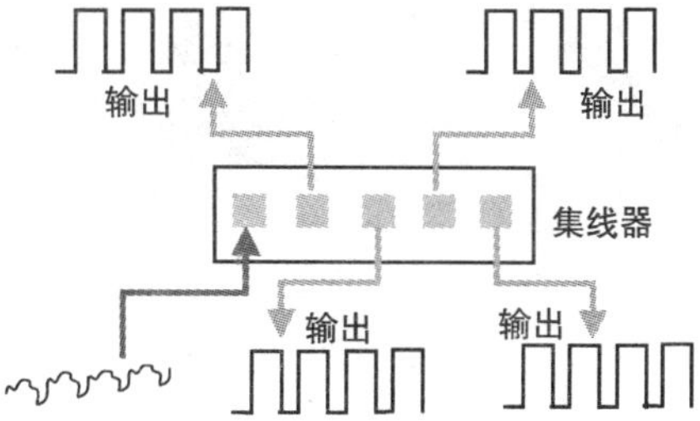

图 3.4　集线器的传输路径

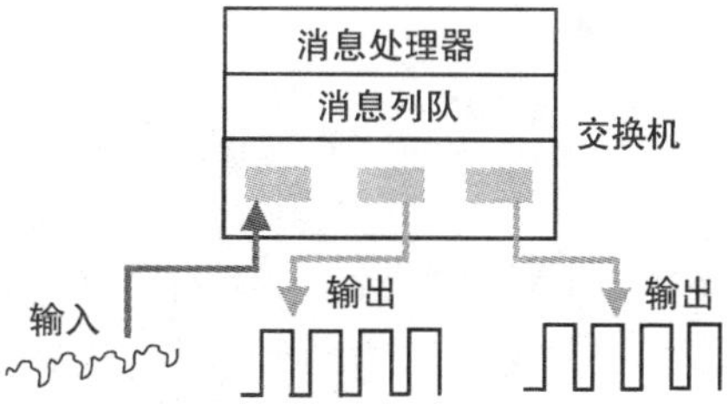

图 3.5　交换机的传输路径

以太网用一个共享的，由多个设备与其连接的介质来使用普通介质。这就导致被多个主机传输的结构之间产生冲突。冲突问题由一个被称为 CSMA/CD（带有冲突检测的载波侦听多路存取）的协议来解决。一系列主机连接到网络，并且由两个主机同时传输导致冲突的主机，创造了一个冲突域名。

以太 LAN 也承载着由 ISO/OSI 模型的 3 层编址定义的播送结构。这些播送结构送达的域名叫做播送域名。

在网络交通拥挤的情况下运行的网络被冲突域名和播送域名所影响。因此，适当地孤立它们，对保持 LAN 的高速运行是十分重要的。一个正常的以太 LAN

在图3.6中已经给出，它展示了冲突域名和播送域名。标示出开关、桥接器和路由器同时限制冲突域和播送域是很重要的。图3.6所示的网络中，从A发送出的数据包会与从B发送出的数据包冲突，但和C区数据包不会冲突。这是因为A、B、C之间是通过一个如图3.6所示的被限定在冲突域中的开关来连接的，但是播送到A、B、C的信息会发生冲突。

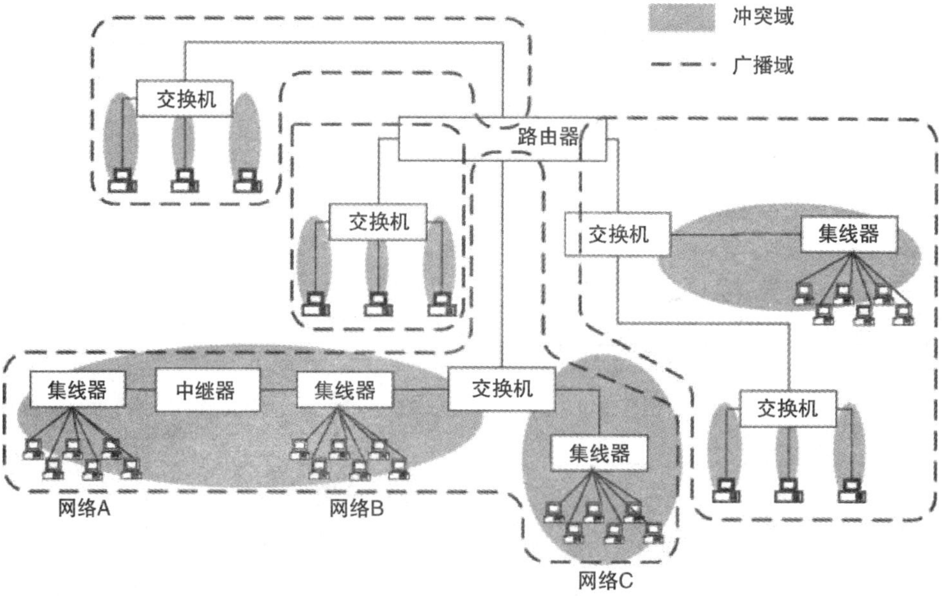

图3.6 典型的以太LAN架构

例3.1

连接两套IED装置到站总线是必要的（见第6章）。针对此提出一个合理的设计。

解：如图3.7所示，两套IED装置可以这样连接。可以把设备A和B当作中心和开关。如果使用中心，它们可以创造一个环绕A与B的光线阴影区域，就像图3.7所示的那样。因此，它们对那些使用IED的状态信息和解决方案的特殊应用不适用。若是如此，设备A和B应该作为开关来限制设备A和B周围冲突域的阴影区域范围。

3.2.1.2 无线LAN

无线LAN的标准用IEEE 802.11来表示。IEEE 802.11设备的互用性，是由Wi-Fi联盟[⊖]来认证的。无线LAN由以下部分组成：

⊖ http：//www.wi-fi.org/。

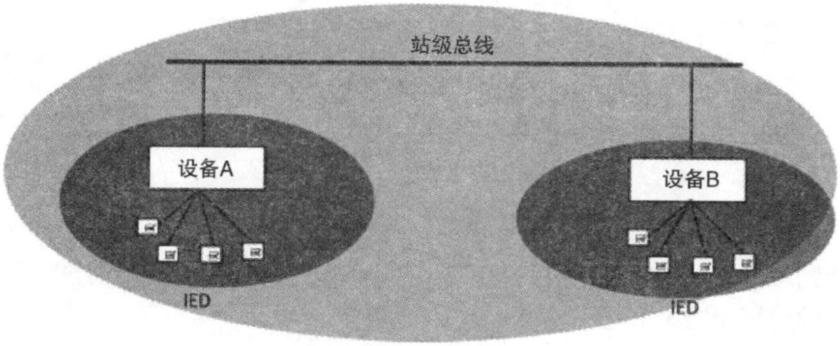

图 3.7　冲突域

1）站：这个概念是用来表示无线 LAN 内通信的。例如，一台便携式计算机或是支持 Wi-Fi 的手机。在 ad-hoc 网络中，这些设备可以在一个创建好的网状网络（mesh network）内实现它们自己之间的通信，如图 3.8 所示。这样用许多站一起形成的 ad-hoc 网络的现象叫做独立的基本服务集（独立 BSS 或IBSS）。

2）接入点（AP）：当一个 AP 存在于网络中时，它允许通信站之间通过它来相互通信。若在不同的通信站之间实现相同类型的通信，它便需要两倍的带宽。但是，在网络里存在 AP 还是有好处的。AP 使系统变得可衡量，并且允许使用有线连接连接其他网络。同时，AP 在站内于一个较低能量水平的条件下，能够缓冲网络交通。如图 3.8b 所示，当一个 AP 存在于网络中时，站的集合叫作公共设施 BSS。

3）配电系统（DS）：一个配电系统，如图 3.9 所示，通过 AP 连接到多个公共设施 BSS。它使 AP 之间的通信变得便利，推动了从一个 BSS 到另一个 BSS 之间的交通，以及 BSS 之间移动站的移动。一系列的公共设施 BSS 叫作扩散服务集（ESS）。

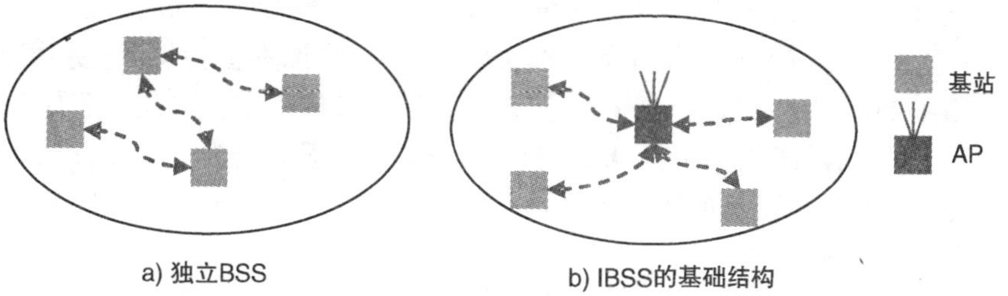

图 3.8　无线 LAN 的 BSS 体系

802.11 系列无线 LAN 使用的是 CMSA/CA 协议来连接传输媒介。它们可以

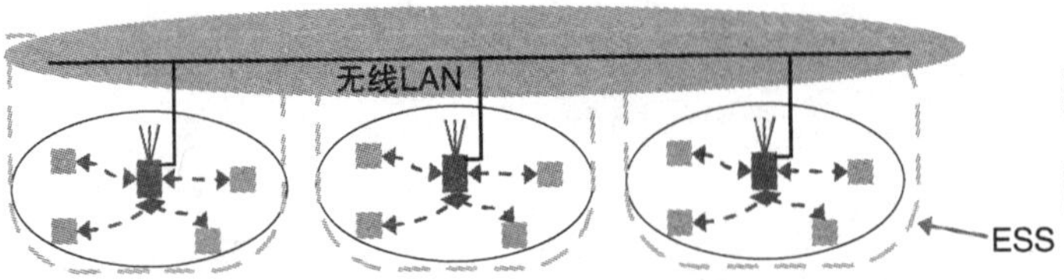

图 3.9 配电系统

有多个物理层的选择，由 802.11a/b/g/n 来鉴别，见表 3.2。一般的 802.11 在智能电网的应用如图 3.10 所示。

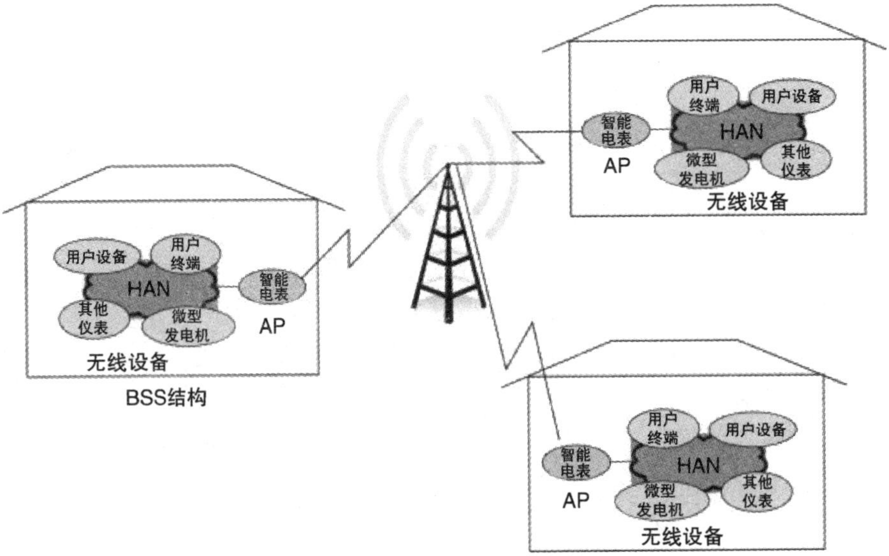

图 3.10 IEEE 802.11 无线 LAN 在智能电网中的应用

3.2.1.3 蓝牙

由 IEEE 802.15.1 标准定义的蓝牙，是一种为移动电话设计的，或是使用低能量、适合短距无线电传输设计的无线 LAN 技术。它原本被构想成一种可选择的连接 EIA 232 数据电缆的无线电。蓝牙有其最经典的版本，它是由蓝牙 3.0 + HS 和近期引进的低能版本蓝牙 4.0 定义的。这个新版本是为了应用而设计的，它要求低能量消耗，以及在低潜在因素下转化小块数据。表 3.5 给出了这两个蓝牙型号的技术指标。

蓝牙定义了两个网络结构：环网和散射网。环网是由主设备和 7 个辅助设备组成的蓝牙网络，如图 3.11 所示。更多的设备都可以和主设备同时存在，但却不能连续不断地参与到通信中来。这种状态下的辅设备处于一个静止状态。当环网内的辅设备数下降至 7 时，静止的设备可以转换成为一种活跃状态。环网可以

表 3.5　蓝牙技术规范

规范	蓝牙 3.0 + HS	蓝牙 4.0
距离/范围/m	超过 100	150
在空气中的传播速率/(Mbit/s)	1 ~ 3	1
主从动	7	独立执行
能否传播声音	能	不能
电力消耗/mW	100	10
峰值电流消耗/mA	<30	<20
拓扑	环网，散射网	星形网，点对点

通过一个桥接器内连，该桥接器是一个环网的从动装置，同时是另一个环网的主动装置，或者是两个环网的从动装置，如图 3.11a 和图 3.11b 所示。环网内这一系列的内部连接称作散射网。

两种形式的蓝牙连接可以由数据转换创建，这就是同步连接导向（SCO）和异步连接链接（ACL）。按时送达数据远比无误传送重要的情况下使用 SCO。另一方面，无误传送比按时送达重要的情况下使用 ACL。

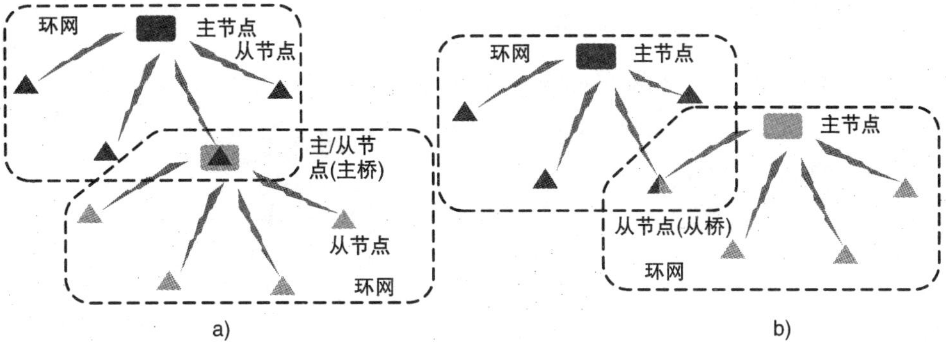

图 3.11　环网与散射网

3.2.1.4　ZigBee 与 6LoWPAN

ZigBee 与 6LoWPAN 是建立在 IEEE 802.15.4 基础上的两种通信方式。这是一种低速率数据传输的无线网络标准。这是一种最流行的无线公共局域网（WPAN）协议，因为它能量消耗低、灵活性高、成本低。这就创造了一种特别的自组织网络。这是通过内部连接一种固定、便携且能移动的设备来实现的。

图 3.12 所示是一种 ZigBee 的协议结构。如图 3.12 所示，低二层由 IEEE 802.15.4 定义。为 ZigBee 提供应用支持，网络层的协议由个域网联盟定义。

一个 ZigBee 设备可以是完整功能设备（FFD）也可以是精减功能设备（RFD）。一个网络至少有一个 FFD，作为一个 WPAN 协调器来运行。FFD 运行模式有 3 种：协调器、路由器和终端设备。一个 RFD 只能作为一个终端设备来运行。一个 FFD 可以与其他 FFD 与 RFD 对话，然而 RFD 只能与 FFD 对话。一个 RFD 可以作为一种灯的开关或是一个传感器，它们都是同一个控制器连接。ZigBee 可以采用星形、网状和集群树 3 种形式，如图 3.13 所示。

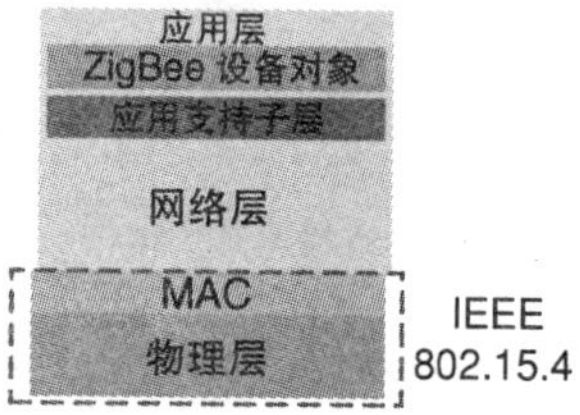

图 3.12 ZigBee 协议结构[2]

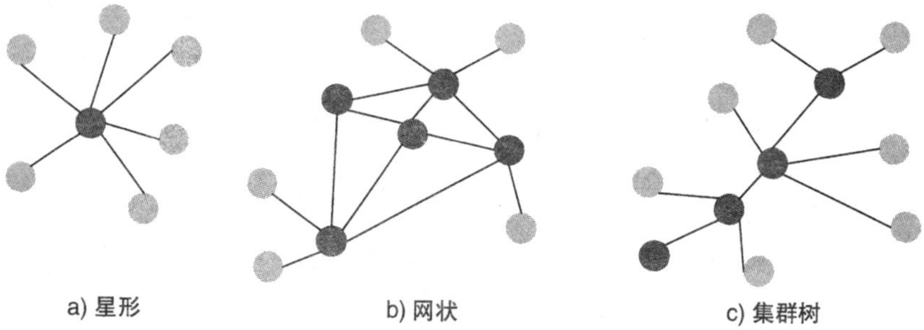

图 3.13 ZigBee 网络结构

6LoWPAN 是一个能让 IPv6 数据包通过低能 WPAN 传送的协议。IPv6 最小传输单元值为 1280 个八位组。但是，由 IEEE 802.15 规定的最小 MAC 结构容量为 127B。因此，为了使 MAC 层和 IPv6 网络层在 6LoWPAN 的连接下运行，在两层中间设置了一个调整适配层，如图 3.14 所示。

图 3.14 6LoWPAN 网络结构[2]

在 6LoWPAN 中，若一个 RFD 想要向一个可获取 IP 的设备发送数据包，且这个设备在 6LoWPAN 域外，它首先会向同一 WPAN 中的 FFD 发送数据包。在 6LoWPAN 中一个作为路由器使用的 FFD，数据包会断断续续地传送到 6LoWPAN 网关。在 IPv6 域中，连接着 6LoWPAN 的网关会使用 IP 地址，找到目标，即带有 IP 的设备。图 3.15 向人们展示

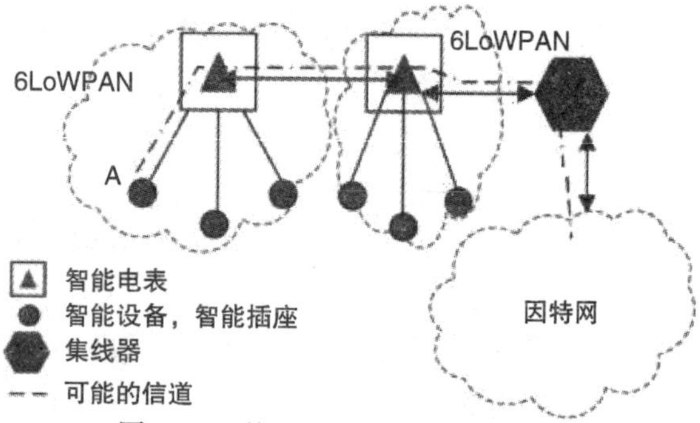

图 3.15 基于 6LoWPAN 网络的通信

了这样一个例子，也就是信号从设备 A 传递到互联网设备的路径。

例 3.2

图 3.16 表示了智能电表网络的一部分。通信网络的运行使它应用 ZigBee。考虑到已经给定了距离，应为这个方案找一个合适的 ZigBee。在给定的配置下，一个智能电表可以作为 FFD 或 RFD 存在吗?

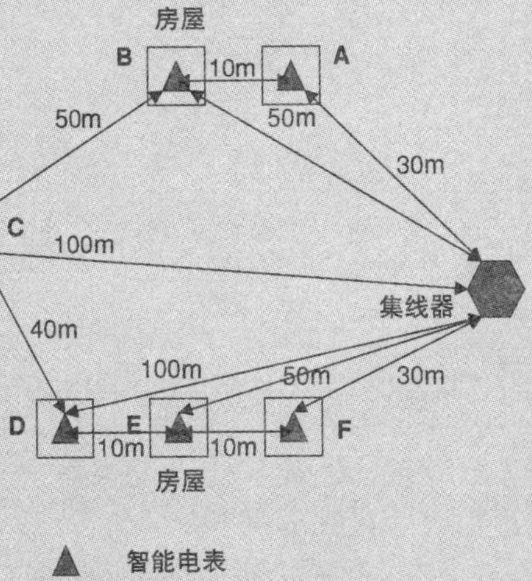

图 3.16　例 3.2 的图

解：ZigBee 的最大范围为 30m。所以 A 屋与 F 屋中添加的智能电表可以直接通过集线器连接。A 屋中的智能电表可以作为 B 屋中智能电表的一个中继器。相似地，F 屋中的智能电表可以作为 E 屋中智能电表的中继器。E 屋中的智能电表也可以作为 D 屋中智能电表的中继器。C 屋离 B 屋和 D 屋的距离都很远，这就需要一个中继器来连接 B 屋或 D 屋的智能电表。但是，在一个通信网络中，一旦有一个智能电表抛锚了，冗余信息就会被添加。所以，最终网络冗余就会如图 3.17 所示。在此配置下，因为每一个智能电表与另一个智能电表，以及应用于其他设备都在其 HAN 中，它的角色是一个 FFD。

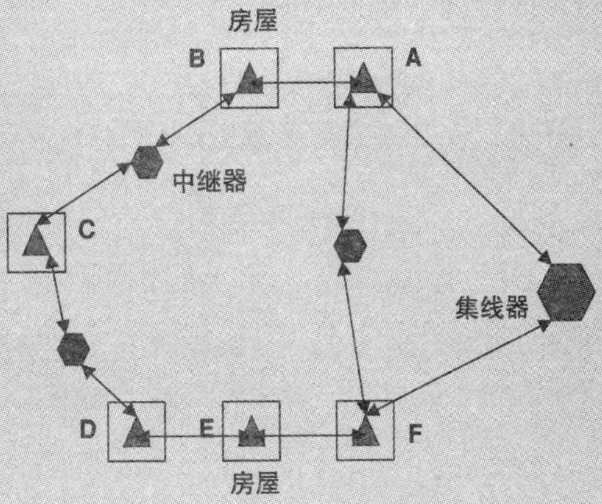

图 3.17　智能测量用的 ZigBee 通信网络

例 3.3

图 3.18 表示了智能电表系统网络的一部分。每个智能电表每秒发送 3B 的数据。若网络是按照从集线器来的一个连接，则其他的连接会按照传送数据的原则来设计的。网络中有 250000 个智能电表和 1000 个集线器。那么，在集线器和数据中心之间，通过数据链的平均数据传输率是多少？

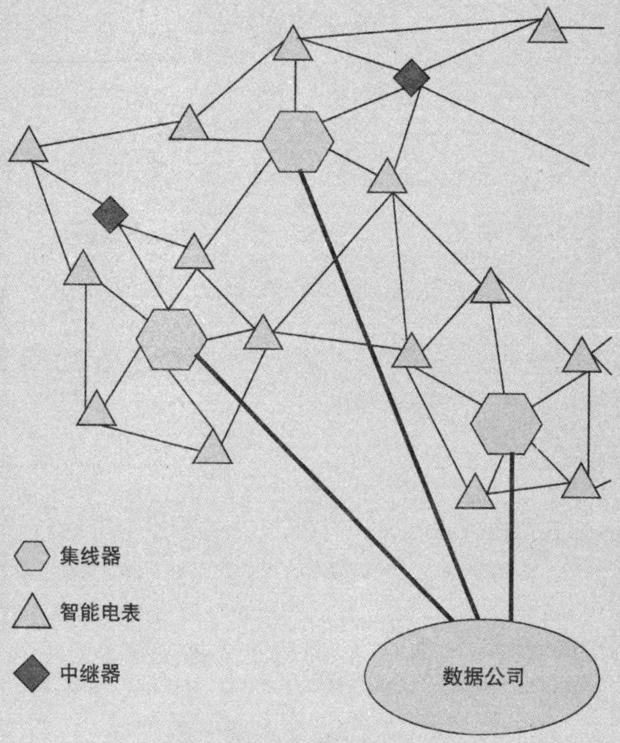

图 3.18　例 3.3 的图

解：每个集线器相连的智能电表数量平均为 250000/1000 = 250。

分析最坏的情况，可以假设所有 250 个智能电表同时发送数据，所以通过链接在集线器和数据中心之间的数据传输率为 250 × 3B/s。

若一个链接失效，另一个链接就能传输数据。所以每段链接的传输率应为 1.5kbit/s。

3.2.1.5　WiMax

WiMax 是适用于 IEEE 802.16 标准的无线通信技术。它采用一种叫做正交频分多址（OFDMA）的技术提供固定和移动连接。图 3.19 中表示了一般 WiMax 的安装形式。

WiMax 的覆盖范围已达到 50km，以 75Mbit/s 的数据传输率来匹配固定连

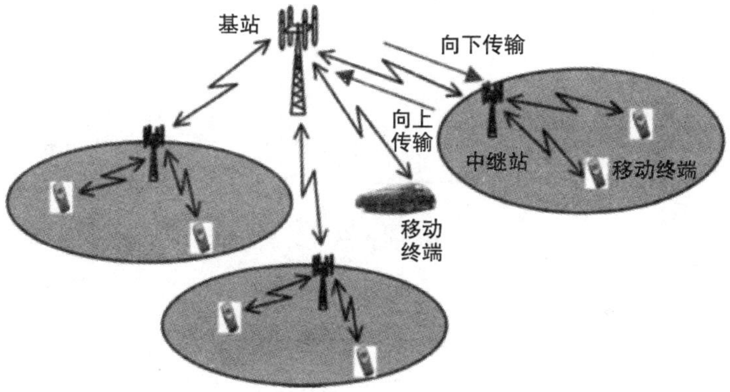

图 3.19　WiMax

接，以 15Mbit/s 的数据传输率来匹配移动连接。释放 IEEE 802.16m-2011 时，数据传输率应在上行链路上增长 200Mbit/s 以上，在下行链路上增长 300Mbit/s 以上。这样对于以 10km/h 移动的设备来说是最佳的。即使它支持移动速度为 120km/h 的设备，其运行速度会随设备速度上升而降低。其保持与站的连接容量为 350km/h[5]。

3.2.2　移动通信

移动通信最初只是为了传送声音而设计的。使其变得智能的是一项叫做全球移动通信系统（GSM）的技术。为该技术添加数据服务，GPRS（通用分组天线服务）技术就被开发出来了。GPRS 使用的是已经存在的 GSM 网络，并且加入了两个新的分割转换式的网络元素：GGSN（网关 GPRS 支持节点）和 SGSN（服务 GPRS 支持节点）。

1998 年 12 月，欧洲电信标准协会、无线电工商业协会、日本电信技术协会、中国通信标准协会、通信工业联盟（北美）和通信技术协会（韩国）启动了一个叫做第三代合作的项目（3GPP）。3GPP 项目的目标是发展 3G 技术，3G 技术是以 GSM、GPRS 和 EDGE（增强型数据速率 GSM 演进）为基础的。这个项目是在数据传输而非声音的基础上建立的。这个项目迅速形成了如图 3.20 所示的可以提供多种技术的模式。在不同的 3GPP 下运行不同技术的数据传输率在表 3.6 中已经给出。

LTE 是一个能与 WiMax 相比，并且可以支持移动速度为 350km/h 的用户、覆盖范围高达 100km、通道宽度为 100MHz，在光谱的影响下，下行链路为 30（bit/s）/Hz，上行链路为 15（bit/s)/Hz 的技术。LTE 有一个优点，就是它可以支持现存的网络中诸如 GSM 和 UMTS 这类无缝连接，如图 3.21 所示。

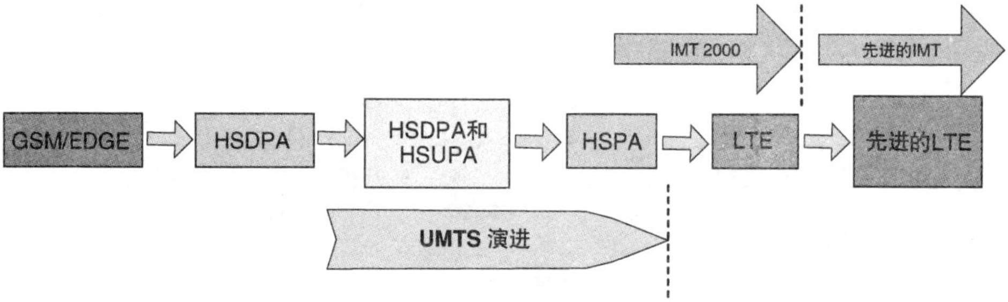

图 3.20 3GPP 的演进过程

表 3.6 3GPP 的峰值数据速率

技术	峰值数据速率/(Mbit/s)	
	上行链路	下行链路
GSM/EDGE	0.5	1.6
HSDPA 和 HSUPA	5.76	14.4
HSPA	22	56
LTE	75	300
先进的 LTE	500	1000

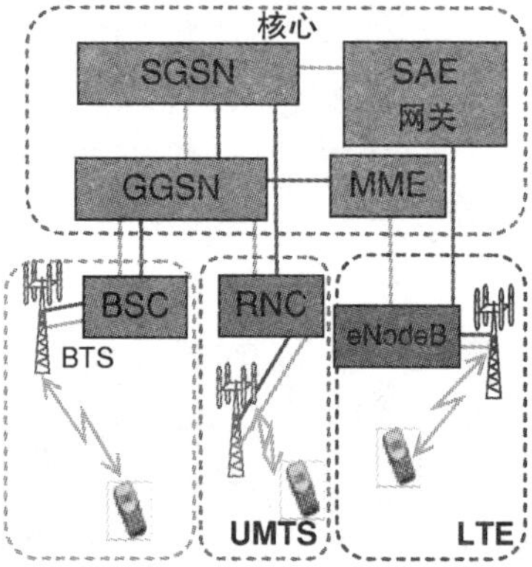

图 3.21 与传统网络连接的 LTE

3.2.3 多协议标签交换

多协议标签交换（MPLS）是一个通过公共网络或者因特网为用户提供 VPN（虚拟专用网络）服务的数据包转发技术。VPN 通过与诸如关键资产相关的应用提供高质量服务和安全性保护。一些点对点 VPN 的预期应用是以包括与控制中心连接的 RTU（远程终端单元）网络和主干网的 MPLS 为基础的。以 MPLS 为基础的 VPN 对广域连接来讲，是一个比较吸引人的解决方案，因为其成本低，并且它可以利用现有网络资源运行的能力。

如图 3.22 所示，MPLS 是通过与标记的数据包相连来运行的。一个 MPLS 数据头由 4 个部分组成：20bit 的标签域、3bit 的实验性或分级的服务域、堆叠位和 8bit 的生存时间值，如图 3.23 所示。在 MPLS 中，当一个数据包前行时，标记的数据包和它一起被发送到下一个节点。在那个节点处，用标记数据包决定下一个跃点。这样就会出现以新代旧，数据包会前进至下一个跃点。

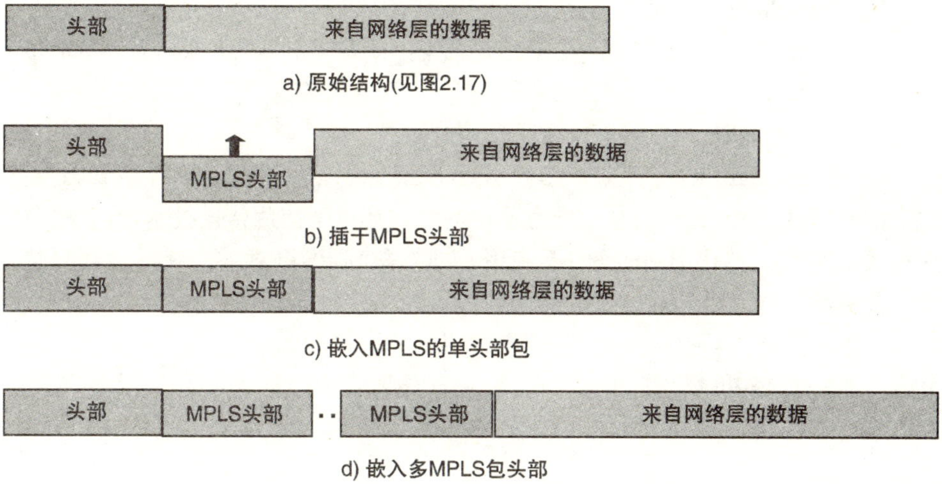

图 3.22 MPLS 包

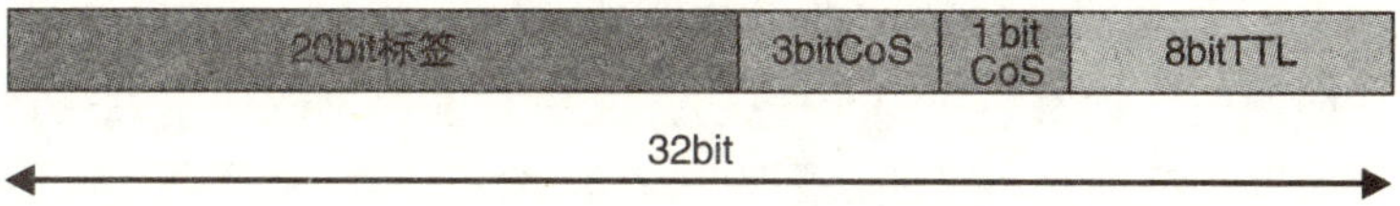

图 3.23 MPLS 头部

3.2.4 电力线路通信

3.2.4.1 IEEE P1901

2005 年，IEEE P1901 工作小组在 IEEE 通信组织的资助下成立，当时正在开发一种高速的（物理层速率大于 100Mbit/s）通过电力线路通信的设备，也就是所谓的 BPL（电力线宽带）设备。这个项目是为了 BPL 网络标准而成立的。在 IEEE P1901 条件下，家庭与接口协议会支持 MAC 层和使用正交频分多址（OFDM）的物理层。

起草阶段的标准将会于 2010 年年末使用传输频率在 100MHz 以下的，并且支持用于第一英里/最后一英里连接的 BPL 设备，以及用于建筑中局域网的 BPL 设备和其他数据的传输。它保证了由国家监管机构规定的 EMC 范围的可行性，所以这对其他的无线技术和远程通信来说是具有竞争力的。

3.2.4.2 HomePlug 联盟

HomePlug 是由家庭插电联盟指定的一宗无标准的宽频，其成员主要是生产通信设备的公司以及电力工业中的公司。

HomePlug 由以下 4 个标准定义：

1）HomePlug1.0：家庭连接设备（1～10Mbit/s）。

2）HomePlugAV 和 AV2：在家庭中传输 HDTV 与 VoIP，AV 为 200Mbit/s，AV2 为 600Mbit/s。

3）HomePlugCC：命令与控制运行其他功能。

4）HomePlugBPL：仍是一个工作组解决最后一英里带宽（IEEE P1901）。

把 OFDM 当作 HomePlug，是为了在电力线环境下使用传送技术专门制定的。它在频率为 4.5～21MHz 的条件下使用 84 同等间隔的副载波。在电力线环境中非常普遍的脉冲噪声是通过更改前面的错误和交错数据来克服的。

3.3 信息交换标准

3.3.1 智能电表标准

智能电表（见第 5 章）可以通过各种方式使用，这也就导致对电表通信系统的各种要求。AMR 只要求能源数据间歇性传播（大概一个月），然而 AMI 要求频繁的双向通信（通常每 30min 一次）。支持智能电网的传送网络运行，智能电表的应用尚未广泛使用，可能是因为在通信系统上有严格要求。

IEC 62056 和 ANSI C12.22 是两种用来描述开放性智能电表通信系统的标准。IEC 62056 为智能电表定义了一系列规格下的传输层与应用层，称作 COSEM。ANSI C12.22 规定了向系统发送和从系统接收电表数据的各项指标。由 ANSI 定义的传输数据结构如图 3.24 所示，在任何通信网络中都适用。

3.3.2 Modbus

Modbus 是应用层中信息传递的协议，它提供了设备之间通过总线和网络来连接。它可以通过 EIA232、EIA422、EIA485 和光纤使用以太网或非同步连续传输来运行。在这些协议中，最普遍的应用是通过 EIA485 运行的 Modbus。图 3.25 表示 Modbus 的应用层是如何与其余的 OSI 层相连接的。表 3.7 对 Modbus 在不同物理

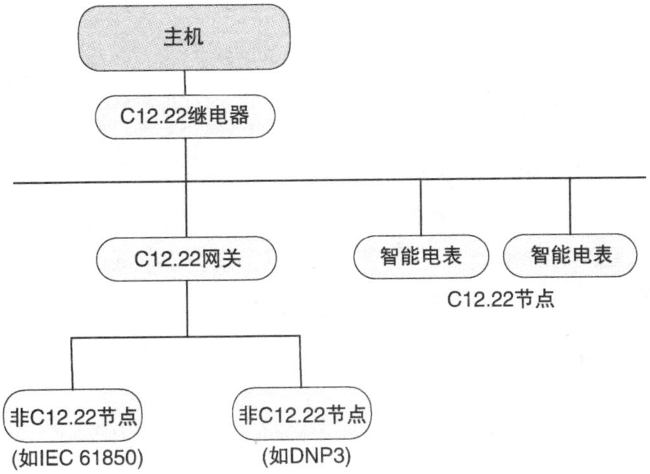

图 3.24　基本的 ANSI C12.22 智能电表架构

层中的运行情况进行了对比。

表 3.7　两个 Modbus 执行的对比[7]

	运用 EIA 485 的 Modbus	运用以太网的 Modbus
最大速度	115kbit/s	10Mbit/s/100 Mbit/s/1Gbit/p
没有中继器的最大距离	1300	UTP100m 光纤 2000m
设备的最大数目	1 个主节点和 31 个子节点	64 位输入/输出扫描，对其他无限制

运用 EIA 485 的 Modbus 被广泛应用于变电站自动化运行中。如图 2.5 所示，在一个变电站中，多个设备共享一条连接。

EIA 485 运行的网络通信协议是从一个带着问题的主机到辅机的。不断进行网络问题监控的辅机，只有在问题有编址是才会识别，运行一个指令（定义一个值）或是发出一个回应是才会作出反应。只有主机之间可以提出疑问。主机可以为私人辅机编址，或者说是使用一个广播的编址，可以讲广播的编址传送至各主机。

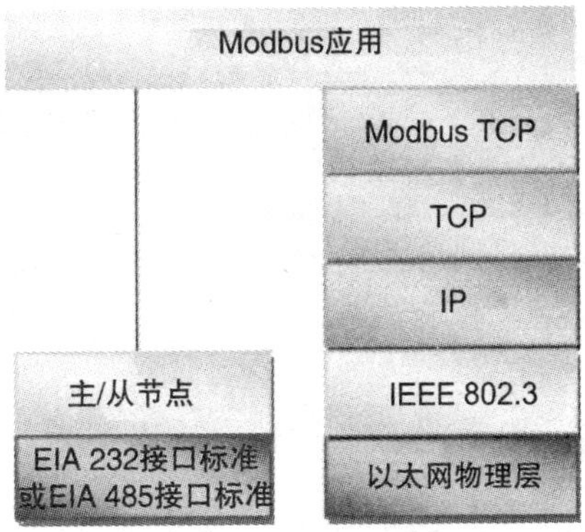

图 3.25　Modbus 协议堆栈[6]

3.3.3　DPN3

分布式网络协议（DPN3）是为了在不同形式的数据获取和设备控制之间进行通信

而开发的一系列通信协议。在 SCADA 系统中，它可以作为控制中心、RTU 和 IED，这是一个很重要的角色。近期，DPN3 已经被作为 IEEE 1818-2010 标准而修改了[8]。

如图 3.26 所示，DPN3 有 5 层。用户层可以接收与二进制类似的输入数据，并输出与二进制相似的信号。DPN3 主站发送请求，辅站作出回应。但是，DPN3 辅站也可以在没有要求的情况下传输数据。DPN3 物理层大多用于连接通信协议，例如 EIA 232 或 EIA 485。DPN3 从太网连接中可以发现。

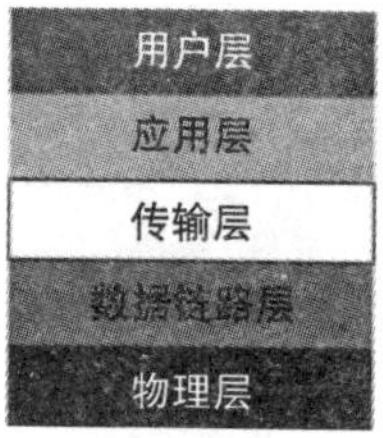

图 3.26　DPN3 协议栈[8]

3.3.4　IEC 61850

这是开放变电站内以太网通信的一个标准。它是一种确保变电站设备互用性的基本标准，其功能被分为：

1）系统支持功能：网络管理、时间上的同步性、物理设备的自我检修。

2）系统配置和维修功能：软件管理，配置管理和设备、模型测试。

3）运行或控制功能：转换设置参数、警报管理、错误记录检索。

4）过程自动化功能：保护、联锁、减负荷。

IEC 61850 使用的是一个实体模型，它能够描述从变电站不同部分的设备以及变电站控制器传来的可用信息。表 3.8 显示了该标准的 10 个部分。

表 3.8　IEC 61850 标准协议架构[9]

部分	描述
1	引言和概述
2	术语汇编
3	总体要求：质量要求，环境条件包括电磁干扰免疫力和辅助服务
4	定义工程要求，如参数类型（系统、流程和功能）、工程工具（系统规范、系统配置、IED 配置和文件）以及质量保证
5	通信功能要求和逻辑节点的设备模型
6	变电站配置语言（SCL）——变电站的每个设备必须提供依据 SCL 的架构
7	变电站和给料机设备的通信结构。包含了 4 个部分，并且定义了变电站自动化的信息模型，应用层由逻辑节点、设备数据库结构模型、逻辑点类和数据类构成
8 和 9	这部分提供了： • 映射对象的定义和对制造业映射规范（MMS）及以太网服务 • 映射面向通用对象①的变电站事件（GOOSE）定义以及以太网的通用变电站状态事件（GSSE） • 用于样本模拟值传输的映射服务
10	一致性测试

① 用于变电站事件的快速传输，例如指令和警告。

除了定义了的通信协议，IEC 61850 还规定了一个数据结构。如图 3.27a 所示，一个设备模型首先得考虑一个物理设备，随后规定设备模型中的逻辑设备。每个逻辑设备在 IEC 61850 中定义为逻辑节点，共 86 种不同的类别，这些节点的名称也被规定。最终，与每个逻辑节点相关的数据也被规定。图 3.27b 所示是 IED 的实例展示。在 IED 中可以看到诸如度量、保护、监控和记录这类逻辑设备。每个逻辑设备都有多个反映其功能的节点。即使作为一个单信号节点，保护逻辑设备相关的逻辑节点来规定，把它们分为包含距离、微分、过电流等 40 多种逻辑节点。

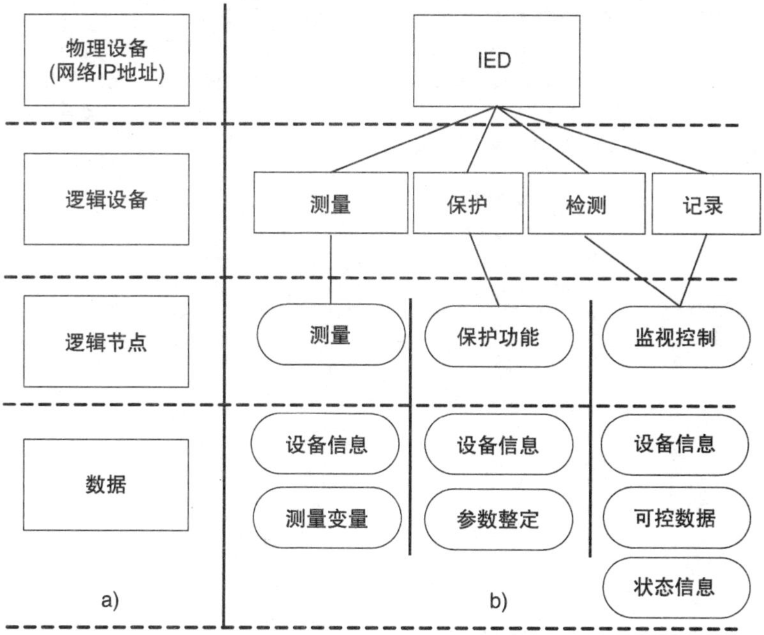

图 3.27　IEC 61850 数据结构

参 考 文 献

[1] IEEE (2011) *IEEE 802 LAN/MAN Standards Committee*, IEEE, March 2011, http://www.ieee802.org/minutes/2011-March/802%20workshop/index.shtml (accessed on 4 August 2011).

[2] The Open Meter Consortium (2009) *Description of Current State-of-the-Art Technologies and Protocols: General Overview of State-of-the-Art Technological Alternatives*, http://www.openmeter.com/files/deliverables/OPEN-Meter%20WP2%20D2.1%20part1%20v3.0.pdf (accessed on 4 August 2011).

[3] Jeffree, T. (2011) *The IEEE 802.1 Standards*, IEEE, March 2011, http://www.ieee802.org/minutes/2011-March/802%20workshop/index.shtml (accessed on 4 August 2011).

[4] Low, D. (2011) *IEEE 802.3 Ethernet*, IEEE, March 2011, http://www.ieee802.org/minutes/2011-March/802%20workshop/index.shtml (accessed on 4 August 2011).

[5] Cudak, M. (ed.) (2010) *IEEE 802.16m System Requirements*, IEEE 802.16 Task Group M, January 2010, http://ieee802.org/16/tgm/docs/80216m-07_002r10.pdf (accessed on 4 August 2011).
[6] *Modbus Application Protocol Specification V1.1b*, December 2006, http://www.modbus.org/docs/Modbus_Application_Protocol_V1_1b.pdf (accessed on 4 August 2011).
[7] Electrical Installation Organization, *Communication Protocols and Architectures in iPMCC*, http://www.electrical-installation.org/wiki/Communication_protocols_and_architectures_in_iPMCC (accessed on 4 August 2011).
[8] IEEE Power & Energy Society (2010) *IEEE Std 1815TM-2010: IEEE Standard for Electric Power Systems Communications-Distributed Network Protocol (DNP3)*, June.
[9] British Standard Institute (2002–2010) *BS EN/IEC 61850: Communication Networks and Systems for Power Utility Automation*.

第 4 章　智能电网信息安全

4.1　简介

智能电网的运行很大程度上依赖于双向通信交换信息。实时信息必须一直在大型集中发电机、分布式发电机、变电站和用户负载之间流动。目前，电力通信系统通常用于高压配电网覆盖的集中发电和输电系统。发电和输电系统需要使用专用通信网络，用于控制电网的 SCADA 和 ICT 系统要独立运行，两者甚至不能与同一公司的商用网络连接。电力通信与控制系统的这种隔离措施（使用专用网络和专有控制系统）限制了对关键 ICT 基础设施的访问，从而自然地具备了针对外部威胁的内置安全。

随着数以百万计的用户加入智能电网，智能电网的信息与通信基础设施中将会用到各种不同的通信技术和网络架构，由此可能会导致数据被窃取或恶意网络攻击的概率增大。相比传统电力系统，在智能电网中确保信息的安全变得更加复杂，因为在智能电网中，电网系统要与其他信息网络深度集成。虽然个人数据可能涉及用户隐私，比较敏感，但为了控制数据传输成本，仍将使用互联网等公共 ICT 基础设施进行数据传输。

某些未经授权的恶意用户会对其他合法用户的用电负荷信息感兴趣，并试图非法获取这些信息，这种行为可能会侵犯用户的隐私。如果用户的账号和用电数据被非法用户获取，就可能面临遭欺诈的风险。因此，对电力系统操作信息的非授权访问是电力系统信息安全面临的重要威胁。

在互联网中，衡量网络流量传输性能的主要指标是吞吐量。在智能电网中，衡量信息传输能力的标准，不仅包括吞吐量，还包括可靠和安全地实时信息交付能力[1]。相比互联网商业应用，智能电网对信息传输延迟的容忍度较低，这是因为电网控制中心需要对底层设备进行实时或近实时的监控。很多监控信息是周期性产生的，这使得智能电网通信网络中的流量模式有规律可循。当然，一旦出现电力系统故障或发生意外事件，将会有大量的消息生成，导致流量异常，且每条消息的长度都很短。智能电网信息通信系统中的消息传递模式与传统语音电话系统或互联网中的消息传递模式的差别很大。由安全问题导致的任何形式的中断都可能对智能电网的安全可靠运行造成严重影响。

信息安全措施应满足如下安全性需求：

1）私密性：只有消息发送者和消息接收者可以理解消息内容。

2）完整性：指在传输、存储信息的过程中，确保信息不会被未授权用户篡改或在信息被篡改后能够被迅速发现。

3）消息认证：消息接收者可以确认发送者身份，确保消息不是来自冒名顶替者。

4）不可否认性：消息接收者可以证明消息来自特定发送者，并且该发送者不能否认自己发送消息的行为和消息内容。

互联网已成为当前主要通信模式，提供信息安全保障就成了各类信息通信系统的共同需求。针对潜在的安全威胁，当前已有比较完善的信息安全保障机制。

4.2 加密与解密

密码学一直被广泛用于保护信息不被敌对方攻击。如图 4.1 所示，消息 M 通过使用仅由发送方和接收方知道的密码进行加密，由此得到保护。这个变换的过程叫做加密，其中用来加密的消息叫做明文，加密后或者变换后的消息叫做密文。加密后的消息在接收方进行解密。

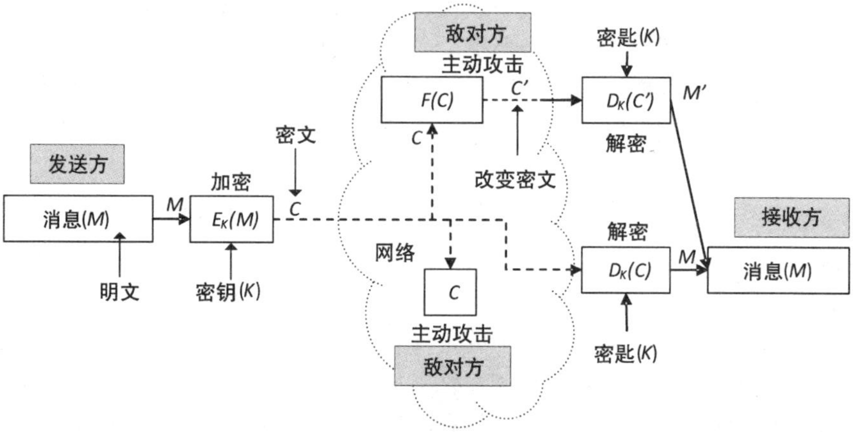

图 4.1 加密和可能受攻击情况下的组件

图 4.1 同样展示了针对信息存在的潜在威胁。如图 4.1 所示，入侵者可以发起被动或者主动攻击。被动攻击者可能会将捕获的信息用于恶意攻击的目的。在主动攻击中，发送给接收方数据的路径可能会被篡改，其数据本身也可能被完全替代。被动攻击不会产生即刻威胁，但非常难以检测。主动攻击更具有破坏性，但能够在大多数情况下都被迅速检测到。

4.2.1　对称密钥加密

在传统的加密中，发送方和接收方共用同一个密钥，这称为对称密钥加密。

4.2.1.1　替换密码

替换密码是早期基于对称加密算法的一种方式。在这个过程中，每个字母都会被替换成另一个。替换密码其映射示例如下所示：

明文	A	B	C	D	E	F	G	H	I	J	K	L	M	N	O	P	Q	R	S	T	U	V	W	X	Y	Z
密文	W	Y	A	C	Q	G	I	K	M	O	E	S	U	X	Z	B	D	F	H	J	L	N	P	R	T	V

明文信息“HELLO THERE”被加密成“KQSSZ JKQFQ”密文。由于给定的字符被另一个固定字符替代，这个系统被称为单字母替换。此处的密钥是对应于完整字母表的 26 个字符的字母串。替换密码系统伪装纯文本中的字符，但仍保留纯文本中的字符顺序。

即使产生密钥之间的联合：26！ $\approx 4 \times 10^{26}$ 种可能，大到让人们认为这个系统足够安全，但通过使用自然语言的统计特性，密文很容易被破坏。由于单码替换，利用自然语言的统计特性的可能性，可以使用多码替换的方式得以减少，其中每个字母的出现可以有不同的替代方式。换句话说，字母明文和密文中之间的对应关系是一对多的。例如替代字符所对应的字符相，可以由该字符在明文中的相对位置来决定。

4.2.1.2　置换密码

在置换密码中，明文中的字母通过置换得到密文。通过将明文文本根据密钥确定的规则集合成二维数组实现置换。实例如图 4.2 所示，可以从图中看出，明

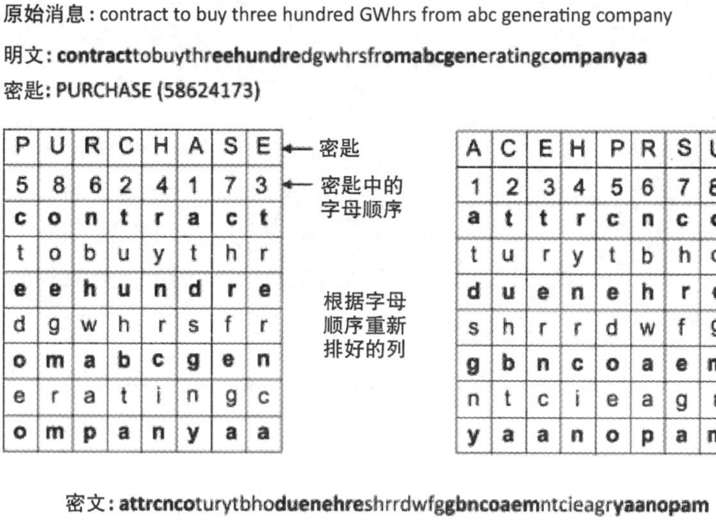

图 4.2　置换密码

文首先被分配给具有与密钥相同列数的数组，任何未使用的列使用字母“a”来填充，然后数组中的每一列按照密钥的字母顺序排序。

4.2.1.3 一次性码本

在一次性码本中，使用与明文的逐位异或（XOR）来组合与消息相同长度的随机位串。敌手没有任何信息可以用来破解一次性码本来产生的密文，因为每一个可能的明文具有相同概率。

在该方法中，发送方和接收方持有相同的随机二进制串密钥进行加密。因为密钥只能被使用一次，并且可以使用给定密钥传送的数据量受到密钥长度的限制，使得这并不容易实现。

若使用一次性密钥来加密多个消息，则可能导致安全性方面的漏洞。为了更好地理解这一点，考虑一种情况，当明文消息 M_1 和 M_2 都用同一种密钥 K 加密。令 C_1 和 C_2 是相应的密文：

$$C_1 = K \oplus M_1$$

$$C_2 = K \oplus M_2$$

因此：$C_1 \oplus C_2 = M_1 \oplus M_2$。

从而，若敌手知道了 M_1 或者 M_2 中的任意一个，其他的消息也可能被很容易计算出来。

例 4.1

单词“HALLOW”由一次性填充“00110010 00010000 01111010 00001101 00101001 00010010”加密。假设明文中的每个字母都使用 8 位 ASCII 编码，将会生成什么密文？

答案见表 4.1。

表 4.1 例 4.1 的密文

明文	H	A	L	L	O	W
可打印的字元①	0x48	0x41	0x4C	0x4C	0x4F	0x57
二进制的 ASCII	01001000	01000001	01001100	01001100	01001111	01010111
一次性密码本	00110010	00010000	01111010	00001101	00101001	00010010
加密文本（XOR②）	01111010	01010001	00110110	01000001	01100110	01000101
相应数值	0x7A	0x51	0x36	0x41	0x66	0x45
密文	z	Q	6	A	f	E

① 这代表字母、数字、标点符号和十六进制 ASCII 中的一些符号（http://en.wikipedia.org/wiki/ASCII）。

② 按位异或。

4.2.1.4 数据加密标准

数据加密标准（DES）是现代加密算法中的典型代表。作为一个精心设计的加密标准，DES 或 DES 的升级版从 20 世纪 70 年代起被广泛应用。在 DES 中，以 64 位为数据块单元对数据加密。图 4. 3 表示了 DES 算法。如图 4. 3a 所示，明文被加密 16 次，每次加密均使用由 56 位密钥生成的 48 位子密钥（K_1，…，K_{16}）次。图 4. 3a 所示的 F 函数是 Feistel 函数，如图 4. 3b 所示。

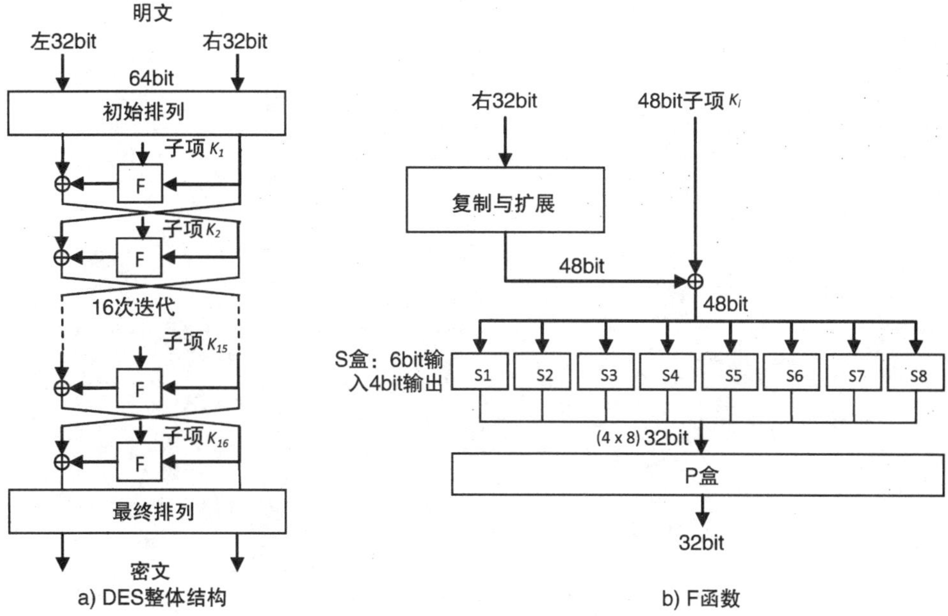

图 4. 3　DES[2]

初始置换和末尾置换用于使用映射方法来重新布置输入或输出位。例如，把表 4. 2 中显示的矩阵用于对输入进行排列。在初始置换之后，明文的第 58 位变成了第 1 位，第 50 位变成了第 2 位，以此类推。

表 4. 2　用于初始置换的映射矩阵[2]

58	50	42	34	26	18	10	2
60	52	44	36	28	20	12	4
62	54	46	38	30	22	14	6
64	56	48	40	32	24	16	8
57	49	41	33	25	17	9	1
59	51	43	35	27	19	11	3
61	53	45	37	29	21	13	5
63	55	47	39	31	23	15	7

复制和扩展盒（box）用于在初始置换之后将明文的右 32 位扩展为 48 位。然后进行 XOR 操作将扩展位与 48 位子密钥 K_i 组合。将输出分成 6 位大小的组，

将这些（S-box）发送给另一映射矩阵，并凭借该矩阵中的地址来定位输出（参见例4.2）。每个S-box使用不同的映射矩阵并提供4bit输出。所有输出被组合成32bit流，然后通过P盒（P-box）（使用映射矩阵来作为重新排列电特的初始置换）形成每一个F函数的输出。

例4.2

某S-box接收6bit输入100111。其输出由以下映射矩阵确定。相应的行地址由输入的第一和最后一位给出，列地址由输入的中间位给出。S-box的输出是什么？

10	0	9	14	6	3	15	5	1	13	12	7	11	4	2	8
13	7	0	9	3	4	6	10	2	8	5	14	12	11	15	1
13	6	4	9	8	15	3	0	11	1	2	12	5	10	14	7
1	10	13	0	6	9	8	7	4	15	14	3	11	5	2	12

解：输入 $=100111_2$

行地址 =（第一个位）（最后一个位）$=11_2=3$

列地址 = 中间位 $=0011_2=3$

输出由行3和列3给出，即4

输出 =0100

当前已经有多种方法破解DES密码，然而已知的最好的实用性攻击是穷举密钥搜索。56位密钥长度相对较短，可以通过简单的方式予以加强，也就是三重DES。三重DES使用三次迭代，加密—解密—加密，如图4.4所示。DES解密通过使用相同的16轮变换来实现，但是子密钥使用相反顺序，即 $K_{16}\sim K_1$。

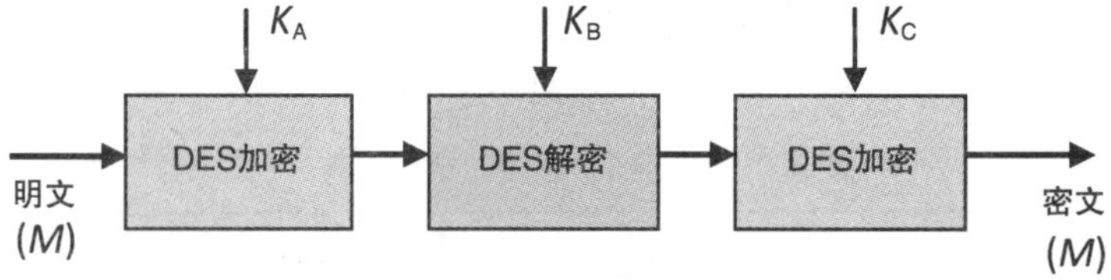

图4.4 三重DES

除了DES，还有其他几种通用的分组密码算法。常用算法实例有高级加密标准（AES）以及由Blowfish、Serpent和Twofish[3]提出的算法。

在一些应用中使用分组密码时，发现了其所具有的弱点。例如，因分组密码需要具有完整的数据块才能开始处理，所以这就使得加密和解密过程比较缓慢。流密码是另一种对称密钥密码，其中明文通常与伪随机密钥流按位进行异或。流密码可以被认为是一次性码本加密。RC4是常用的流密码算法实例。

4.2.2　公钥密码加密

密钥分发是密码学的核心问题之一。对称密钥加密算法需要发送方和接收方之间在初始时刻安全地交换密钥，并且所需密钥数量随着网络设备的增多而增加。公钥密码加密不需要初始时刻在发送方和接收方之间交换密钥。

公钥算法涉及一对称为公钥和私钥的密钥。每个用户公布其共钥，但是保密私钥。若用户A想给用户B发送信息，则A用B的公钥给信息加密，B使用其私钥对加密消息进行解密。公钥算法凭借一个密钥用于加密，另一个密钥用于解密的特性，使得即使加密密钥已知，也不可能确定解密密钥的方案成为可能。RSA（该算法由Rivest、Shamir和Adleman最先公布）是一个广泛的公钥算法。

RSA算法需要密钥的生成计算，如下所示：

1）选择两个保密的大素数 p 与 q。

2）计算 $n=pq$。

3）计算 $z=(p-1)(q-1)$。

4）选择一个整数 e，选择一个整数 a，使得它与 z 互质（e 与 z 都没有公因子）。

5）计算寻找 d，满足 $ed\equiv 1$（mod$z$）（换句话说，$ed-1$ 应该是 z 的整数倍）。

6）（e，n）为公开钥，（d，n）为私密钥。

7）消息M进行如下加密：密文 $C=M^e\text{Mod}(n)$。

8）消息进行如下解密：$M=C^d\text{Mod}(n)$。

例：假设用户B想把字符“D”发给用户A，那么RSA算法中的实现步骤应该如下：

1）用户A选择 p 和 q，假设选择的 $p=11$，$q=3$，p 与 q 互为素数。

2）用户A计算 $n=pq=33$。

3）用户A计算 $z=(p-1)(q-1)=20$。

4）用户A选取一个整数 $e=7$，并选择与 e 互质的整数 $z=20$。

5）用户A计算寻找 $d=3$，使 $3\times7=21\equiv1$（Mod 20）。

6）用户A产生（7，33）为公开钥。

7）用户B使用A公钥（33，7）计算密文 $C=4^7\text{Mod }33=16$，并把16发送给A（D是字母表中第4个字母）。

8）用户A消息进行如下解密：$M=16^3\text{Mod }33=4$（用户A获得了消息D）。

4.3　认证

认证需要验证通信方的身份，以避免冒充者获得对信息的访问权限。当用户

A 接收到来自用户 B 的通信时，A 需要验证它实际上就是 B，而不是伪装成 B 的用户正在与其谈话。认证方法的详细描述在文献［1］中给出。

4.3.1　基于共享密钥的身份认证

假设 A 与 B 希望建立通信会话。在交换数据之前，他们需要相互认证。这个方法中涉及的步骤如图 4.5 所示。

a) A希望与B建立通信，并将A的身份信息与随机数(N_A)包含在明文中，发送给B
b) B用A和B共享密钥加密N_A，加密后的密文$E_{KAB}(N_A)$以及另一个大随机数N_B以明文方式发送给A
c) A解密收到的密文，并检查它是否获得与其发给B相同的数字(N_A)，并使用共享密钥加密数字N_B，并将密文发送给B
d) B用共享密钥解密收到的密文并检查是否获得与其发送的N_B一致

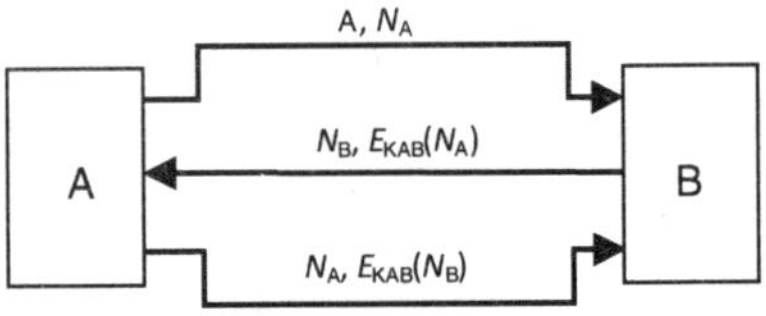

图 4.5　基于共享密钥的认证[1]

4.3.2　基于密钥分发中心的认证

这个方法包含一个支持认证的可信密钥分发中心（KDC），KDC 与每个用户都有一个共享密钥，用于在它们之间进行通信。其步骤如图 4.6 所示。

a) A向KDC表示A希望运用会话密钥K_S与B通信，并使用A和KDC(E_{KA}(B,K_s))的共享密钥K_A加密的B的身份和K_s发送他的身份
b) KDC解密从A收到的密文并提取已提出的会话密钥K_s，并在使用B和KDC(E_{KB}(A,K_s))的共享密钥K_B对他们加密后与A的身份一起发送
c) B解密来自KDC的密文，提取A的身份与会话密钥K_S ,并将其用于与A的通信

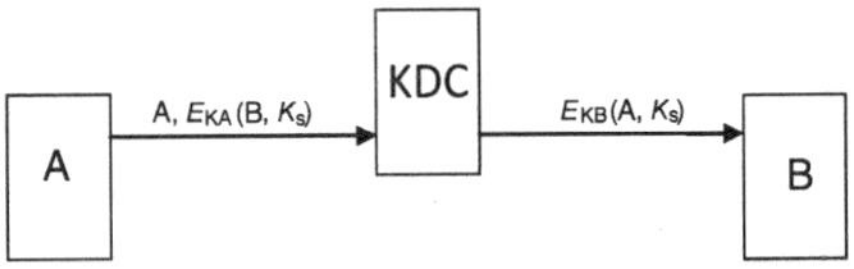

图 4.6　基于 KDC 的认证[1]

4.4　数字签名

数字签名允许发送方以如下方式签署数字消息：

1）接收方可以验证发送方所申明的身份（认证）。

2）接收方可以证明，并且发送方不能否认消息是由特定用户发送的（不可

否认）。

3）接收方不可修改消息，并声称修改后的消息是从发送方接收的消息。

用于数字签名的消息包括私钥签名、公钥签名和消息摘要。

4.4.1　私钥签名

在这个方案中，由用户信任的认证中心（CA）用于消息的签署。操作流程如图 4.7 所示。对该方案，存在某人获取从 CA 到 B 的消息并加以重放的可能性。为避免这种攻击，可以在消息中添加时间戳和消息编号。

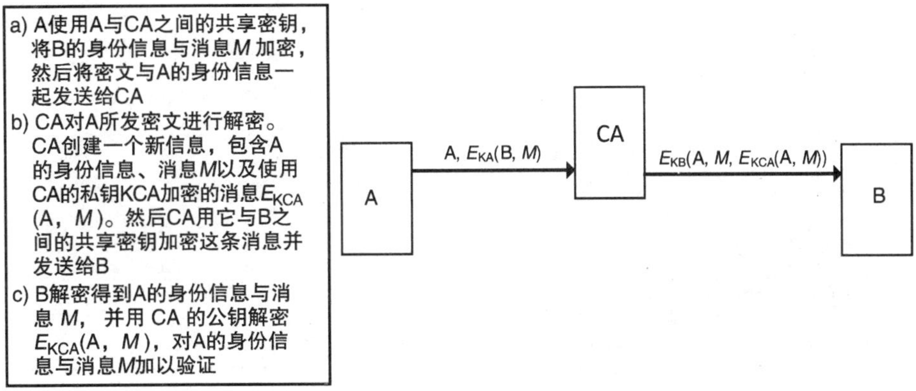

图 4.7　使用私钥对消息进行签名[1]

4.4.2　公钥签名

这种方法使用公钥算法的属性：$E_{\mathrm{KEB}}(E_{\mathrm{KDA}}(M)) = E_{\mathrm{KDB}}(E_{\mathrm{KEA}}(M)) = M$，如图 4.8 所示。

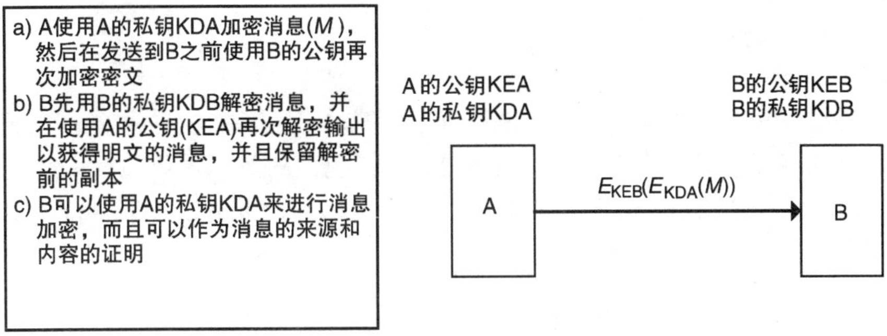

图 4.8　使用公钥对消息进行签名[1]

4.4.3 消息摘要

上面所述的方案都对整个文档进行签名。如果消息过长，其效率会大幅降低。只对消息摘要作签名，会更高效。

消息摘要（MD）使用具有以下属性的散列函数创建：

1）该散列函数是一个单向函数（也就是在信息中可以轻松地创建摘要，但是从摘要无法推出消息）。

2）该散列函数提供了一对一的映射来确保两个不同的消息绝不可能产生相同的摘要。

使用消息摘要签名的方案具体如图 4.9 所示。常用的散列函数是产生 128 位摘要的 MD5 以及产生 160 位摘要的 SHA（安全哈希算法）。

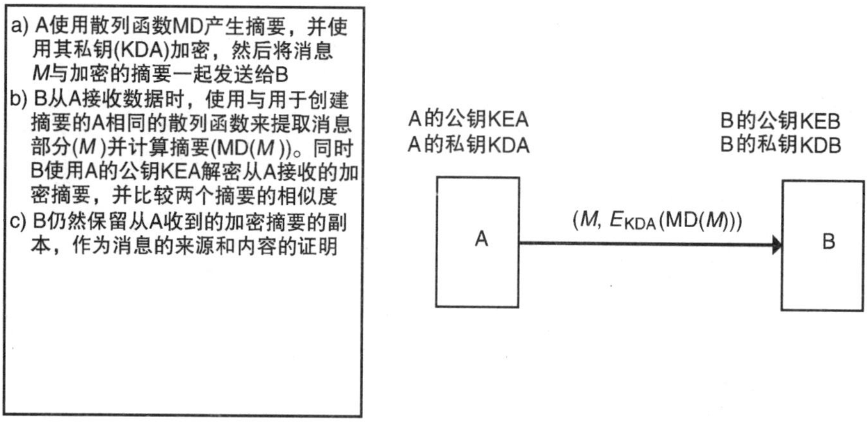

图 4.9 利用消息摘要对数据进行签名[1]

4.5 电网安全标准

当前已有一部分实际使用的变电站安全标准，还有一部分正在制订完善中。对于智能电网整体安全性的评估，当前得到广泛应用的是 ISO 27001 标准，其规定了系统风险评估的方法以及应对风险所制定的战略。此外，ISO 28000 标准具体规定了供应链系统的安全管理方案。

4.5.1 IEEE 1686：IEEE 推出的 IED 电网安全能力标准

这个标准源于 NERC CIP 推出的 IED 安全性标准，这个标准适用于用户要求“在配置和维护 IED 时要保证安全性、可靠性和可审计性”的 IED 设备。

该标准提出了保护 IED 的不同机制，将具备如下特征：

- 由唯一的用户 ID 和密码组合来保护，密码应至少有 8 个字符，其中至少包含一个大写字母、一个小写字母、一个数字和一个文字数字字符。
- 目前没有任何方法来抵御或者避免用户创建 ID 或密码。不存在类似于“嵌入式主密码；在硬件和软件故障的情况下，芯片嵌入式诊断程序会自动运行；诸如跳线和开关设置之类的绕过密码的硬件旁路”的机制。
- 支持基于个人创建 ID 或密码组合的分级利用 IED 功能和特点。
- 具有超时处理功能，即对超时用户自动注销。
- 在顺序循环缓冲区记录（先进先出原则）事件的审计跟踪轨迹，按其发生的顺序列出所有事件。
- 监控与安全相关的活动，并通过实时通信协议使可用信息传输给 SCADA 系统。

4.5.2 IEC 62351：电力系统管理及相关信息交换——数据与通信安全

IEC 62351 包括一系列文件，其规定了针对包括诸如 TCP/IP、MMS（制造消息规范）和 IEC 61850 等通信网络和系统的安全措施。该标准内包括的安全措施如下：

- 通过认证最小化诸如绕过系统控制，或由粗心的或心存不满的内部人员所带来的攻击威胁；
- 通过数字签名的方式对实体进行认证；
- 通过加密保证密钥和消息的机密性；
- 篡改检测；
- 抵御重放与欺骗攻击；
- 对通信基础设施本身进行监控。

参 考 文 献

[1] Tanenbaum, A.S. (2001) *Computer Networks*, Prentice-Hall of India, New Delhi.
[2] Elbirt, A.J. (2009) *Understanding and Applying Cryptography and Data Security*, CRC Press, New York.
[3] Nadeem, A. and Javed, M.Y. (2003) *A performance comparison of data encryption algorithms*. First International Conference on Information and Communication Technologies, December 2003, Cairo, Egypt.

第 2 部分

传感、测量、
控制及自动化技术

第5章　智能测量与DSI

5.1　简介

在许多国家，由于电力需求的增长和长期的超负荷使用，电力基础设施正在不断老化。随着电动汽车数量的增加和电力系统中蒸汽泵及其他低碳能源的使用，这种情况会更加恶化。因此采用新的电力系统装置，特别是架空电缆的安装计划的实施，变得越来越重要。所以，需求侧正在被广泛地引进，以便更好地利用现有的电力供应基础设施并控制需求的增长。

减少 CO_2的排放量和提高能源安全（许多国家的能源政策目标）的双重目的与提高可再生能源在发电侧的比例是一致的。但是，大量接入间歇性可再生发电改变了中心发电模式和输电线路及配电线路中的电力潮流。应对这种变化的一种解决方法是在电力系统中增加大规模储能装置。不过目前由于技术上的限制和花费太多的原因还不太实用。因此，需求侧适应性成为促进可再生能源大规模集成的另一种方式。

负载控制或负载管理，在很早以前就广泛用在电力系统运行中，并且有很多描述它的术语。需求侧管理（DSM）是自20世纪70年代以来被用作管理负载的一种系统方法[1]。之后，需求响应（DR）、需求侧响应（DSR）、需求侧竞标（DSB）、需求竞标（DB）等被用来描述一系列不同的需求侧主动性（定义见5.7节）。为了避免部分重叠概念和术语引起的混淆，如CIGRE、在本章中使用需求侧整合（DSI）来指代电力系统、能源供给和末端用户负载之间的所有关系。

有效的DSI实施需要先进的信息和通信技术（ICT）基础设施和大量的系统负载的知识。但是，目前国内安装的机电仪表很少或几乎没有通信能力，也不能传递负载实时信息。智能测量涉及的系统中包括测量、采集、分析和能源管理等都在使用先进ICT，这个概念包括智能仪表和多用户能源供给系统之间两种方式的通信网络㊀。智能仪表一般通过提供实时或近实时的信息交换或先进控制能力来促进DSI。

㊀ 这些参与者包括能源供应商、网络运营商、其他新兴企业（如集成商）以及连接到本地智能电表的智能家居内的能量管理系统。

5.2　智能测量

5.2.1　电子测量的发展

电能表用来测量提供给用户的电量，并计算电力零售商和网络运营商在能源和运输上的费用。最常见的电能表是累加型电能表，它随时间推移记录电力的消耗。累加型电能表消费的前提是人工读取数据来评估在一个计费周期内用户用了多少电。近几年，大型的工业和商业用户已经越来越多地使用先进的仪表，例如间隔型仪表，它记录了在很短的时间间隔内能源的使用情况，其中以每隔 0.5h 为典型。这就允许能源供应商设计税收和收费结构以反映批发电价，从而帮助消费者理解和管理他们的电力需求模式。智能电表则更为复杂，因为采用了双向通信，能够实时显示能源使用情况、价格信息、动态电费，从而促进电气设备的自动化控制。图 5.1 显示了电子测量从简单的累加型电能表到先进的智能测量的进步。

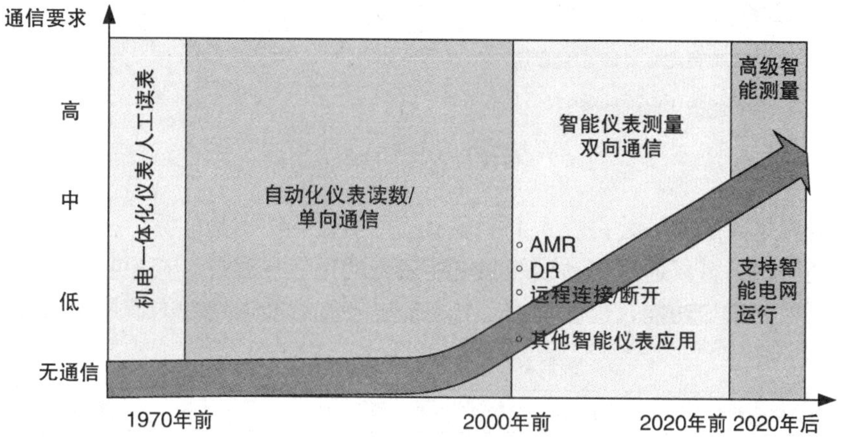

图 5.1　电量计量演化史

从图 5.1 可以看出，人工读取电能表在 2000 年以前非常普遍。许多自动抄表（AMR）程序在这段时间产生，当时能源消耗信息每隔 1 个月通过低速单向通信网络被传送至能源供应商或网络运营商。自 2000 年以来，陆续安装的测量设备在性能上已经有了大幅度的进步。单向通信仪表在能源消耗中使用的数据，即 AMR，已经被更先进的支持双向通信的设备所代替，如变动收费、DSB 和远距离连接/非连接。智能电网的视觉代表了这种能力的逻辑性延伸，它涵盖了双向宽频通信支持智能电网设备，包括分布式自动化控制和电能质量监视器。

传统测量和智能测量的区别在图 5.2 中以图表形式展示。智能电表具有双向通信网关和 HAN 控制器，这个网关[㊀]允许智能电表传送数据至能源供应商、配电网运营商和其他新兴能源服务公司。他们可能通过数据管理公司或直接通过智能电表接收测量数据。

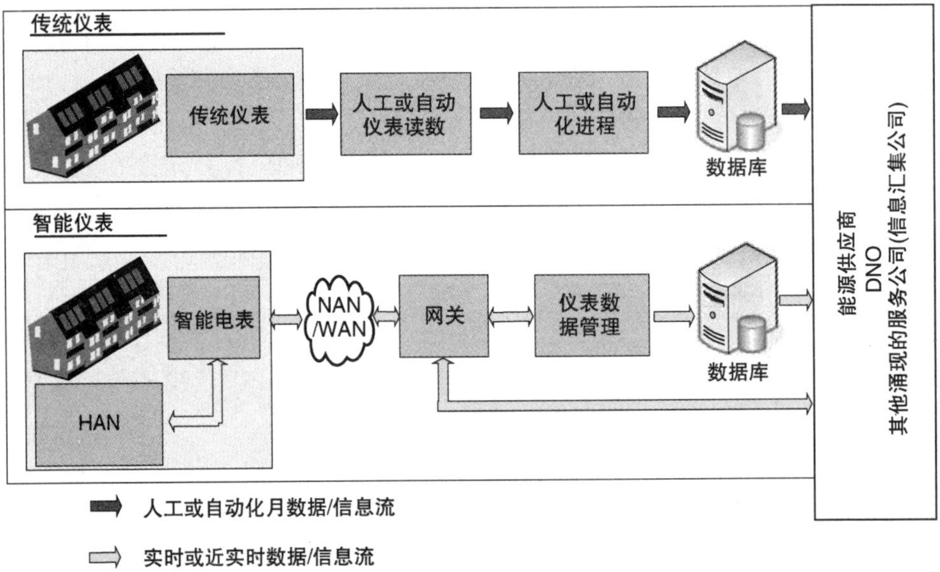

图 5.2 传统仪表与智能仪表比较

高级测量仪表的好处在表 5.1 中显示。短期收益特别是能源供应商和测量电网运营商所得，可以通过自动读表和电能表自动化管理获得。长期收益的增长来自智能测量的附加功能，也就是它引导智能电表在智能电网中的使用。

表 5.1 高级测量仪表的优点

	能源供应商和电网运营商的收益	所有收益	用户收益
短期	降低测量成本和更频繁、更准确的读数	更好的用户服务、可变的定价方案	由于提供更多信息可以节省能源
	由于提前检测到失误或盗窃减少商业损失	促进分布式发电和柔性荷载的集成	更频繁、准确的账单

㊀ 网关提供了智能电表、仪表数据管理系统及其他接入者的通信桥梁。

（续）

	能源供应商和电网运营商的收益	所有收益	用户收益
长期	通过 DSI 项目减少峰值的用电需求以此实现减少峰值批量购买电力的成本	更多可依赖的能源供给和日益减少的用户抱怨	分布式发电支出的简化
		利用信息通信技术的基础设施远程控制分布式电网、奖励消费者和降低设备成本	更广泛系统多余的收入
	更好地规划和维护发电网		促进家庭自动化采用智能仪表创造更舒适的生活环境，同时减少能源成本
	支持系统实时操作至分布式级别		
	销售其他服务（宽带和视频通信）的能力	促进电动汽车和热泵的采用，同时增加最小化峰值需求	

5.2.2 智能测量的关键元素

智能测量主要由 4 个部分组成：智能电表、双向通信网络、测量数据管理（MDM）系统和 HAN。为了使智能测量融入电力系统的运营和管理中，需要实现许多与现存系统的接口，如与负载预测系统、输出管理系统、消费者信息系统的接口（更多细节见第 7 章）。

5.3 智能仪表：已有硬件回顾

传统的电动机械式电能表有一个旋转的圆盘和可以显示其转数的机械式计数器，这个圆盘位于两个线圈之间：其一为电压供应；另一为负载电流供应。电流线圈产生磁场 ϕ_I，电压线圈产生磁场 ϕ_V，作用在圆盘上的力使磁场 ϕ_V 引起的涡流和 ϕ_I 引起的涡流相互作用产生转矩。这个转矩正比于瞬时电流和电压的作用，即功率。机械式计数设备记录的圆盘转数显示了能量消耗。

电子式电能表代替传统的电动机械式电能表有很多优势。电子式电能表不仅可以测量瞬时功率和一段时间的能量消耗，而且可以快速测量其他参数如功率因数、无功功率、电压、频率，这些数据经测量后定时存储。另外，电子式电能表对外部磁场或其自身方向的变化不灵敏，所以它更方便修改也更可靠。

早期的电子式电能表可以显示能量消耗但是需要人工读表来计费。最新的双向通信电子式电能表上面已经介绍。图 5.3 提供了智能电表的常用功能框图，将智能电表的结构分 5 个部分：信号采集、信号调节、模-数转换（ADC）、计算和通信。

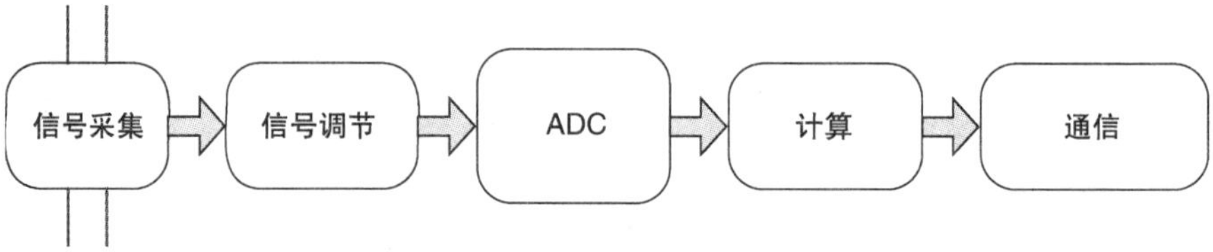

图 5.3 一个智能电表的功能框图

5.3.1 信号采集

智能电表的一个核心功能就是为随后的计算和通信连续、准确地采集系统参数，基本的电子参数有电压的幅值和频率、电流的幅值和相位变化（相对于电压）。其他参数如功率因数、有功/无功功率、总谐波失真（THD），通过这些基本参数来计算。

电流和电压传感器将测量的电流值和电压值传给负载和供应点。低成本电能表将测量线路直接与电源线相连，典型的是在电流输入信道安装电流感应分流电阻，在电压输入信道安装电阻分压器（见图 5.4）。

电流检测分流是一个简单的有电压降的高稳定性电阻（以阻值 100μΩ ~500mΩ 为主），它正比于流过的电流。分流电阻的额定电流受其本身自热的限制，通常仅用在民用电能表（最大电流小于 100A）。为了使电流感应电阻（很小）的电压与 ADC 的电压相匹配，在 ADC 之前的信号调节阶段采用可编程序增益放大器（PGA）（通常与 ADC 集成在一个芯片上）。

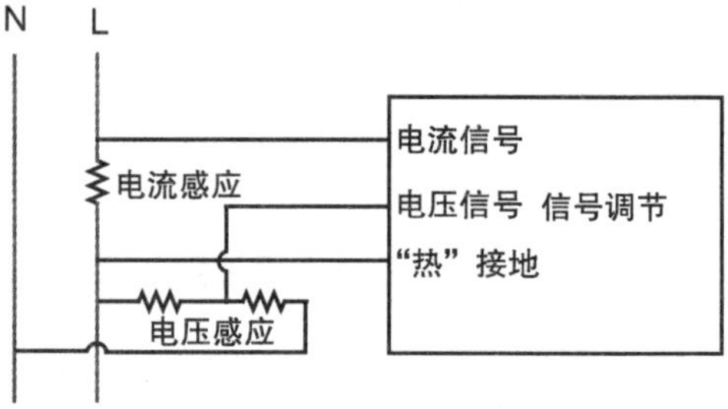

图 5.4 电流与电压感应

电阻分压器上可以得到相导体和中性介质间的电压，锰铜合金因为其在工作温度范围内几乎恒定的阻抗非常适用于电阻分压器。

例 5.1

智能电表状态规格表上，其额定电流为 100A，功耗为 3W，有一个 200μΩ 的电流感应电阻。当负载电流在电能表的额定值下工作时，计算：

1）电能表所有元件的功耗；

2）测流电阻器的电压；

3）PGA 的增益匹配 ADC 满刻度为 5V。

解：

1）电流感应电阻的功耗为

$$P_R = I^2R = 100^2 \times 200 \times 10^{-6} = 2\ (\text{W})$$

因此，其他元件的功耗为

$$P_{remain} = (3-2)\text{W} = 1\text{W}$$

2）电流感应电阻的电压在满负荷时为

$$IR = 100 \times 200 \times 10^{-6} = 0.02\ (\text{V})$$

3）PGA 的增益 =5/0.02 =250

电流互感器（CT）也可以用来检测电流和隔离原始线路，它相比于分流器能承受更高频率的电流，并且消耗的功率更少。其弱点是 CT 的非线性相位响应在低电流、大功率因数或者高成本电能表时引起功率或能量测量错误。

一些应用场合可能需要智能电表在较宽的工作范围内有较高的精度。例如一些场所需要复杂的电压和电流测量技术，如罗柯夫斯基（Rogowski）线圈、光学方法、霍尔效应传感器等都会用到。罗柯夫斯基线圈和光学方法的详细解释将在第6章给出。

当磁场中穿过一个薄导体材料时，已知电流为 I，导体两端产生电势差 V，正比于磁通密度 B，这种现象叫霍尔效应，如图 5.5 所示。电压与电流方向垂直，霍尔效应能用来测量导体周围的磁场，进而计算其中的电流。

5.3.2　信号调理

信号调理阶段涉及为此进程的下一阶段即 ADC 的输入信号所做的准备。信号调理阶段包含增大/减小、衰减/放大和滤波。信号调理阶段的物理实现可以通过离散元件或与 ADC 结合作为集成电路的一部分来实现，另外，这个阶段也可以建立在具有一些其他功能的芯片系统上。

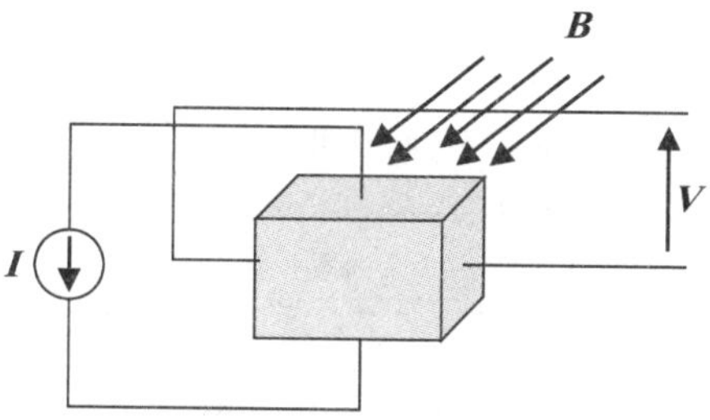

图 5.5　一个霍尔效应传感器的简化图[2]

许多环境下输入信号需要经过衰减、放大或增减补偿来使其最大值处于 ADC 阶段的输入阈值。

为了避免由别名引起的不精确，移除高于奈奎斯特频率的输入信号非常必要，即 ADC 采样频率的一半。因此，在信号输入 ADC 之前，先使其通过低频滤波器，其采样频率由电能表的功能决定。如果电能表能提供基本测量频率（电流、电压和功率）和附加谐波测量，则可以选充分高的采样频率来满足谐波元件的精确度。

例 5.2

智能电表显示谐波电流测量上限可达5次谐波元件，那么为了使信号调理阶段使用最低的采样频率应该采取什么措施?假设提供的频率为50Hz。

解：5次谐波元件的频率 = 5 × 50Hz = 250Hz。为了能够捕捉到5次谐波元件，信号通过抗混叠滤波器[3]用一个250Hz的切断频率来滤波。

通过奈奎斯特标准，最小采样频率至少为 2 × 250Hz = 500Hz，如图5.6所示。其中 f_s 为采样频率。

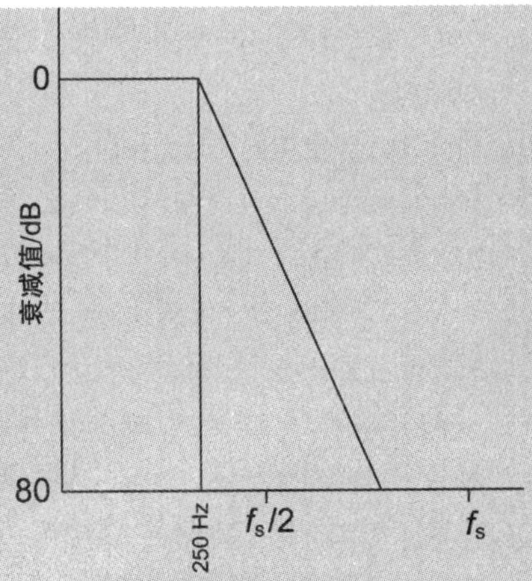

图5.6　抗混叠滤波器的特性

5.3.3　A-D 转换

从传感器获取的电流和电压信号首先经过采样，数字化后由计量软件处理。假如两个信号（电压和电流）在一个单相电能表中，如果使用一个单独的ADC，那么需要复用器反过来发送信号至ADC。

ADC将来自传感器的模拟信号转化为数字信号，由于模-数转换级数的限制，ADC通常是离散模式，图5.7所示为3位数字转换信号采样的一个例子。尽管3bit的ADC并不精确，但是3bit的ADC经常用来简单的阐明ADC的工作

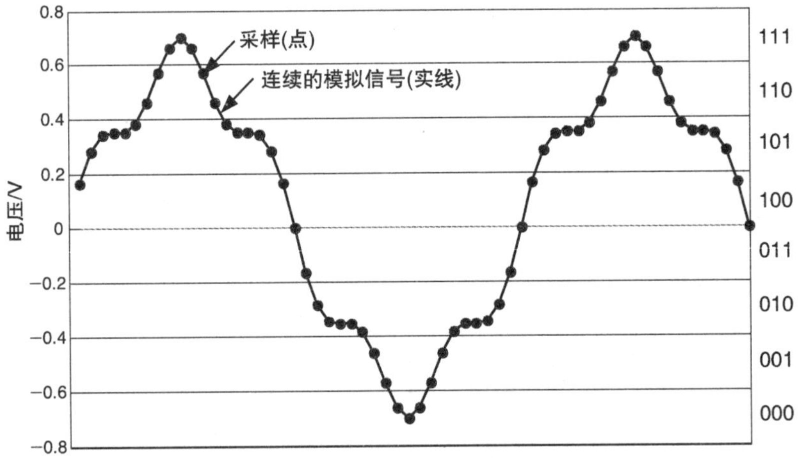

图5.7　3bit ADC的操作过程

步骤。3bit 的 ADC 利用 $2^3=8$bit，所以 −0.8 ~ −0.6V 的电压可以由 3bit 二进制数 000 表示（负最小值为 000）。换句话说，−0.8、−0.75、−0.7 和 −0.65 都可以用 000 表示。类似的，−0.6 ~ −0.4V 的电压由 001 表示，依次类推。

ADC 的分辨率：

分辨率 = 电压限/2^n；其中 n 为 ADC 的 bit 数。

3bit ADC 示例如图 5.7 所示。电压限为 1.6V（−0.8 ~ 0.8V），则分辨率为 $1.6/2^3=0.2$V。ADC 的 bit 数越高，其分辨率越低。例如，8bit ADC 的分辨率为 $1.6/2^8=6.25$mV（常见的是 8bit、16bit 和 32bit）。

例 5.3

智能电表在电压和电流的测量中均使用 16 位 ADC，其中电流测量使用 100:5的电流互感器（CT），电压测量使用 415:10 的分压器。当电能表显示测量的电流值为 50A、电压值为 400V 时，由量化的电压和电流信号可得到的视在功率的最大可能误差是多少？

解：

ADC 的电流范围：0 ~ 5A；

ADC 的分辨率：$5/2^{16}=76\mu A$；

则电流的最大量化误差为 $76\mu A$；

50A 通过电流互感器，则在 ADC 上读取：$50\times5/100=2.5$A。

ADC 的电压范围：0 ~ 10V；

ADC 的分辨率：$10/2^{16}=152\mu V$；

则电压的最大量化误差为 $152\mu V$；

分压器压降为 400V，则在 ADC 上读取：$400\times10/415=9.64$V。

视在功率为

$$(V+\Delta V)(I+\Delta I)=VI+V\Delta I+I\Delta V+\Delta V\Delta I\approx VI+V\Delta I+I\Delta V$$

视在功率的最大可能误差是

$$V\Delta I+I\Delta V=9.64\times76\times10^{-6}+2.5\times152\times10^{-6}=1.11\text{mVA}$$

有很多现有的方法将模拟量输入转换为数字量输出[3-5]，此类方法包含比较安排和同步时钟寄存器。电能表最常用的 ADC 利用逐次逼近法和 σ − Δ（sigma-delta）法。

5.3.3.1　逐次逼近法

逐次逼近型 ADC，如图 5.8 所示，可逆计数器首先将输出最高位（MSB）设置为 1，同时保持其他所有输出为 0，计数器输出利用 DAC 转换为模拟信号，并且通过比较器与模拟输入相比，如果模拟输入信号大于 DAC 输出，则可逆计数器将 MSB 置 1，同时，下一位置 1，完成比较过程。模拟信号小于 DAC 输出，则将最高位置0，下一位置1。这个过程一直进行到模拟输入信号与DAC输出相同时为止。

5.3.3.2 σ-Δ法

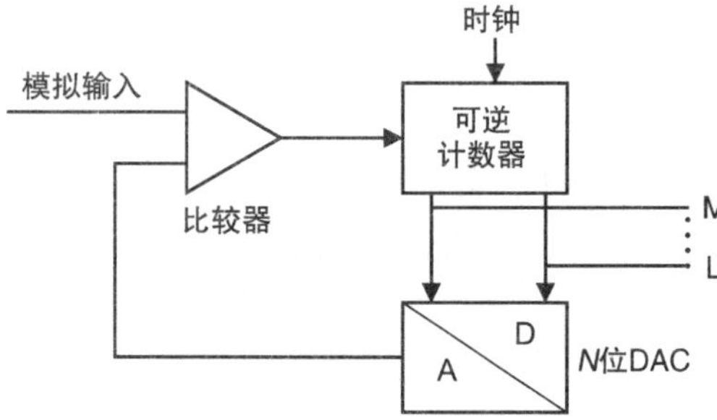

图5.8 简化的逐次逼近的ADC架构[3]

σ-Δ转换包括积分器、锁存器、1位DAC，如图5.9所示。输入信号（A）与DAC的输出（E处）相减，结果为信号B，然后积分，积分器的输出电压（信号C）将由比较器（D）转换为一位数字输出（1或0）。D处的高频率比特流（当$k>1$时，频率kf_s）最终被数字滤波器处理，在每个采样频率（f_s）内得到一系列对应于模拟信号的数字值。

为了说明这个线路的操作，假设该信号在A处为$V_{ref}/2$，则E处的输出是$-V_{ref}$，C处信号电压值低于阈值（满足逻辑0），初始位置B处经比较后为3$V_{ref}/2$（$V_{ref}/2+V_{ref}$），积分器的输出线性增加。在第一个时钟脉冲时，当积分器输出大于其阈值时输出逻辑“1”（见图5.9b）。虽然DAC对应的输出为$+V_{ref}$，信号在B处为负值（$V_{ref}/2-V_{ref}$）。因此积分器输出线性减少（其斜率取决于A处实际电压值与E处数字信号电压模拟值之差）。在下一个时钟周期，积分器输出大于阈值时，其输出保持为“1”，负反馈回路的作用使D处的模拟信号转化为A处的数字信号。

在实际操作中，与图5.9b所示不同，需要用到数字滤波器。另外，比较器也是数字模式，导致模拟量错误无法累存[6]。

5.3.4 计算

计算需求可以分为作用于输入的算术操作、数据的时间标记、通信或输出外围的数据准备、不规则输入路径的处理（如补偿、篡改检测）、数据存储、系统更新、协调等功能。图5.10中的框图为电表的计算功能与不同模块相结合的图示。

由于需要推导参数的算术操作（见表5.2）相对较多，所以运用了数字信号处理器（DSP）。

除了常规的算数操作电能表还需要处理大量其他工作[3]（补偿、篡改检测、系统更新、用户交互等），因此需要很高的并行能力（处理多线任务的能力，包括相同数据同时设定）和缓冲操作（算术操作中临时中断以便响应其他需求的能力）。

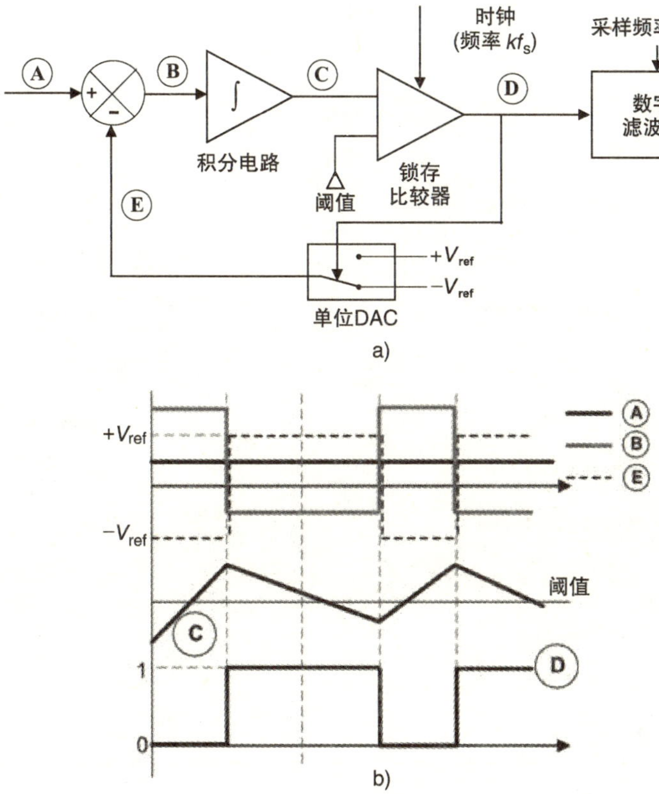

图 5.9　一个 σ-Δ 转换器[5,6]

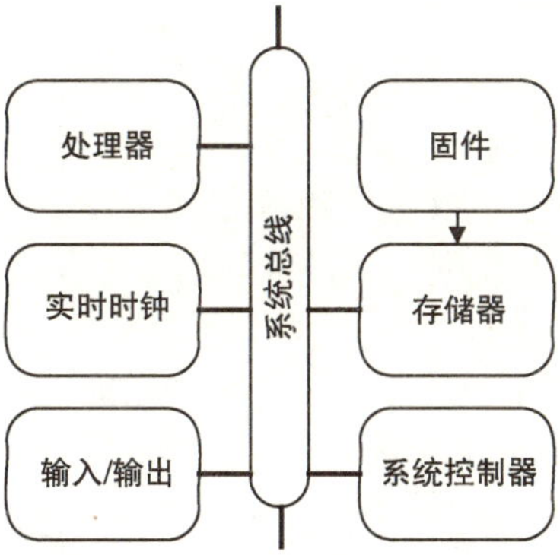

图 5.10　计算的总体框图

表 5.2 算术运算所需的不同参数

所需参数	操作类型
瞬时电压	相乘
瞬时电流	相乘
峰值电压/峰值电流	比较
系统频率	零侦测，傅里叶分析
方均根（RMS）电压/电流	相乘
相位差	零侦测，对比
功率因数	三角函数
瞬时视在功率	相乘
瞬时有功功率	相乘
瞬时无功功率	相乘
能源利用/产生	积分
谐波电压失真	傅里叶分析
总谐波失真	相乘及相加

为了有效读取所需数据，必须在每次采样或累加参数时附加一个时间参考值。出于这个考虑，需要用到一个实时时钟，其精确度随温度改变，为了在系统断电或维修时保持其功能，通常使用专用时钟电池。

5.3.5 输入/输出

智能电表可为用户显示实时信息，通常以文本或图表形式。液晶显示器（LCD）和发光二极管（LED）由于它们的低成本和低能耗被采用，两者的显示类型有七段式、字母、数字和矩阵格式。LED 有相对高效的光源，当直接极化并通入几毫安的电流时（在相对低的电压：1.2～1.6V），它会产生显著的光强。

智能电表为人机交互提供一个小键盘或触摸屏，例如可以改变智能电表的设置来选择智能家电进行控制或选择付款选项。

智能电表需要参考电压的变化，传感器容差或其他系统增益误差来进行校正，另外还需要校正输入。一些电能表还提供远程校正和通过通信链路控制容量。

能耗和电费可以显示在用户住处里容易看见的位置如厨房，这是为了鼓励用户在一年中或用电高峰时减少耗电，如何确定更有效的方法来显示信息以便鼓励用户注意他们的耗电量或者从供应商处的信号来限制发电量短缺时的用电需求，这项研究在不断继续进行。现有的方法包括如下 3 项：

- 三色灯（类似交通灯）或一个球，通过改变其颜色来显示电费变化的信号，采用用电时间费来控制需求高峰；
- 数字读表或模拟显示类似于汽车速度表显示能源使用；
- 持续更新的表显示能耗和与前一时段的对比，如前一天或上一周。

当他们得到更准确和及时的信息时希望用户管理好并减少其能耗，或者任何方面的减少在显示屏安装后还可以持续。试验表明初始电能减少量最高可达 10%，但是维持这个水平需要对显示屏和电费进行精心设计，也可以采用其他形式介入，如推广面向用户提供如何减少能耗建议的程序。

5.3.6　通信

智能电表采用了一个广泛的网络适配器来达到通信的目的，有线选项包括公共电话交换网（PSTN）、电缆调制解调器和以太网。无线选项包括 ZigBee、红外和 GSM/GPRS/CDMA 移动电话，这些技术在第 2 章已经介绍。

5.4　面向智能测量的通信设施与协议

智能测量的典型通信架构如图 5.11 所示，有 3 个通信接口：WAN、NAN 和 HAN。

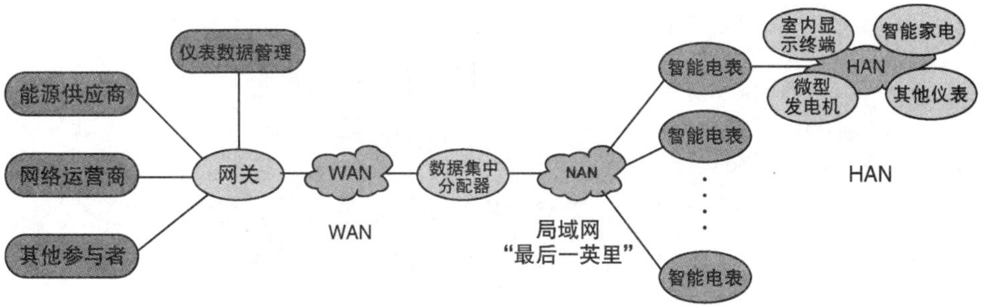

图 5.11　智能测量通信

5.4.1　HAN

HAN 是由智能电表、室内显示终端、微型发电、智能设备、智能插座、HVAC（供热通风与空气调节）设备和插入式混合动力/电动汽车等构成的集成系统。HAN 使用有线或无线通信和网络协议来确保网络设备和与智能电表的接口的互通性，包括保护用户数据和测量系统的安全机制。

HAN 为方便和舒适的家庭环境提供了不同设备，同时采用集中式能源管理和服务。其提供的能源管理功能包括能源监控和显示、HVAC 系统控制、智能设备和智能插座控制，其为家庭环境的方便提供的服务包括家庭安全系统以及家电的调度和远程操作。以家庭为基础的多媒体应用如可以听音乐、看电视和电影的媒体中心，需要将宽带网络接入整个 HAN。一个单独的用来提供能源服务的 HAN 可以与宽带网络系统共存，但是期待这些系统将来可以合并。

期望 HAN 能通过需求响应和管理以及微型发电和电动汽车充电的管理提供更有利的措施。为提供需求管理功能和需求响应，在不同国家有两种方案（见图 5.12），一种方案是利用智能电表作为与供应商、网络运营商及其他方面的接口，另一种方案是利用独立的控制箱[7,8]，它可以通过 NAN 和 WAN 直接与外界相连。

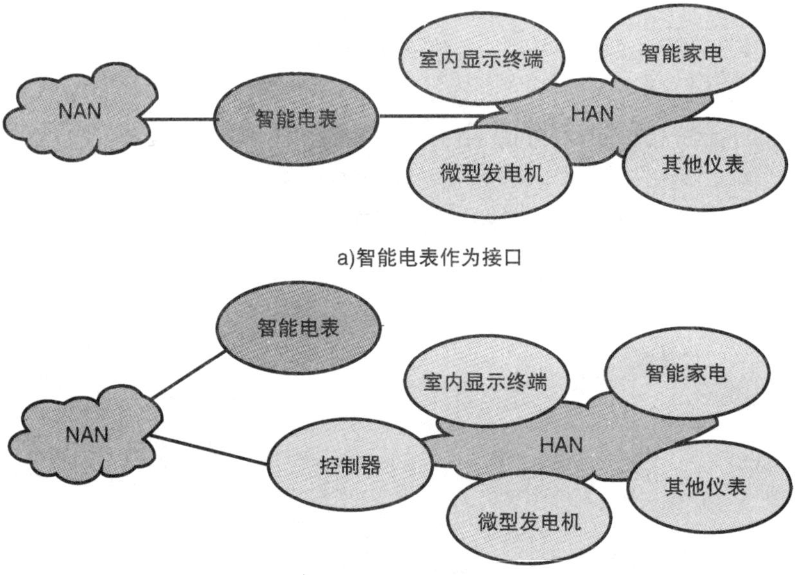

图 5.12　HAN 与 NAN 间的接口

5.4.2　NAN

NAN 的主要功能是传送从智能电表上读取的能耗，同时便于电力系统支持提供诊断信息、固件升级和实时或近实时信息。可以预料，从一个家庭中简单测量传送的数据量小于 100kB㊀/天，固件升级可能需要 400kB 的数据传送[9]。但是如果不同的实时或近实时智能电网功能加入智能测量设施中，这个数量会迅速上升。

NAN 使用的通信技术基于数据量传送，以 ZigBee 技术为例，它的数据传输速率可达 250kbit/s，这样每户使用的通信链路每隔几分之一秒就可向数据集中器传送一次能耗数据。

5.4.3 数据集中器

数据集中器作为智能电表和网关之间的中继，它通过自动检测、建立并优化重复链（如果需要建立可靠通信）、协调双向数据传输、监控电能表状态等方式来管理电能表。

5.4.4 电能表数据管理系统

电能表数据管理系统的核心是数据库，为了给用户服务和系统操作提供精确信息，如计费、需求预算和需求响应，它通常提供的服务有数据采集、验证、调整、存储和计算（如数据聚合）。

电能表数据管理系统在设计和实施上的一个主要问题是如何使其足够开放和灵活地集成到现有的商业/企业应用中，并能在保证数据安全的前提下为用户提供更好的服务和更多的价值。除了常用的数据库功能，智能测量的电能表数据管理系统也提供许多其他功能，如远程测量、电力状态验证、供电恢复验证、远程智能电表需求读数等。

5.4.5 通信协议

智能测量用到了目前的各种通信和协议类型，例如，丹麦、芬兰和意大利采用电力线载波（PLC）与 GPRS 通信相结合的形式[10]。这些欧洲国家的实例中，PLC 被用于电能表和数据集中器之间，作为最后一英里的技术支持；GPRS 被用于数据集中器和数据管理系统的网关之间。

表 5.3 总结了需求侧应用程序的最常用协议的特性，包括本地 AMR、远程 AMR、智能测量和家庭区域自动化等。表 5.3 中，‘Y’表示可适用，空白表示不适用或信息不可知。本地 AMR 中，电能表读数是由工作人员使用手持设备采集的；远程 AMR 中，电能表读数的采集是通过远距离通信链路。表 5.3 中列举了大多数协议的数据帧大小。表 5.4 总结了评估智能测量通信协议的重要考虑因素。

㊀ 1kB = 1000B。

表 5.3 主流智能电表协议

协议	局域 AMR	远程 AMR	智能电表	HAN	估计帧大小/B
TCP/IP		Y	Y	Y	50
IEC 62056	Y	Y	Y	Y	14
SML	Y	Y	Y	Y	14
IEC 61334 PLC		Y	Y		45
EN 13757 M-Bus	Y	Y	Y	Y	27
SITRED	Y	Y	Y		45
PRIME	Y	Y	Y		8
ZigBee Smart Energy			Y	Y	25
EverBlu	Y	Y	Y		
OPERA/UPA		Y	Y		24
IEC 62056-21 'FLAG'	Y	Y			22
IEC 62056-21 'Euridis'	Y	Y			45
ANSI C12.22		Y	Y		64

表 5.4 智能电表通信协议评估的重要因素

标准	描述
开放	协议规范的可用性 控制体的状态
互操作性	与其他标准应用程序和协议的兼容性能
可伸缩性/适应性	协议可以轻松地扩展或更改
预期的功能	智能电表的预期功能，诸如通信数据传向中心以计费或通信数据传向第三方公司以满足其他市场需求
成熟度	协议发展的阶段
性能	协议实行的速度和效率
安全性	已知存在的安全漏洞

详细的智能测量中使用的通信技术在第 2 章和第 3 章已介绍。

5.5 DSI

需求侧整合（DSI）是一套使用负载和本地发电来支持网络操作/管理并提高电力供应质量的方法。通过降低系统的需求高峰，DSI 能够推迟基础设施更新的投资。实际上，DSI 的潜力随以下方面来定：向消费者提供信息的实用性和时效性、消费者需求响应的持续时间、ICT 设备的性能、测量、终端设备自动化和定价/合同。

需求侧使用各种术语，它们的意思紧密相关但又稍有侧重。其中一些广泛使用的定义如下：

- 需求侧管理（DSM）：影响消费者使用电力的电力公司活动。它包括计划、实施和监测等一系列活动来鼓励消费者改变他们的用电习惯。
- 需求响应（DR）：提供用于管理需求响应的体制。
- 需求侧参与：一组竞争电力市场终端用户策略，以促进经济、系统的安全性和环境效益。

本书在 DSI 的前提下讨论了如何在整个技术领域内高效和有效地使用电力，以此来支持电力系统和用户需求。DSI 涵盖了所有集中于先进终端高效和有效用电的活动，包括 DR 和能源效率。

5.5.1　DSI 提供的服务

需求侧资源[㊀]如柔性负荷、分布式发电和存储等，可以通过修改负载消耗模式为电力系统提供不同的服务。这些服务包括负载转移、填谷、削峰、动态能源管理、能效提升和策略性负荷增长[1,12]。用简单的日常家用负荷曲线说明每个服务的功能，如图 5.13～图 5.16 所示。

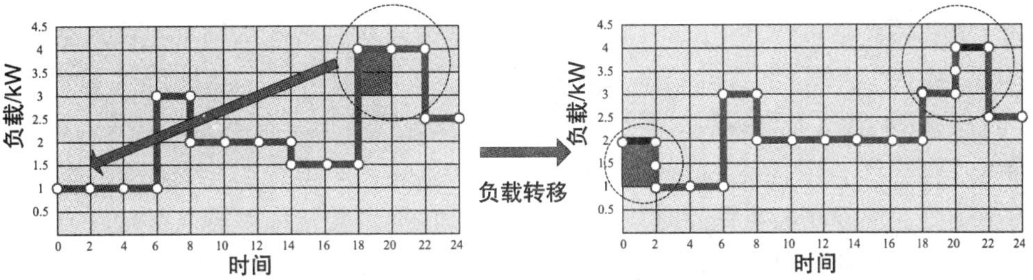

图 5.13　负载转移

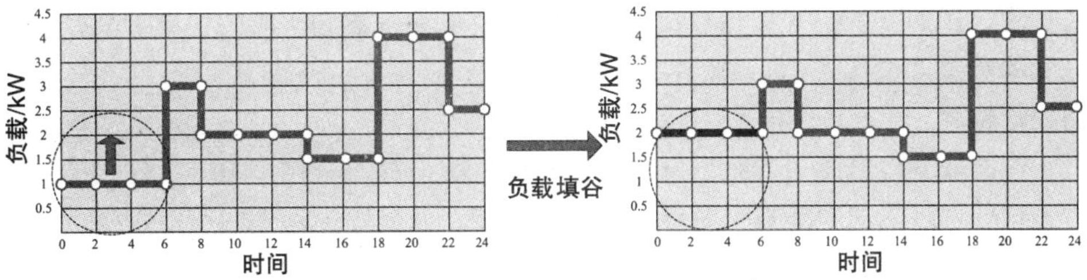

图 5.14　负载填谷

㊀ 需求侧资源是指可以根据电力系统或电力市场条件响应的用户侧仪表的终端资源。

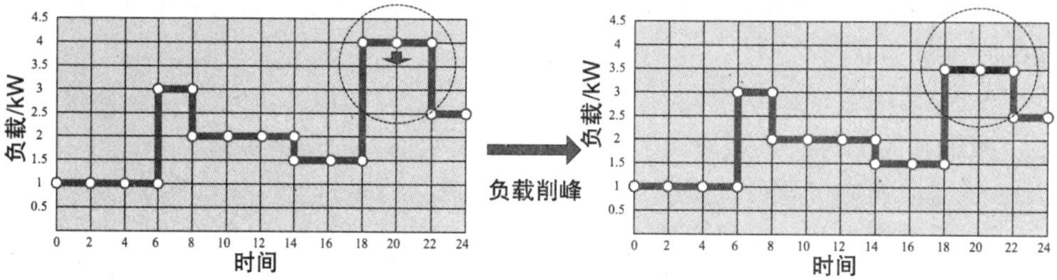

图 5.15 负载削峰

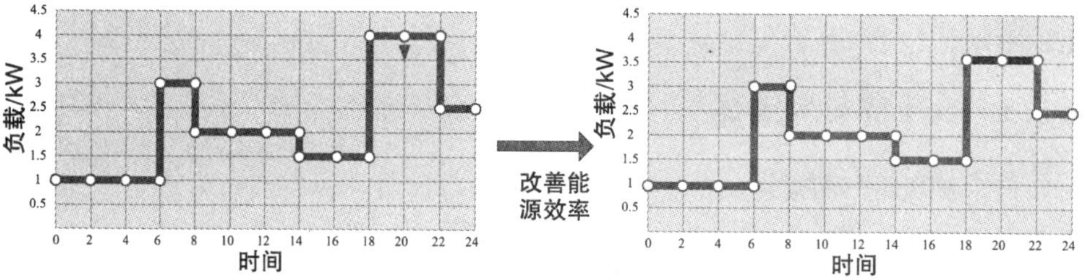

图 5.16 改善能源效率

负载转移是指一天中的不同时间或若干季节之间的负载从峰值转移到谷值的活动。图 5.13 中，洗衣机 1kW 功率持续 2h 的电能消耗转移至用电低谷时段。

图 5.14 显示了填谷的主要目的，即通过储能提高用电低谷段的需求，例如，插电式电动汽车充电电池或在电子蓄热式电暖器储热。填谷和负载转移之间主要的不同是，填谷在用电低谷时段引进新的负载，而负载转移仅转移负载分配时段但总体能耗不变（见图 5.13）。

削峰是指减少负载需求高峰，特别是当需求接近支路或变压器的热量限制或整个系统的供给限制时。削峰（见图 5.15）主要通过家庭设备的直接负载控制来实现，例如减少空气加热器设定的恒温值或电热水器和空调的控制。削峰通过特定的负载（见图 5.15，减少 2kWh 电量）来减少能耗导致用户不得不降低他们的舒适度。

能源效率计划的目的在于减少整体上的能源消耗。采用多种方法包括提供鼓励方式使用户采用节能家电、照明和其他终端；或鼓励更高效的用电策略，如将能耗和成本数据反馈给用户，从而引导用户减少整体上的能耗。图 5.16 显示了用 20W 的紧凑型荧光灯代替 10 个 60W 的白炽灯（工作时间从 18h 增加到 22h）能量需求的减少。

随着智能电表的部署和家庭区域自动化技术的发展，家电可以用更智能的方式来控制，因此为需求侧带来了更多灵活性。负载形状非常灵活，可以通过控制它来满足系统需要。但是为了最有效地达到 DSI，电力公司不仅需要知道负载安装的场所，而且需要知道哪一个负载正在使用。这种情况下，在智能电表和网络运营商之间双向通信非常必要。

一种使加热和运输环节低碳化的方法是通过电气化，例如增加热泵和插电式电动汽车的利用率。但是其直接后果是提高了电力负载，在配电和发电系统中都将引起潜在的严重运行问题。因此当设备没有超载时需要适当的控制和管理。

DSI 描述了一组策略，它们用在竞争电力市场中以提高用户在他们能量供应中的参与程度。当向用户提出市场价格时，他们可能如上述中反应，如从高峰向低谷时段转移负载、通过负载控制减少整体用电或高峰时段用电、采用节能措施或安装分布式发电设备。用户可以通过减少能耗或本地发电出售能源服务。

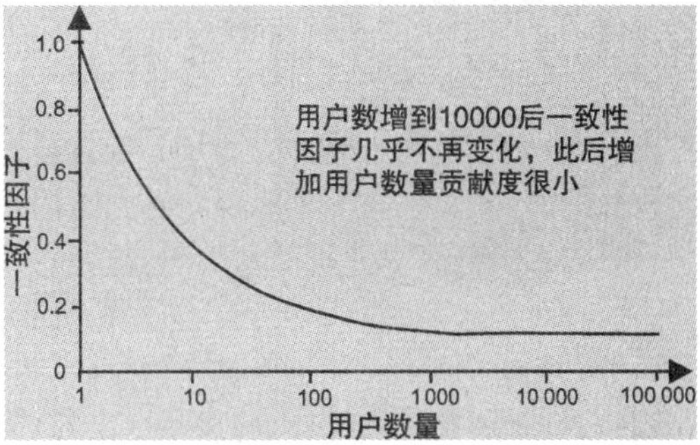

图 5.17　一致性因子随用户数量增加而减少

传统的电力系统的设计是假设无论何时有电力需求时，都能满足所有的负载。国内的用户（和许多其他负载）在不同时间使用电力，这就允许电力系统的设计受益于其多样性，例如，虽然英国的家庭的功耗有时可能提升至 10kW，它的配电系统的设计是基于仅 1kW 或 2kW 时的后最大需求的多样性（ADMD）。家庭用电需求的整合随图 5.17㊀的波形变化，尽管配电网络可能给 100 个用户供电，变压器和电缆也有明显的热惯性并且可以假定其设计的使用评级将会进一步降低。

DSI 具有否定多样性有利作用的潜力。考虑削峰控制时发出一个信号关闭 100 个 3kW 的热水器的情况，使其在恒温控制下操作，尽管安装了 100 个热水器，但是在同一时间段内仅有 20 个可以同时供电。这样就使峰值降低了 60kW。2h 后，热水器重新连接时，所有的水箱已经冷却，同时 300kW 的负载被重新连接。DSI 测量必须同时考虑断开负载后重新连接以及先前未提供能量所需的补偿两种情况。利用双向通信管理断开负载和它们重新连接更为容易，由此，负载的状态可以由控制系统得知。

㊀　一致性因数是指峰值负荷与总连接负荷的比值。

例 5.4

思考图 5.18 中的电路，33kV/11kV 的变压器有一个与有载分接开关，使负载电压保持为 11kV。计算在 33kV 时能量损失的减少百分比，若负载转换如图 5.19 所示。忽略 33kV/11kV 变压器分压。

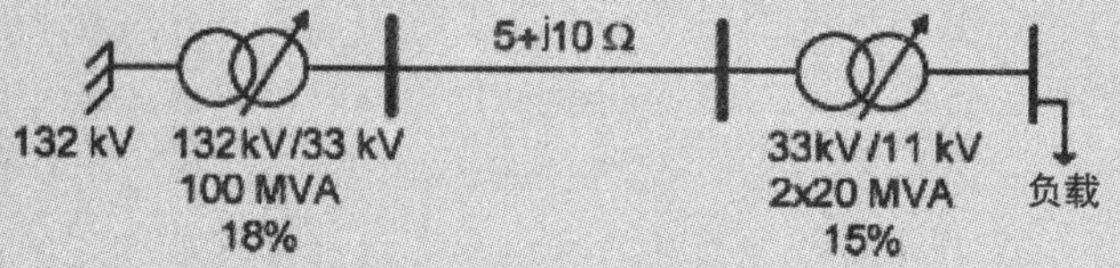

图 5.18　例 5.4 的图

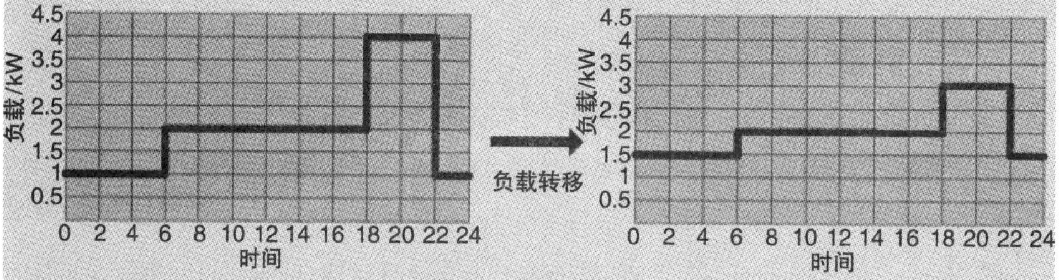

图 5.19　例 5.4 的负载转移方案

解：表 5.5 显示了当负载改变时的线路分压。

表 5.5　当负载改变时的线路损失

负载 P/MW	33kV 线路电流/A $I=P/(\sqrt{3}\times 33\times 10^3)$	损失/kW $=I^2R$
1	17.5	1.53
1.5	26.3	3.45
2	35.0	6.13
3	52.5	13.78
4	70.0	24.50

无 DSI 时能量损失 $=8\times 1.53+12\times 6.13+4\times 24.5=183.8$（kWh）

（注意每天 8h 的负载是 1MW，每天 12h 为 2MW，每天 4h 为 4MW）

有 DSI 时能量损失 $=8\times 3.45+12\times 6.13+4\times 13.78=156.3$（kWh）

减少百分比 $=[(183.8-156.3)/183.8]\times 100=15\%$

5.5.2　DSI 的实现

DSI 的实现可以通过基于价格的模式或基于激励的模式来实现。基于价格的 DSI 鼓励用户改变负载来响应电价的改变。DSI 激励机制对用户改变负荷给予在原有零售电价之外的奖励。

多种 DSI 方案配置和集成在电力系统核心运作中，不同时间段内电力系统规划和运营的规模如图 5.20 所示。

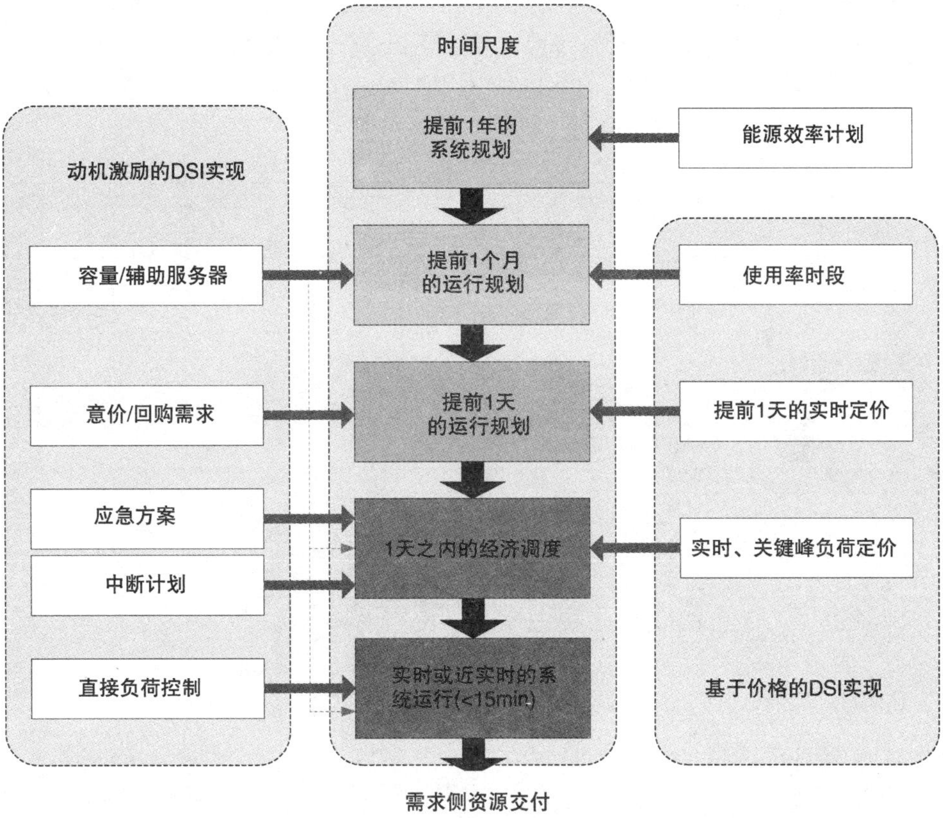

图 5.20　不同时间尺度上的 DSI 计划发展进程

5.5.2.1　底价 DSI 机制实现

电费可以作为影响消费者行为的有效机制，特别是在分拆的电力市场。价格机制包括分时电价（ToU）、实时电价（RTP）和尖峰电价（CPP）：

- ToU：指不同时间段采用不同单位电价，通常预定义每天 24h 的电价。ToU 比例反映了不同时段发电和输电的成本。
- RTP：RTP 提供的电价通常波动频繁，反映了批发电价的变化。用户通常所知的电价就是基于 1h 或 1 天前的用电情况制定的电价。
- CPP：CPP 是 ToU 和 RTP 的混合设计，其基本框架为 ToU，但是通常在预定义的触发条件下用更高的 CPP 价格来代替峰值电价（例如系统在处理一些操作性问题或供给电价非常高时）。

不同的电价方案如图 5.21 所示。RTP 按小时或半小时定义，对应于 1 天内或 1 天前的发电和输电成本的改变。RTP 有两种方式：一是单部制电价，即所有用电都按小时电价或试行统一的现货价格；另一种是双部制电价，它的设计包括用户历史用电基准线，当边际使用高于或低于基准线时加上每小时的电价，用户仅通过幅值即可知道市场价格。CPP 在系统用电高峰使用实时价格，CPP 价格被每年用电的特定时段限制，期间电价比平时峰值电价要高，并且其时间提前未知。

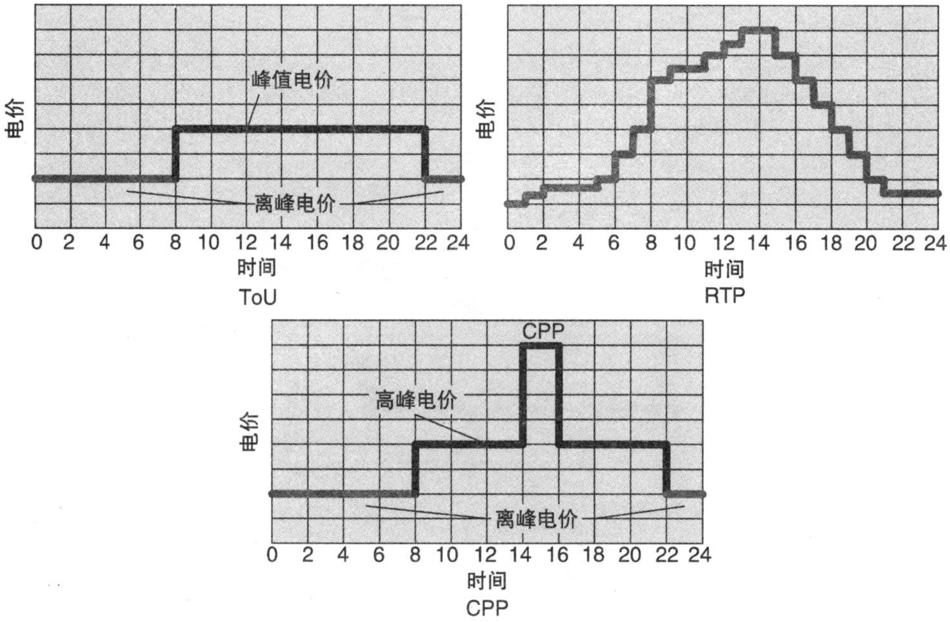

图 5.21　不同电价模式说明

在基于价格的系统中，DR 的价格信号取决于 DSI 的性能。电价是一种用在经济活动中的衡量手段，来显示所需商品或服务的质量的响应速度或弹性，从而改变其价格。它给出价格每改变 1%（其他所有需求决定因素保持不变）时所需质量改变的百分比。下列不同的弹性系数用来评估需求侧资源可用量：

1）需求的价格弹性：价格改变百分比引起的需求变化百分比（弹性系数为负数）：

$$价格弹性系数 = \frac{\Delta D/D}{\Delta P/P}$$

式中，D 表示需求；ΔD 表示用户需求变化量；P 表示价格；ΔP 表示电价变化量。

2）替代弹性系数：由峰值电价到谷值电价的差值引起的需求峰值到谷值比

例改变百分比的衡量尺度。

3）长期价格弹性系数：电价的平均改变量引起的平均能耗。

5.5.2.2 激励机制DSI实现

表5.6列出了激励机制DSI的不同实现类型。

表5.6 激励机制DSI的实现方法

实现方法	描述
直接负荷控制	用户的电气设备（空调器、热水器、加热器）被运营商远程控制（关闭或由控制器控制） 直接负荷控制主要提供给住宅用户或小商业用户
可中断服务	当系统紧急事件发生时同意减少负载，零售税收会减少 系统紧急事件发生时不中断可能有罚金 可中断程序历来只提供给大型工业用户或商业用户
需求侧管理竞标/回购方案	基于整个市场的店家用户提供投标缩减 主要提供给大型用户（例如，兆瓦级以上用户） 对于小用户、第三方用户（信息汇集公司）需要整合负荷，并在市场中投标
紧急需求响应计划/产能市场方案	当系统缺储备时为减少负荷的用户提供奖励 用户减少负荷作为系统储备代替传统的发电 用户通常接收当日负荷缩减通知 激励通常由前期预订付款、用户未能减少负荷的罚金构成
辅助服务市场项目	用户在ISO/ROT（独立的系统操作员/区域传输机构）市场投标负载缩减作为储备 如果用户的出价被接受，他们支付市场价格处在待命状态 如果用户需要减少负荷，他们会被ISO/RTO通知，并被支付现货市场能源价格

5.5.3 DSI实现的硬件支持

智能电表可以提供必要的ICT基础设施所需的DSI，另外还需要负载控制开关、可控恒温器、照明控制和可调速驱动器等。这些设备接收警报或价格等信号，以此控制负载。

5.5.3.1 负载控制开关

负载控制开关是一个包含通信模块和继电器的电子设备，它连接到空调系统、热水器或热舒适设备的控制线路中。通信模块用来接收来自DSI程序运营商（或HAN）的控制信号。设备维持断开的时间通常被提前编程设置（通过内置时钟）。

5.5.3.2 可控恒温器

这类设备将通信模块与可控恒温器相结合，来代替诸如空调系统或热水器等常规恒温器。DSI程序运营商（或HAN）可以通过通信模块提高或降低设定温度，改变设备的功能及电力负载。

例 5.5

思考一个房间内热容量因子 $C=0.4032\mathrm{kWh/K}$，损耗因子 $L=0.067\mathrm{kW/K}$。保持温度 $\theta_H(t_1)$需要的热量 Q 为[14]

$$Q=C\frac{[\theta_H(t_1)-\theta_H(t_0)]}{t_1-t_0}+L\left[\frac{\theta_H(t_1)+\theta_H(t_0)}{2}-\theta_A\right]$$

其中，内部温度在 t_0 到 t_1 的时间段内从 $\theta_H(t_0)$ 变化至 $\theta_H(t_1)$，外部温度保持为 θ_A，令 $t_1-t_0=1\mathrm{h}$。

如果 $\theta_A=0℃$ 并且房间中有电热器，计算与使用自动恒温器在 1h 内温度保持在 20℃相比，如果房间内温度从 20℃降低至 19℃，1h 内的能耗。

解：如果温度保持在 20℃，则

$$\theta_H(t_0)=\theta_H(t_1)=20℃$$

$$Q=0.067[20℃-0℃]=1.34\mathrm{kW}$$

如果温度从 20℃降低至 19℃，则

$$\theta_H(t_0)=20℃, \theta_H(t_1)=19℃$$

$$Q=0.4032\times\frac{[19℃-20℃]}{1}+0.067\times\left[\frac{19℃+20℃}{2}-0℃\right]=0.9\mathrm{kW}$$

因此 1h 的能耗减少 $=(1.34-0.9)=0.44\mathrm{kW}$ 或 $0.44\mathrm{kWh}$。注意这种减少仅一部分可以在下一个小时维持 19℃。

5.5.3.3 照明控制

照明控制设备通过更高效的照明方式来管理能量使用，能耗减少的照明控制策略见表 5.7。对每种情况下的预计节能都有所介绍，这种节省是基于预计平均能耗、使用时间和用户行为的。

表 5.7 照明控制策略

策略	描述	预计节能量
规划方案	在使用率低时消除或减少照明	程序员节省 10% ~30% 探测人员节省 30% ~60%
自然采光	根据建筑物的自然采光减少照明	光照活性 10% ~15% 光照度 15% ~35%
持续光照水平	低水平自然光的有效补偿	10% ~15%
调节	依据趋于需求调节光照度	10% ~20%
切负荷	为减少高峰期用电需求，临时减少照明	—
光纤补偿	为了增加照明舒适度，调整光线级别	—

5.5.3.4 ASD

可调速驱动器（ASD）允许电动机驱动泵、通风单元和压缩机来持续运行，大多数机械化设备的负载随时间改变，通常为非满负荷运转。ASD 允许电动机满足所需运行条件，并且当系统在非满负荷运转时可以节省电能。泵和风扇的直连电动机通常负载过大而影响了电流值，系统如果由 ASD 代替可节省很多电能。

5.5.4　消费者自需求侧的灵活性传送

一些用户安装了分布式发电（DG）设备和电能储存装置［通常称为分布式能源（DER）］，这些用户不仅耗电，而且可以通过他们的设备向电网供电，因此他们也被称为专业消费者。动态电能的可控性是这些专业消费者存在于商业化整合中的基本条件，分布式能源的无功可控性对故障诊断能力和外围设备有重要影响。

专业消费者的灵活性依赖于 DER 渗透水平、DER 使用技术、位置和与电网连接点的接口技术。连接在低电压或中电压的 DER，比连接在高电压配电网络中的发电设备更能为本地网络提供服务。

5.5.5　DSI 的系统支持

应急降载已用在许多电力系统中以维持电力系统在受到干扰时的稳定性。当频率下降到某一阈值时，如在英格兰和威尔士为 48.8Hz，它在下降沿的频率延迟被触发，并且它是由整个分布式反馈脱扣构成的。降载被 TSO 计划但是由 DNO 实现，DNO 包括分布式反馈脱扣和选择哪一个反馈脱扣。

正常运转期间，GB 输电系统运营商（NGET）将频率保持在 50Hz ±0.2Hz，为了保持此功率，NGET 购买了许多频率响应设备。当频率上升时，高频率响应被用来减少大型发电机功率输出。频率突然下降时使用主响应（见图 5.22），它将在 10s 内传送信号，并且在接下来的 20s 内维持其输出[15]。在响应从 30s 持续至 30min 时，系统频率恢复至正常使用的二次响应。如果频率持续下降至 48.8Hz，需求会断开（减载）以防电力系统中断[16]。

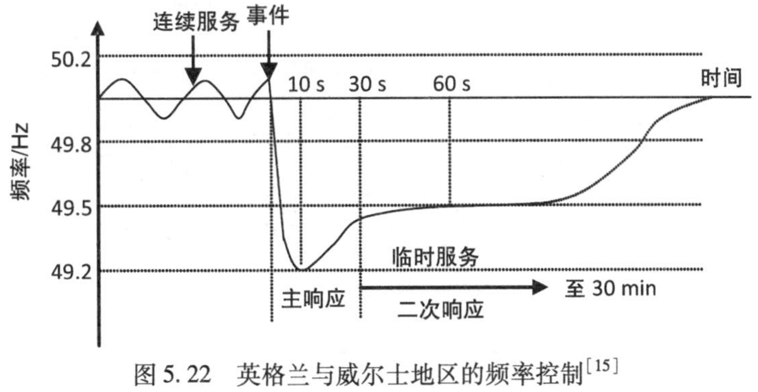

图 5.22　英格兰与威尔士地区的频率控制[15]

主响应和二次响应通常由部分负载发电机提高其输出提供的，不过这也导致明显的成本改变，由于在系统中撤销一个蒸汽轮机的负载，例如 100MW 系统只提供

20MW 主响应。由于锅炉锅筒中的高压蒸汽，主响应需要存储电能，所以仅有负载功率的一小部分被使用。操作蒸汽轮机使其低于最大值输出显著地减少了其热效应。

DSI 方案通过未满发的发电机在可控方式下减载，可以明显减少主响应和二次响应的需求。提供频率响应的负载以钢铁厂或炼铝厂为主，医院和银行拥有独立的发电机参与到电力市场中。以这种方式利用负载减少系统运转成本和 CO_2 排放，这取决于备用发电机的使用。

英国的一项最新调查显示，智能电表可以做到直接负载控制（DLC）⊖[17]。在紧急情况下，如发电机突然断电时，DLC 可以直接关闭负载来平衡供需。在美国，电力系统运营商或提供 DSI 设备的公司已经采用了 DLC[18]。

参考文献

[1] Kreith, F. and Goswami, D.Y. (2007) *Handbook of Energy Efficiency and Renewable Energy*, CRC Press, New York.

[2] Ziegler, S., Woodward, R.C., Iu, H.H.-C. and Borle, L.J. (2009) Current sensing techniques: A review. *IEEE Sensors Journal*, **9**(4), 354–376.

[3] Millman, J. and Grabel, A. (1987) *Microelectronics*, McGraw-Hill Book Company, Singapore.

[4] Allen, P.E. and Holberg, D.R. (2002) *CMOS Analog Circuit Design*, Oxford University Press, New York.

[5] Kester, W. (2009) *ADC Architectures III: Sigma-Delta ADC Basics*, Analogue Devices, MT-022 Tutorial, 2009, http://www.analog.com/static/imported-files/tutorials/MT-022.pdf (accessed on 4 August 2011).

[6] Webster, J.G. (1998) *The Measurement, Instrumentation and Sensors Handbook*, CRC Press, New York.

[7] Kushiro, N., Suzuki, S., Nakata, M. *et al.* (2003) Integrated residential gateway controller for home energy management system. *IEEE Transactions on Consumer Electronics*, **49**(3), 629–636.

[8] Young, S. and Stanic, R. (2009) *SmartMeter to HAN Communications*, SmartGrid Australia Intelligent Networking Working Group, July 2009, http://smartgridaustralia.com.au/SGA/Documents/IN_Work_Group_SmartMeter_HAN_Comms.pdf (accessed on 8 August 2011).

[9] *Smart Metering Implementation Programme: Statement of Design Requirements*, Ofgem E-Serve, July 2010, http://www.decc.gov.uk/assets/decc/consultations/smart-meter-imp-prospectus/225-smart-metering-imp-programme-design.pdf (accessed on 4 August 2011).

[10] *Report on Regulatory Requirements*, EU project OPENmeter, July 2009, http://www.openmeter.com/files/deliverables/Open_Meter_D1.2_Regulation_v1.1_20090717.pdf (accessed on 4 August 2001).

⊖ DSI 行为是指在短时布告情况下可以远程关闭或改变用户电器恒温器设定值的操作（如空调器或热水器的设定值）。

[11] De Craemer, K. and Deconinck, G. (2010) *Analysis of State-of-the-Art Smart Metering Communication Standards*, https://lirias.kuleuven.be/bitstream/123456789/265822/1/SmartMeteringCommStandards.pdf (accessed on 4 August 2011).

[12] *IEA Demand Side Management Programme*, http://www.ieadsm.org/ (accessed on 4 August 2011).

[13] Gellings, C.W. (2009) *The Smart Grid: Enabling Energy Efficiency and Demand Response*, The Fairmont Press, Lilburn.

[14] Chaudry, M., Ekanayake, J. and Jenkins, N. (2008) Optimum control strategy of a mCHP unit. *International Journal of Distributed Energy Resources*, **4**(4), 265–280.

[15] Erinmez, I.A., Bickers, D.O., Wood, G.F. and Hung, W.W. (1999) NGC experience with frequency control in England and Wales: provision of frequency response by generators. *IEEE Power Engineering Society Winter Meeting*, **1**, 590–596.

[16] *Report of the Investigation into the Automatic Demand Disconnection Following Multiple Generation Losses and the Demand Control Response that Occurred on the 27th May 2008*, http://www.nationalgrid.com/NR/rdonlyres/D680C70A-F73D-4484-BA54-95656534B52D/26917/PublicReportIssue1.pdf (accessed on 4 August 2011).

[17] Department of Energy and Climate Change, UK, *Smart Metering Implementation Programme*: *Prospectus*, March 2011, http://www.decc.gov.uk/en/content/cms/consultations/smart_mtr_imp/smart_mtr_imp.aspx (accessed on 4 August 2011).

[18] Federal Energy Regulatory Commission, USA, *Assessment of Demand Response and Advanced Metering 2007 Staff Report*, Sept. 2007, http://www.ferc.gov/legal/staff-reports/09-07-demand-response.pdf (accessed on 4 August 2011).

第 6 章　配电自动化设备

6.1　简介

大型集中发电机向现代电力系统提供电能，向与其互连的高压输电网输入电能。远距离传输的电能经过一系列配电变压器传送至最终通向用户的电路（见图 6.1）。

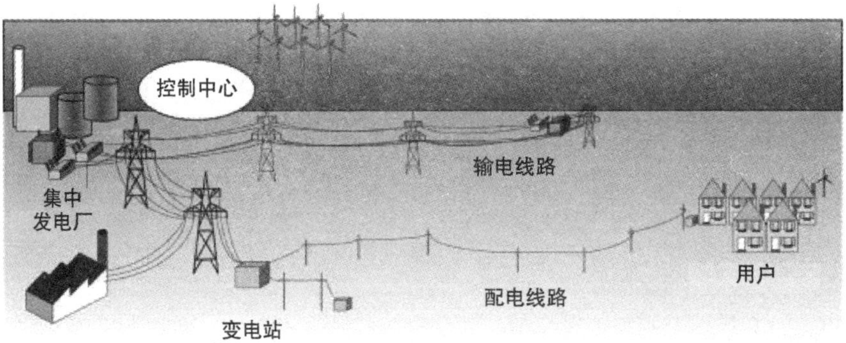

图 6.1　典型的电力系统组成

发电系统和输电系统的操作由监控和数据采集（SCADA）系统来监控。它通过通信网络（如微波和光纤电路）与不同单元相连，同时将输电变电站和发电机与人工控制中心相连以维持系统安全和设备集中操作。在大型电力系统中，区域控制中心服务一个区域，并与邻近区域控制中心有通信链路。除了这种中心控制，所有的发电机使用自动调速器和励磁控制。本地控制器也用在一些电压控制和潮流控制的传输线路中，如利用移相器（有时也叫积分升压器）。

传统的配电网络属于被动的单元之间的有限通信，一些本地自动化功能用在如在线分接开关中和并联电容器中，来完成电压控制、断路器或重合闸故障管理等。这些控制器仅应用于本地测量，而在广域协调控制中并未采用。

在过去一段时间里，为了提高供应质量和允许更多分布式发电设备接入配电系统，自动化水平有了很大提高。分布式发电设备的连接和管理正在加速对配电网络管理从被动到主动的转换[1]。如果没有主动性网络管理，分布式发电设备的连接成本会提高并且增加分布式发电设备时会受到限制[2]。

大量间歇性能源和插电式电动汽车的接入将会引起 DSI 和配电系统自动化应用的增加。

6.2　变电站自动化设备

典型的传统变电站自动化系统如图 6.2 所示。断路器、隔离器、电流和电压互感器以及功率互感器的二次线路硬连接到中继器。再通过多点串行链路与监控计算机相连，实现远距离故障诊断。

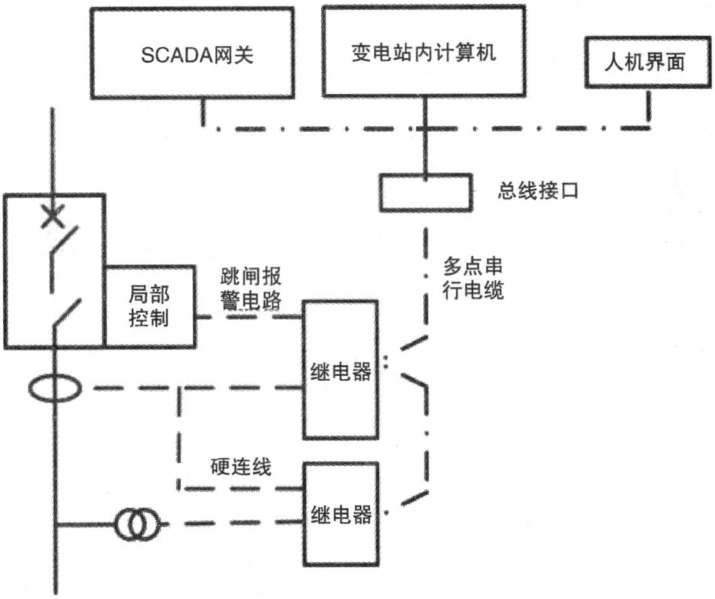

图 6.2　变电站组成[3,4]

但是，实时保护操作和电压控制系统是通过硬连接实现的。

现代变电站自动化系统的组态如图 6.3 所示。子站配置的两种可能连接（用框标记）如图 6.3 所示。尽管它可能随电路设计的不同而改变，不过通常包括 3 层：

- 站控层包括变电站计算机、子站人机接口（显示子站布局和子站设备状态）和与控制中心连接的网关。
- 间隔层包括所有的控制器和智能电子设备（提供各种网络组件的保护和配电网络的实时评价）。
- 过程层包括开关控制和监测、电流变压器（CT）、电压变压器（VT）和其他传感器。

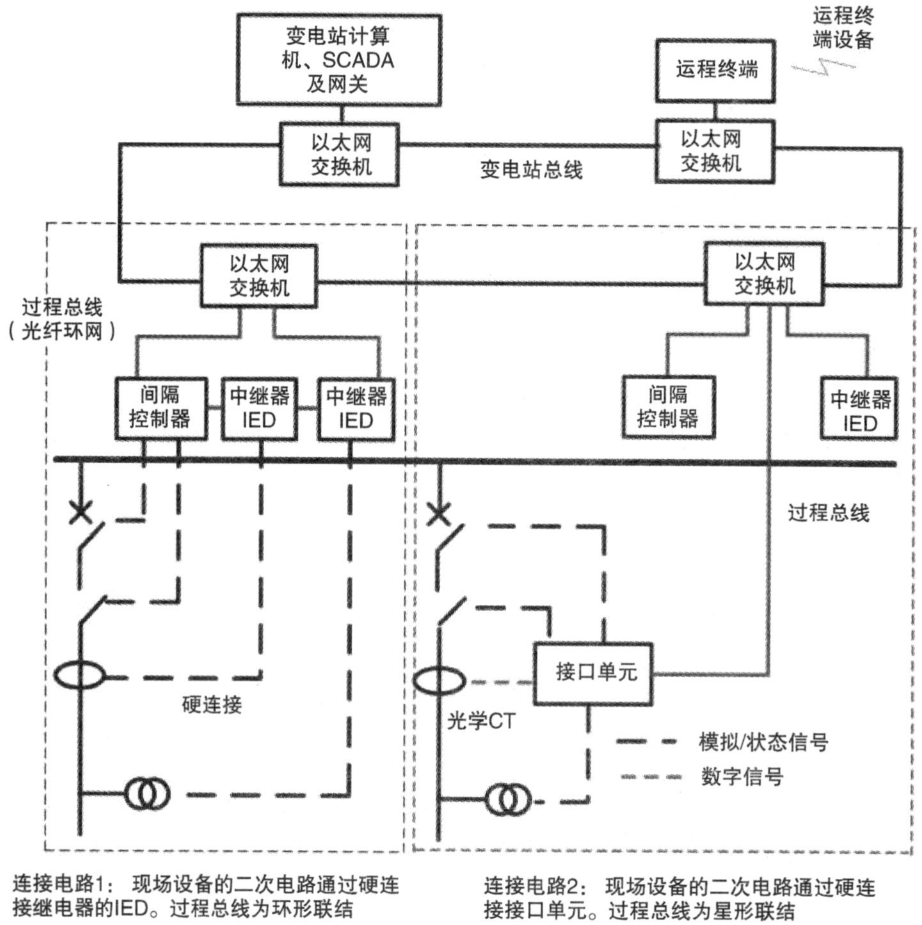

图 6.3　现代化变电站[3,5]

在连接电路 1 中，从 CT 和 VT 接收的模拟信号（1A 或 5A 和 110V）和状态信息在间隔控制器和智能电子设备（IED）中被数字化。在连接电路 2 中，从 CT 和 VT 接收的模拟和数字信号㊀在接口单元被数字化。过程总线和变电站总线将这些数字信号传送至多个接收单元，如 IED、显示器和与以太网相连的变电站计算机等。为了提高可靠性，通常使用两条并行的过程总线（见图 6.3 中只显示了一条）[5]。

变电站总线在对等网络模式下操作，它连接各种以太网交换机通过光纤电路形成一个 LAN，从 IED 采集的数据被驻留在站计算机中的 SCADA 软件处理。

㊀ 光电流变换器和电压变换器提供数字信号，而传统电流变换器和电压变换器提供模拟信号（详见 6.2.1 节和 6.2.2 节）。

传统变电站的硬线需要几千米长的由管道和电缆桥架组成的二次线路，这不仅提高了成本，而且使设计变得复杂。在现代变电站中，由于设备间通信通过以太网并使用相同的通信协议，即 IEC 61850，变电站的成本和物理覆盖都已经降低了。

6.2.1　电流互感

正常负载下输电和配线路中电流可高达几百甚至上千安，当发生短路故障时，电流可能增长至正常负载时的 20 倍。电流变压器（CT）用来将一次电流变换到一个比较低的值以匹配 IED 或接口单元。

目前大多数在用的 CT 都是由铁心和其二次绕组构成，通常首先在一次电路导体上形成一个单匝线圈，其工作原理可参考文献［3，6，7］。变压器的铁心由于励磁电流的存在（仅出现在一次侧）、涡流加热等原因可能引起测量不精确。为使测量误差最小化，针对特定应用优化设计。

测量 CT 用来驱动电能表、功率和流量计。它们提供准确的测量数据，最高可达额定电流的 120%。综上，保护 CT 能够测量更大的故障电流，其负载电流的准确性一般不太重要。

测量 CT 由 IEC 60044-1 根据其精确等级制定，精确等级按照其额定电流的 0.2%、0.5%、1% 到 120%。

保护 CT 通常描述如下：'10VA 10P 级 20'，其中 10VA 为其额定负载，也可为 2.5VA、5VA、10VA、15VA 或 30VA；精确等级 10P 取决于其特定精度；20 表示精度限制（多个一次电流到与额定负载连接的需保持规定精度的 CT），精度限制可为 5、10、20 或 30。

10P 级由 ANSI/IEEE C57.13 指定作为 C 类，其中 CT 被归为 C 类，后面跟着一个数字，这个数字表明二次电压，即额定电流不超过精确度的 10% 时变压器传送 20 次的负荷标准。

CT 还有其他分类，如 IEEE C57.13 规定的 T 类和 X 类，IEC 60044-1 规定的 3、5 和 PX 类。关于 CT 的更详细的细节可参见其各自标准[8,9]。

例 6.1

配电线路的一部分如图 6.4 所示。所用 CT 为 10VA 10P 级 20，它有一个 0.6Ω 的二次阻抗和一个 j15Ω 的励磁电阻。利用 CT 的等效电路[3,10]，当二次电路中连接额定负载时，获得额定电流和精度限制内电流的幅度误差百分比和相位位移误差。

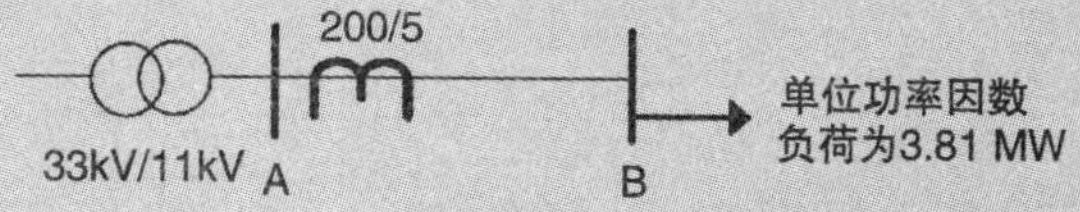

图 6.4　例 6.1 的图

解：额定负载为10VA，对应的二次绕组为

$$R_{burden}=\frac{10}{5^2}=0.4\ (\Omega)$$

额定电流下CT的等效电路相位变化如图6.5所示。

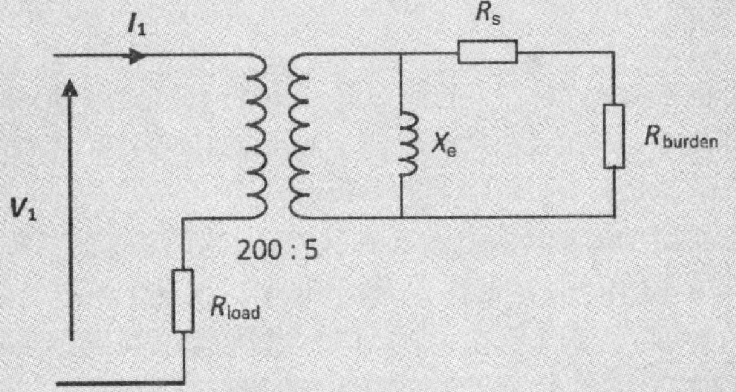

图6.5　CT的单相等效电路

$$V_1=\frac{11000}{\sqrt{3}}=6350.9(V)$$

$$R_{load}=\frac{3\times(6350.9)^2}{3.81\times10^6}=31.75(\Omega)$$

由初始值可得出二次电路中各参数值（电压值乘以匝数比，即40与一次阻值40^2），如图6.6所示。

$$二次电路中实际电流=\frac{254.04\times10^3}{50800+[j15\times1.0/(1.0+j15)]}=5.0007\angle0^\circ$$

因此电流幅值误差百分比 $=\frac{5.0007-5}{5}\times100=0.014\%$，相角误差为0°。

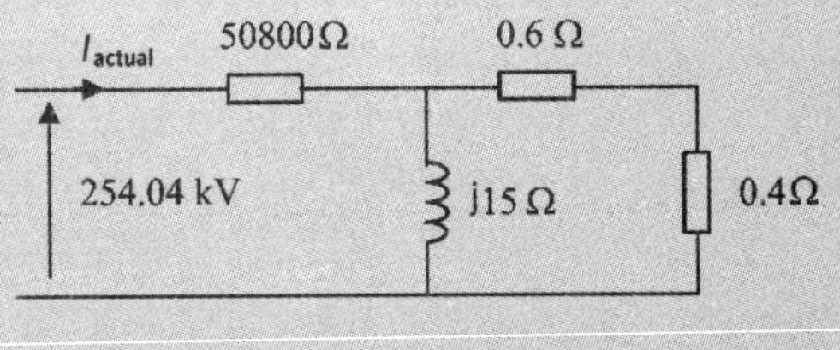

图6.6　例6.5的二次参考等效电路

当电流值处在精确度之内，即200×20A为一次电流值，而等效电路中的负载电阻、误差电阻等在变压器一次侧可得：

$$R_{fault}=\frac{6350.9}{4000}=1.59\ (\Omega)$$

$$二次电路中实际电流=\frac{254.04\times10^3}{1.59\times40^2+[j15\times1.0/(1.0+j15)]}=99.8194\angle-0.0015^\circ$$

因此，电流幅值误差百分比 $=\frac{99.8194-5\times20}{5\times20}\times100=-0.18\%$

相角误差为 0.0015°。

正如图 6.3 中连接电路 2 所示（通常用在现代变电站中），从 CT 测量的电流被数字化并且通过过程总线被一些设备使用。相同的数字化测量的多种使用需要高精度的 CT，它可以测量负载和故障电流。

尽管铁心 CT 和混合型 CT（有光学变送器的 CT）是目前电力系统中使用最广泛的 CT，高精度的设计如印有电路板的罗科夫斯基线圈和光学 CT[3,11,12] 应用也越来越广泛。

罗科夫斯基线圈 CT 用在气体绝缘变电站（GIS）中，线圈的一次绕组由一个多层印制电路板组成，如图 6.7 所示，每层的上部和下部线路由金属通孔连接（形成矩形线圈）。由初始电流引起的二次绕组电压降（见框 6.1）通过传感器电子整合（罗科夫斯基线圈为 di/dt）获得一次电流。

框 6.1　罗科夫斯基线圈

罗科夫斯基线圈可检测由导体电流改变产生的磁场，并且产生成比例的电压：

$$v=\frac{\mu NL}{2\pi}\ln\left|\frac{a}{b}\right|\frac{\mathrm{d}i}{\mathrm{d}t}$$

式中，N 为线圈匝数；L 为印制电路板的厚度（使用多层）；di/dt 为一次电流的改变量。

光学 CT 利用了法拉第效应（见框 6.2），所以光束的偏振平面经过磁场时旋转一个角度，这个角度与磁场的一次电流成比例。图 6.8 用很简单的形式表示了此类 CT。光电子是进入光纤的光束偏振与经过圆形磁场后相比产生的，偏转角度用来产生正比于电流的数字信号。

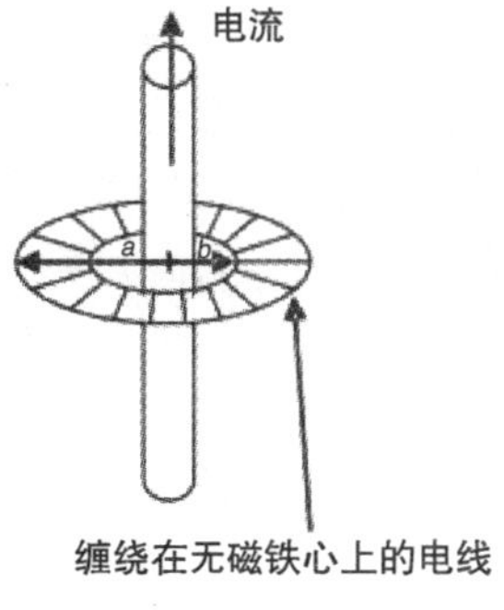

图 6.7　罗科夫斯基线圈

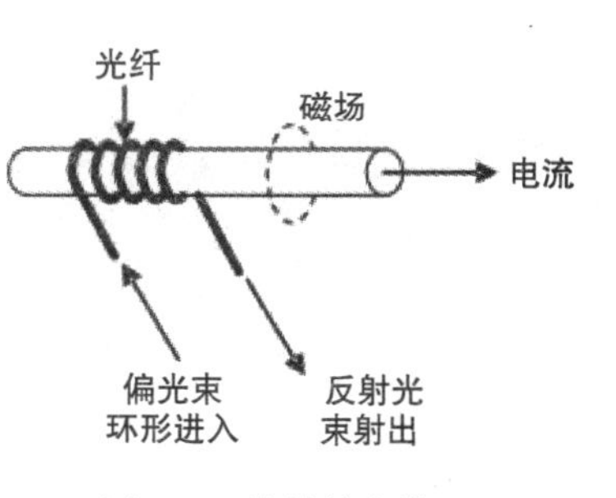

图 6.8　简单的光学 CT

框 6.2 法拉第效应

法拉第效应描述光与磁场介质之间的相互作用，当受到磁场作用时偏振光束发生偏转（见图 6.9），偏振平面的偏转角度正比于光束方向的磁场强度。

以 rad 为单位的偏转角度 β 由下式给出：$\beta=\nu Bd$，其中 B 为磁通密度（单位为 T），d 为路径长度（单位为 m），ν 为该材料的费尔德（Verdet）常数。

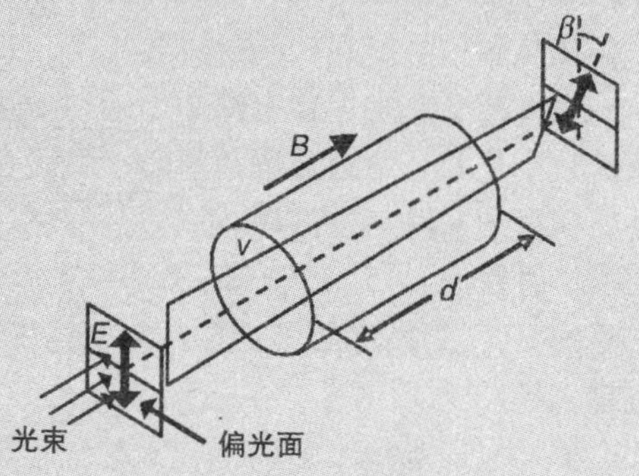

图 6.9 法拉第效应

其他基于法拉第效应，利用圆盘的光学活性物质周围的导体[3,7,11]的其他设计正在发展。光束从一侧集中至圆盘并穿过它（或导体），最终收集于另一侧。

6.2.2 电压互感器

通过过程总线将电力系统初始电压的电压降传送至 IED、间隔控制器和变电站计算机非常重要，二次电压通常采用 110V。一次电压达到 66kV 时采用电磁电压互感器（类似于电力变压器），但在 132kV 或更高时通常采用电容电压互感器（CVT）。

由于电压测量的精度在故障期间非常重要，保护和测量设备往往是连接同一个 VT 反馈而来。IEC 60044-2 和 ANSI/IEEE C57.13 定义了电压互感器的精度等级，通常为 0.1、0.2、0.5、1.0 和 3.0 等。例如等级为 0.1 表示在额定电压的 80% ~120% 范围内和额定负载的 25% ~100% 范围内电压变比误差百分比不应超过 0.1%。

高电压 CVT 的基本配置为电容分压器、串联阻抗（电容分压器引入的相移补偿）、降压变压器（将电压降至 110V），电压首先经过电容分压器降低至一个高值，进而通过变压器产生降压，如图 6.10 所示[3,6,7]。

当设备达到 11kV 时可采用光学 CVT，由于包含的电感器和变压器（见图 6.10）的低电压由安装在接地柜（见图 6.11）的光电子电路所代替，在这个装置中没有 L-C 共鸣，因此没有振荡、过电压或任何铁磁谐振的可能。

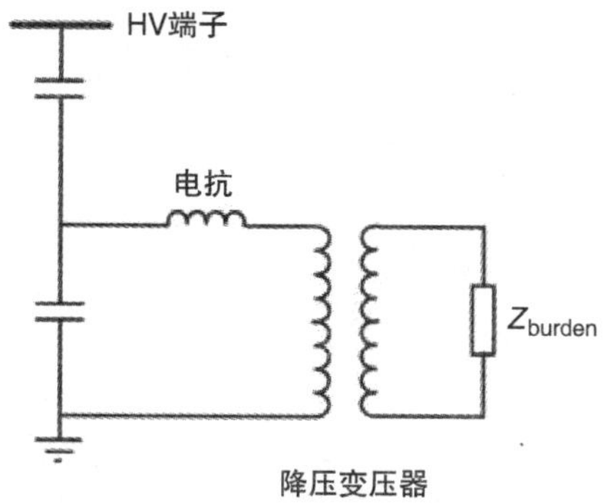

图 6.10　高压电容式 VT

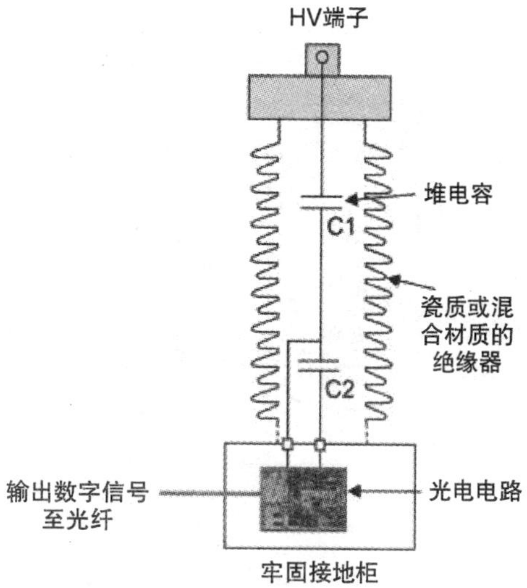

图 6.11　光学 CVT 的基础电路

一些 VT 使用与 CT 类似的基于法拉第效应的技术，位于绝缘体内部的光纤接收从圆偏振的光信号反馈的信息。由于 HV 端子盒接地柜之间的磁场，光信号偏振角度改变，同时其偏转用于获取 HV 端子电压。

6.2.3　智能电子设备

IED 的名称描述了一类设备，它们完成一项或多项功能，如保护、测量、故障记录和控制等。IED 包括信号处理单元（5.3.2 节和 5.3.3 节中讨论过）、输入/输出设备微处理器和通信接口。通信接口如 EIA 232/EIA 483、以太网、Modbus 和 DNP3 等在许多 IED 中都适用。

6.2.3.1　中继器 IED

现代中继器 IED 结合了许多不同功能，如保护、测量、记录和监测，例如图 6.12 所示如下：

- 三相瞬时过电流：类型 50（IEEE/ANSI 指定）；
- 三相延时过电流（IDMT）：类型 51；
- 三相控制电压或电压瞬时控制或延时过电流：类型 50V 和 51V；
- 接地瞬时故障或延时过电流：类型 50N 和 51N。

本地测量数据首先经过处理使所有处理器在 IED 保护范围内可用，用户可能通过小型 LED 显示器读取这些数字化测量数据，如图 6.13 所示，同时，键盘也可输入设置和覆盖命令。

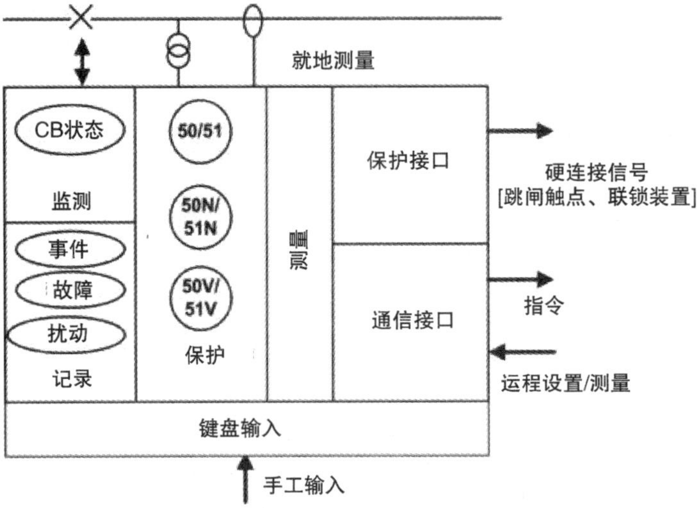

图 6. 12　继电器 IED 的典型配置

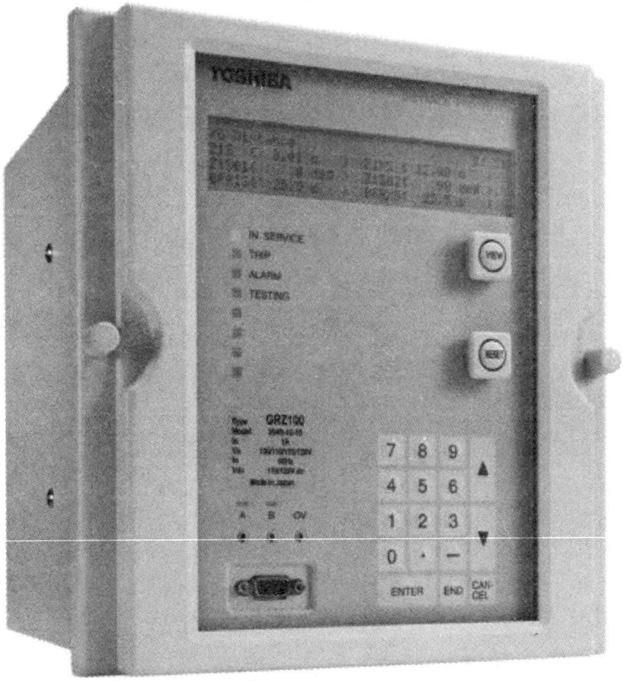

图 6. 13　继电器 IED（来源：东芝公司）

不同的保护功能采用的不同算法存储在只读存储器（ROM）中，例如对应于类型 50 的算法连续检查本地电流测量数据，并与设定值（可由用户设置或远程设置）对比，来判断馈线中是否存在过电流，此电路中连接有断路器（CB）。如果电流值大于设定值，则生成跳闸命令，并传送信号至 CB。IED 的继电器触点与断路器跳闸线圈之间采用硬连接，跳闸命令完成此电路打开 CB 的功能。

6.2.3.2 测量 IED

测量 IED 提供了测量三相和单相参数的全面功能和特点，典型的测量 IED 可测量电压、电流、功率、功率因数、能耗、最大需求、最大值和最小值、总谐波失真和高次谐波分量。

6.2.3.3 记录 IED

尽管测量和保护 IED 提供了不同的参数（有些有数据存储能力），单独的记录 IED 用在子站和出线中来监测和记录状态改变。

一些 IED 中连续性事件的记录分辨率可达到 1ms，这些记录数据有时可提供给专家分析过去的事件。故障记录仪记录了电流和电压在故障前和故障时的值。故障录波用来了解系统行为和相关的一次和二次设备的扰动期间和之后的性能。

6.2.4 间隔控制器

间隔控制器（见图 6.14）用来对开关、变压器和其他间隔设备进行控制和监测，它便于进行远程控制行为（来自控制中心或现场子站控制点）和本地控制行为。

间隔控制器的可用功能可能不同，不过典型的包括：

- CB 控制；
- 开关柜联锁检测；
- 变压器分接开关控制；
- 可编程自动序列控制。

6.2.5 RTU

配电 SCADA 系统从远程终端单元（RTU）获取配电网数据，来自位于配电网（作为现场 RTU）其他位置的 RTU 的数据由位于变电站中的 RTU（此处作为站内 RTU）接收。

现场 RTU 作为传感器和站 RTU 之间的接口，其主要功能是监控模拟和数字传感器信号（测量）及执行机构信号（状态），并将传感器和执行机构的模拟信号转换为数字形式。站 RTU 在预定义的时间间隔中从场 RTU 获取数据，不过任何状态变化场 RTU 都会报告。

现代基于微处理器的 RTU 除了数据处理和通信以外还可以执行控制功能。存储在微处理器中的软件完成设定监控参数和采样时间、执行控制规律、发送控制行为至终端电路、设定报警信号和协助通信功能。一些现代 RTU 能将时间精

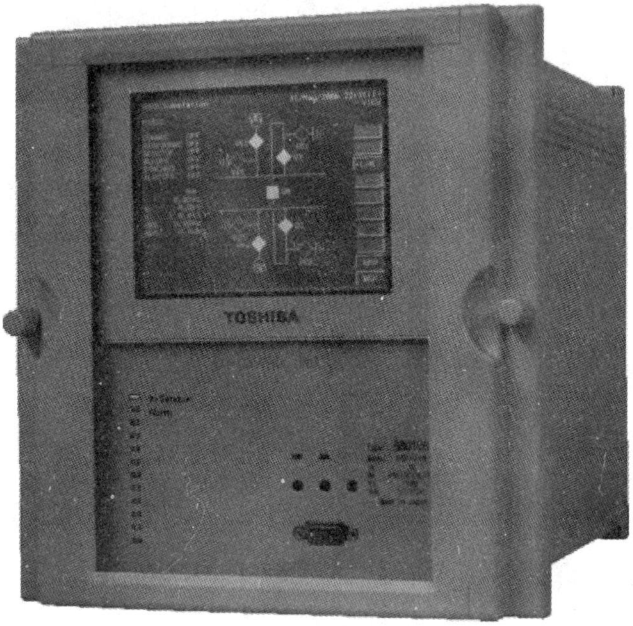

图 6.14　间隔控制器（来源：东芝公司）

度提高到 1ms。

6.3　配电系统故障

当故障发生在输电或配电系统时，电力系统中大面积电网的电压降低，并且只有故障消除时才恢复。输电系统采用快动作保护和断路器（CB）在 100ms 内清除故障，相反的，分布式线路的过电流保护和其慢速 CB 清除故障所需时间更长，一般可达 500ms。

快速的故障清除在工商业中尤其在楼宇中的应用越来越重要，很多工业工程依靠微处理器控制电动机驱动和其他的电力电子设备。商业和住宅楼越来越多地使用信息技术设备（ITE），由于它对电压骤降反应非常敏锐[13,14]。

图 6.15 显示了著名的 ITI（CBEMA）曲线，它表示在指定的 AC 电压包络下，信息技术设备的耐受性（注意日志表的坐标轴）。在 AC 电网发生故障期间，依赖于故障发生位置的电压将会下降，ITE 的后续动作取决于故障清除时间和电压降。例如，故障 400ms 内产生 40% 的电压降（60% 为保持电压），虽然对 ITE 没有损坏但是不能正常工作。如果故障 400ms 内产生 20% 电压降（80% 为保持电压），ITE 可正常工作。

短路故障在任何配电系统中都不可避免，不过可以通过以下措施来避免灵敏

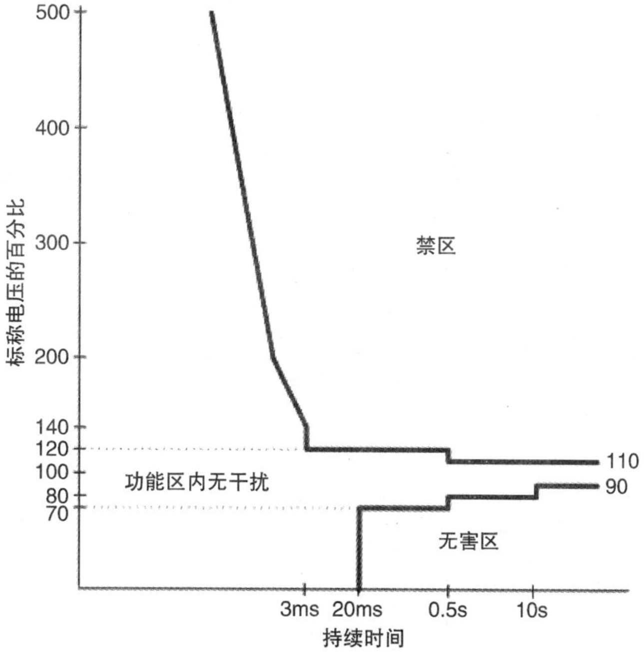

图 6.15　2000 年修订的设备制造协会（ITI）曲线[15]

负载设备中断功能：

- 确保负载设备足以对抗电压的瞬时变化；
- 采用高速保护和 CB；
- 增加设备来减缓电压降，如动态电压恢复器（DVR）或静态同步补偿器（STATCOM）[14,16]。

持续的电力中断可能导致严重的损坏和经济损失，尤其是在工业过程中，因此许多监管部门会就用电用户的损失给予相应处罚（英国以超过 3min 中断为限）。

在这种情况下，配电网运营商关注如何提高故障隔离和恢复供应的速度，他们越来越多地采用自动化供给恢复技术，采用自动重合器、远程控制开关、远程测量和本地代理（在本地计算机中运行的一款软件）。

6.3.1　故障隔离和恢复组件

配电网中某部分出现故障时，故障电流应被迅速切断，同时故障部分与正常运行部分隔离，一旦故障解除再恢复用户供电，这是通过一系列开关设备来完成的。开关包括：用于接通和断开故障电流的 CB；重合器，本质上是一个有限故障分断能力和自动跳闸及合闸的可变模式的 CB；隔离开关，有限故障接通能力

(可接通和断开常规负载电流);分段器,它能接通和断开常规负载电流但不包括故障电流。

33kV 变电站开关可能位于变电站内部或在室外高压复合下,而 11kV 变电站开关通常为室内型或安装在架空线杆上。变电站开关的保护和测量设备设在变电站控制室中,载于 11kV 电路,远离主变电站的开关通常在户外,作为环网单元(RMU)[17,18]。典型的环网单元包括两个隔离开关和一个开关熔断器㊀或 CB(见图 6.16)。

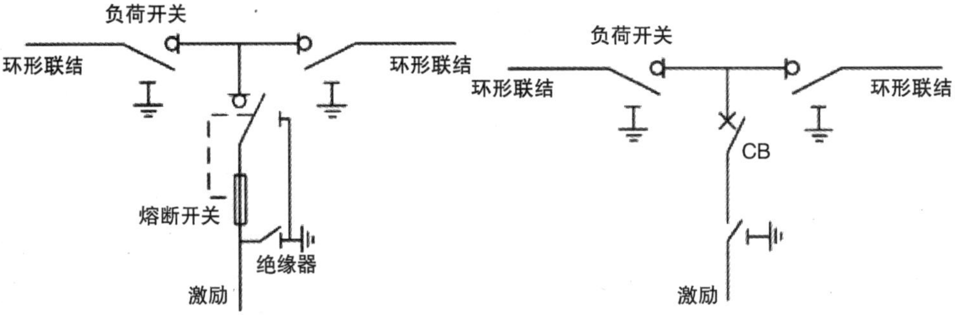

图 6.16 典型的电气产品配置

过去 RMU 中的隔离开关需要人工操作,不过现在可以通过加装执行器机构的设计来实现自动化操作,最常用的加装执行器机构为电动机卷绕弹簧,起始于现场 RTU㊁的远程开关如图 6.17 所示。熔断开关可直接作用于隔离开关跳闸杆或通过连接分励跳闸线圈来实现自动化。

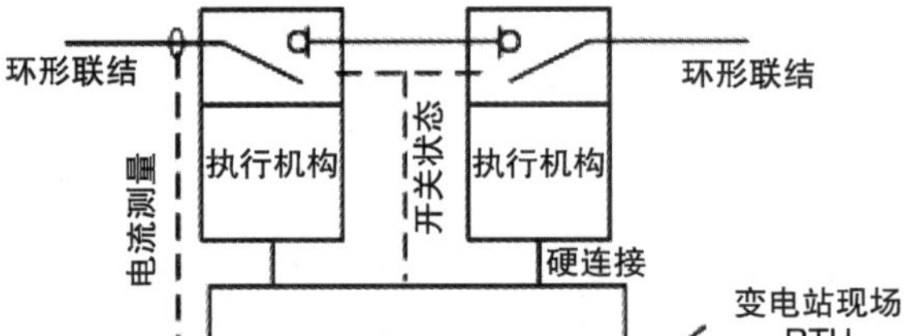

图 6.17 自动化电器产品的组成部分

现代开关中,与电动机卷绕弹簧不同,越来越多地采用压缩气体或永磁机构[17]。

㊀ 在熔断器动作的瞬间,位于熔丝帽上的撞针销被弹出以触发弹簧作动的开关分离器。

㊁ 以往的现场 RTU 仅能监测传感器(测量值)和执行机构(状态)信号,并把它们传输到 RTU 工作站。因此,可以采用可编程序逻辑控制器(通过硬连接接入 RTU)控制电动开关。现代 RTU 由于集成了微处理器,因此可以实现数据处理与通信等额外的控制功能。

如果线路断电，大多数架空线路故障为瞬时或自清除，因此变电站 CB 的自动重合或自控型重合闸，它们可以完成跳闸和重合的可变模式，由此被用于许多高架配电线路中，避免临时故障引起的不必要的长时中断。大多数重合器有瞬时或延时脱扣特性，标准的做法是在延时跳闸之后使用大量瞬时跳闸，图 6.18 中的上层序列显示了重合器经过两次闭合后如何清除瞬时故障。延时中断的目的（见图 6.18 下层序列）在于，如果故障是永久性的，延时允许下行熔丝中通过足够大的电流（和时间）来清除故障。某些情况下延时允许故障自我解除，随后重合器恢复供给。

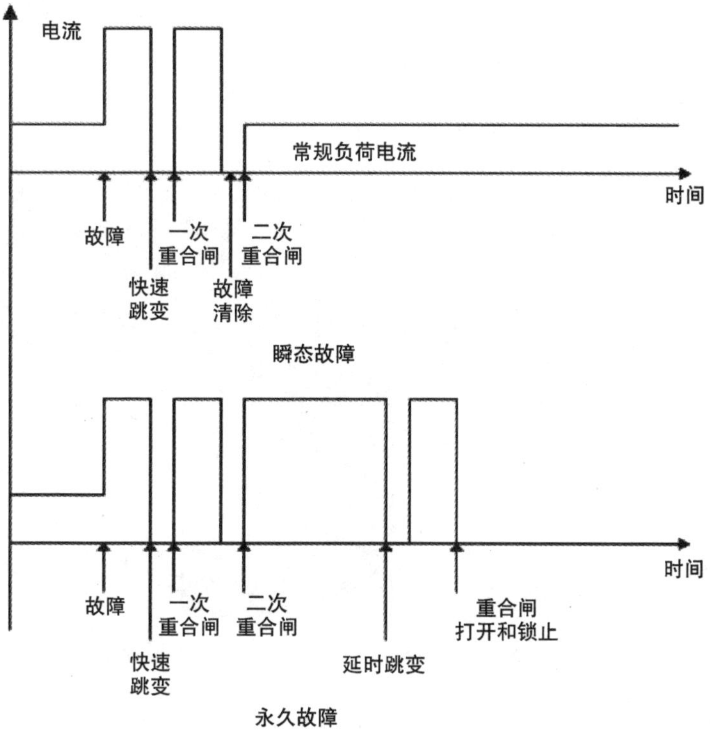

图 6.18　瞬态故障与永久故障重合闸时的电流序列（注：未考虑电流故障）

安装在输电杆上的重合器广泛用于配电线路中，它们有不同的额定电压（如 11kV、15kV 和 33kV）中 8～16kA 的中断电流，操作重合闸所需的能量由螺线管电路提供，如图 6.19 所示。其中，每当线路电流值增大时（故障引起），串联分闸线圈打开真空 CB，随后辅助触点自动关闭来为重合操作供能。

配电网馈线采用单极型重合器，如图 6.20 所示。重合器特性可确保其快速操作时间远远超过下游熔丝的操作时间，并且其缓慢操作时间慢于熔丝的操作时间（见图 6.23）。

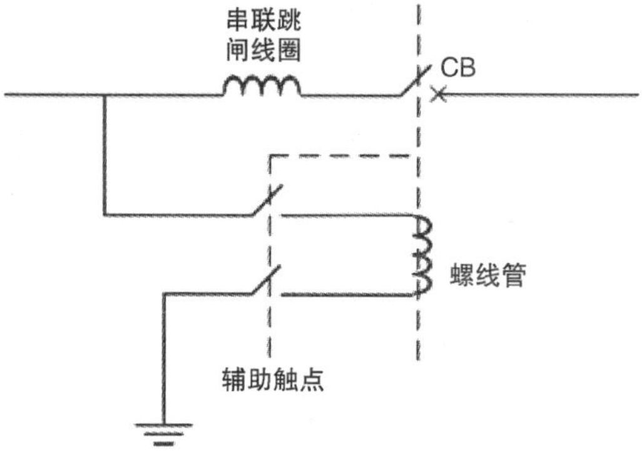

图 6.19　重合闸布局（注：仅显示单相情况）[7,18]

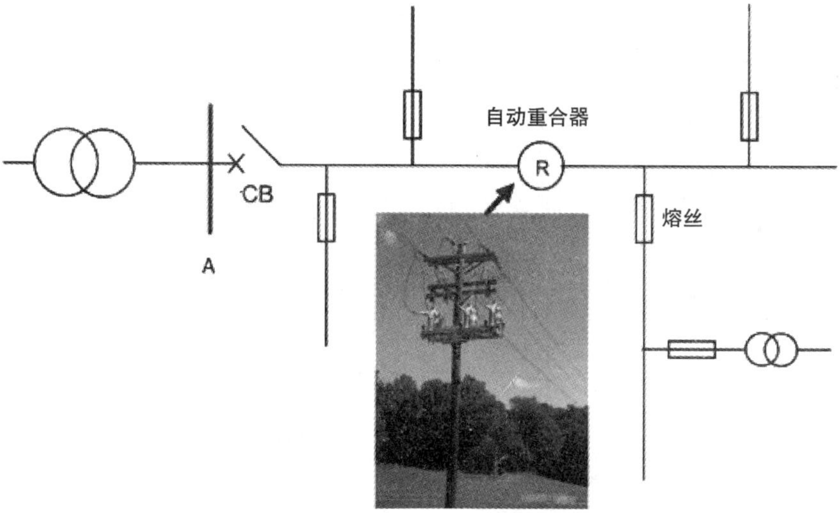

图 6.20　典型带重合闸与熔丝的配电馈线（来源：S&C 欧洲电气有限公司）

RTU 可以和柱上重合器合并来完成远程切换和远程改变参数设定（见图 6.21）。在美国，在风暴期间使用的备用跳闸设置，可节省熔丝，因为偏远地区更换熔丝非常困难[19]。

分段器是自动隔离器，它仅用在配电线路中当故障由上游重合器清除的情况下。当重合器打开时，分段器中的自供电控制电路的计数器加一。重合器在短暂时延后闭合以确定故障是否为瞬时性，如果为瞬时性故障，并且由重合器清除，分段器重置其计数器并返回常态。但是如果为永久性故障，当分段器内的计数器值达到预设值时，重合器打开同时隔离下游电路。如果故障在分段器的下游，重合器恢复对上游部分的供电。最小数目用户受永久性故障影响，并可以提供更准确的故障位置。

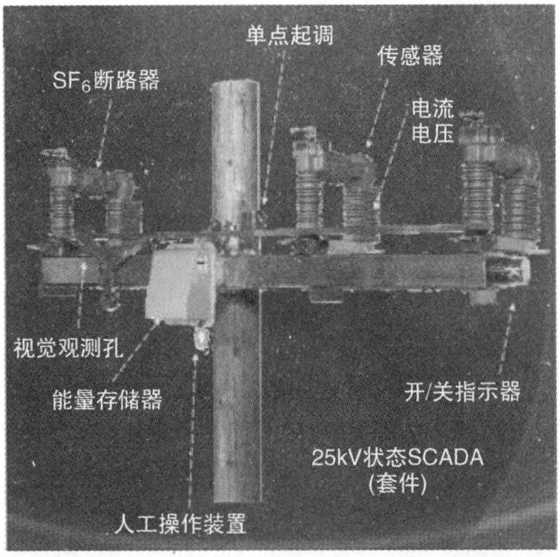

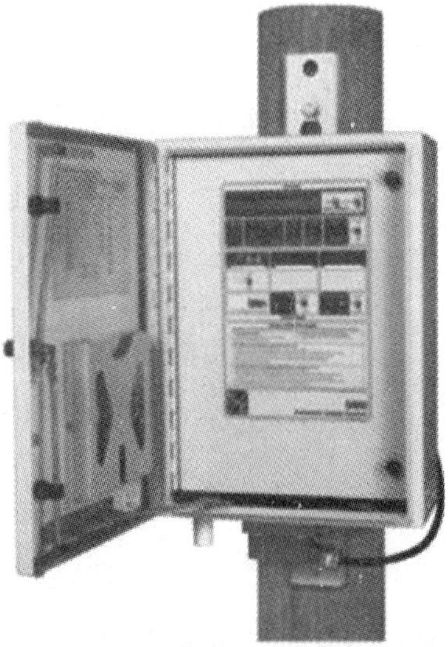

图 6.21　单极型重合器和 RTU（来源 S&C 欧洲电气有限公司）

例 6.2

如图 6.22 所示的配电网中，电网 A 有熔丝来保护每条支路，而电网 B 中有分段器。熔丝 F4（实线）的特性和单极安装重合器（虚线）如图 6.23 所示。分段器的启动电流为 200A，讨论保护电路在瞬时故障（如图 6.24 所示）时的操作，它可产生 1000 ~ 2000A 的故障电流。

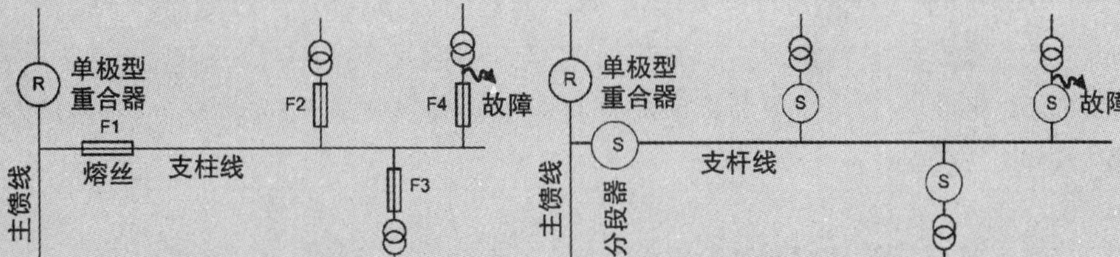

图 6.22　例 6.2 的两个电网

解：

电网 A：

- 当故障电流为 1000A 时（图 6.23 左侧曲线），上游重合器启动其瞬时断路操作。经过一段延时，重合器关闭。如果为瞬时性故障，所有负载都恢复供电。

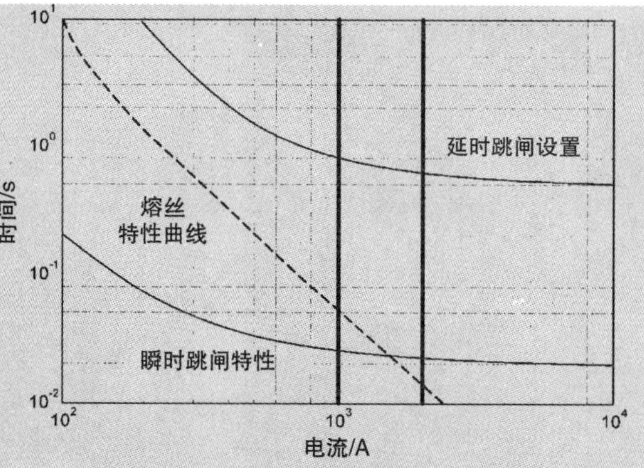

图 6.23 熔丝 F4 及单极型重合器的特性曲线

- 当故障电流为 2000A 时（图 6.23 右侧曲线），尽管为瞬时故障，熔丝 F4 会在重合器之前操作，在子馈线上的用户都将断电。

电网 B：

- 分段器的启动电流为 200A，其计数器在重合器开启后立刻开始计数。如果为瞬时性故障，重合器关闭电路，随后再向用户供电。
- 恢复供电后，分段器立即重启其计数器。

6.3.2 故障定位、隔离和恢复

图 6.24 所示为典型的 11kV 配电网，当电网中故障位置如图所示时，IED1 中的过电流保护器件检测到故障并打开 CB1，引起负载 L1 ~ L5 断电。由于电网中没有自动化器件，其中一部分电路恢复供电需要恢复人员的干预，有时可能需要 80min 以上[20]。

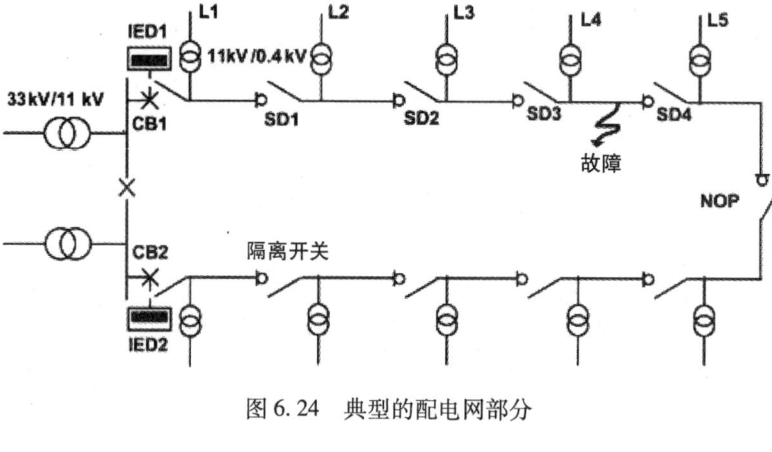

图 6.24 典型的配电网部分

恢复供电通常首先由一个或者更多停电用户向电力供应商报告（一些区域停电时），通常需要花费一些时间来定位故障，然后打开 SD3 和 SD4 进行人工隔离，随后 CB1 闭合以恢复 L1、L2 和 L3。闭合常开触点（NOP）恢复供电 L5，负载 L4 直到故障解除再恢复供电。

减少负载 L1、L2、L3 和 L4 恢复时间的一个简单方法是采用柱上重合器和分段器，其构成如图 6.25 所示。发生故障时，重合器关闭成功，随后检测到在中断时，分段器 S 的计数器加 1。经过一段延时，重合器关闭成功，如果故障持续，则再次闭合，同时 S 的计数器加 1 并打开 S，重合器关闭。分段器的操作简化了 L1、L2、L3 和 L4 的供电恢复，使其在几分钟内完成，但是 L5 恢复供电需要人工干预。由于这个方法不需要任何通信设备，所以非常可靠并且相对廉价。

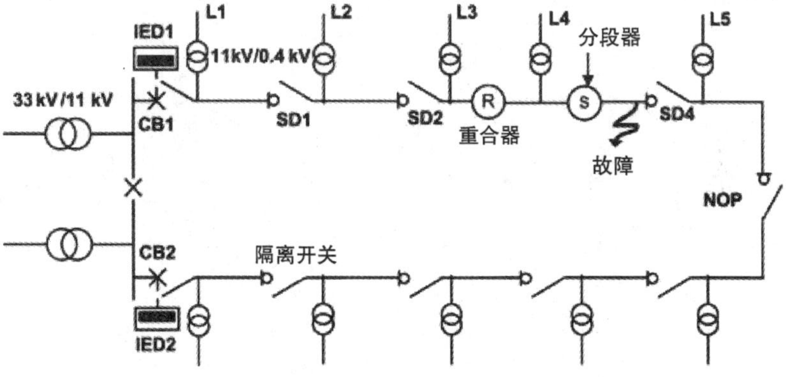

图 6.25　部分自动化的配电网

自动化程度的提高需要引进含 RTU 的重合器，并且两者之间有通信设备（见图 6.26）。这个方案中，代理（agent）装置从系统中的智能设备上采集数据，正常运转期间，代理装置首先检测所有 RTU 和 IED 来建立系统状态，当显示故障位置时，IED1 检测故障电流，打开 CB 同时通知代理装置，接到通知后它将向 RTU1 ~ RTU4 发送命令（远程终端单元至常开点）将其打开并获取实时电流及电压。可能的自动化恢复方法如下：

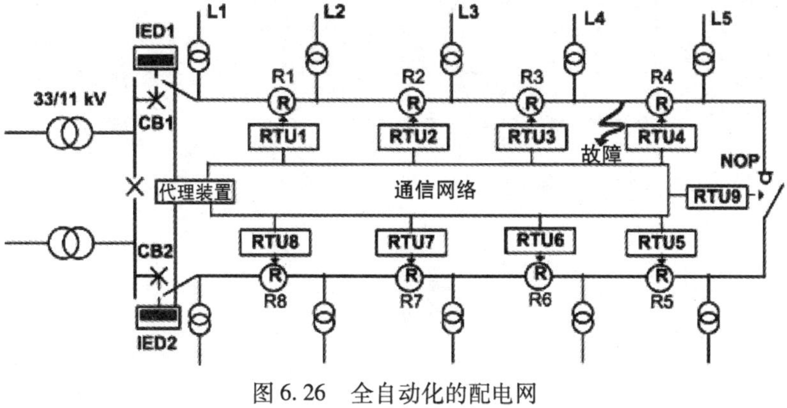

图 6.26　全自动化的配电网

1）向 IED1 发送命令以闭合 CB1。

2）向 RTU1 发送命令重合 R1。如果故障电流较大，跳开 R1，但是如果不存在故障电流，R1 保持闭合状态。类似的，向 RTU2 、RTU3 和 RTU4 发送命令重合 R2、R3 和 R4。当 R3 闭合时，故障电流的存在引起 R3 跳闸并解锁。

3）之后向 RTU9 发送命令闭合常开触点。

4）最后，向 RTU4 发送命令关闭 R4，当存在故障电流时，跳闸命令由 R4 开启。R3 和 R4 隔离故障，并且负载 L1、L2、L3 和 L5 恢复供电。

例 6.3

如图 6.27 所示为配电网的部分结构，每一负载的日负荷曲线如图 6.28 所示。设所有负载都为单位功率因数。

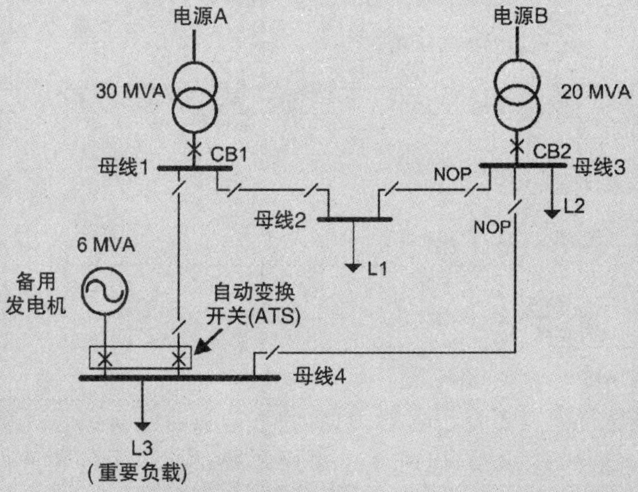

图 6.27　例 6.3 的图

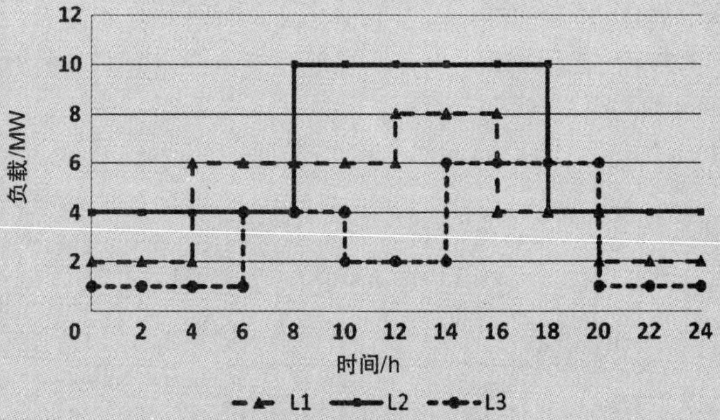

图 6.28　日负荷曲线

1）讨论当没有自动化过程缺失电源 A 时的后果。

2）讨论可能的自动化恢复方案，可使用代理装置和含远程终端单元的重合器，以最小化负荷中断时间。

解：

1）无自动化过程时：在无源电网的情况中，电源 A 断电时导致负载 L3 自动转移到备用发电机的自动转换，负载 L1 断电。通知电网运营商停电后，修复团队会到达该站点，这个团队通过图 6.27 所示的网络可观测不同负载的评级并且决定恢复方案。由于负载 L3 包含重要负载并且备用发电机不能持续运转，所以这个网络的唯一可能性恢复方案是关闭母线 3 和母线 4 之间的常开隔离器，恢复负载 L3 的供电。负载 L1 将一直保持断电状态，直到电源 A 恢复。

2）自动恢复系统：图 6.29 显示了整个电网的负载变化，可以明显看出仅有一次总负载超过电源 B 的容量是从第 14 ~ 16h。但是不超过电源 B 的总容量和备用发电机的输出。

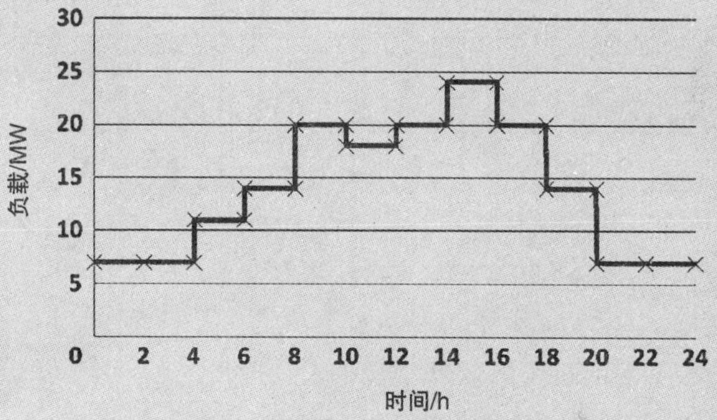

图 6.29　电网中的总负载

当使用代理装置时，询问数据库（存储负载曲线），并将电网的负载曲线存储在其本身的存储器中（每次代理装置询问数据库时可更新）。电源 A 断电之后，代理装置立即检测负载曲线来决定可能的恢复方案。例如，如果故障发生在第 10h，代理装置发送命令以关闭两个常开触点并在最小时延内从电源 B 向负载 L1 和 L3 供电（总负载可由电源 B 供电）。第 14h 之前，发送信号来开启备用发电机，第 14h 发送信号至 ATS，传送 L3 至备用发电机，进而维持负载 L1 和 L3 的供电。在第 16h，备用发电机关闭，将负载 L3 连接至电源 B。当电源 A 恢复后，电网配置返回初始值。

6.4　电压调节

配电线路由于电网负载的连续变化而引起电压变化，在重负载的时候下游电网的电压降低，并可能低于下限（英国为230V/400V，电路维持在 -10% ~ +6%），在轻负载的情况下可能超过上限。分布式发电机在连接轻负载时电压变化情况可能比较严峻，潮流可能被逆转[1]。如6.3.1节中讨论，持续电压高于或低于额定电压的10%可能会损坏IT设备或导致其无法正常运转，由于许多用户（家庭、工业和商业）都非常依赖此设备，因此将电压调节到国家标准范围非常重要。

传统的自动分接开关和自动电压控制（AVC）继电器，有时也包括线路电压降补偿[21]，用在HV/HM变压器中来维持配电线路的电压限值。当通过的负载电流中有载分接开关（OLTC）时变压器的输出电压可以被截断。OLTC的操作通过分接开关与分流器开关的协调操作来获得，如图6.30a、b、c所示。

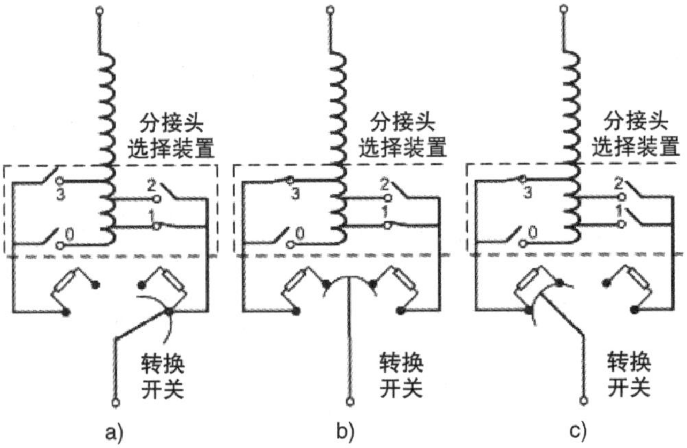

图6.30　OLTC的操作顺序

在自动布局中（与机动分接开关），被引入的AVC继电器用来维持MV母线电压的上限和下限（设定值±容差）。引入容差的主要目的是防止连续上下按动开关（猎振现象），延时继电器通常也用来防止瞬时电压变化引起的开关分接。在现代自动化OLTC中，AVC软件和延时继电器都安装在间隔控制器中，如图6.31所示。

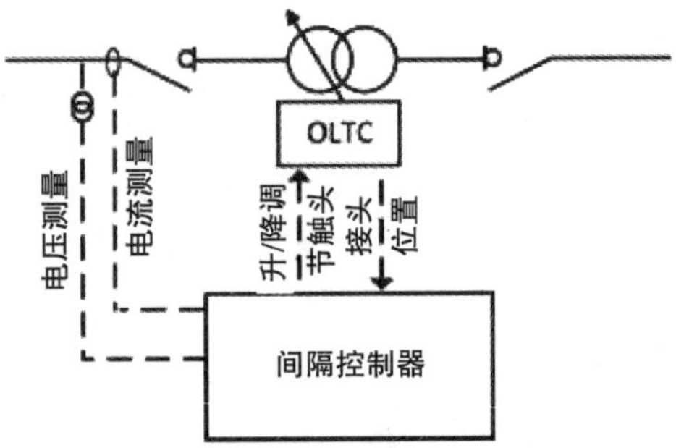

图6.31　自动化OLTC的布局

在美国，柱上安装电容器组用在分布式电路中进行电压调节，它们提供功率因数校正以接近负载、提高电压稳定性、提升线路功率、潮流较低时减少电网损失。这些电容器固定或可变。现代单极安装可变电容器附带有电流和电压传感器设备、数据记录设备和本地智能。可变电容器基于许多开关电容器，其中电容器数目的切换取决于固定在某极的智能控制器。

电容器组的位置提供无功功率且其无功功率值的支持是达到最佳电压波形，同时使电网损失最低限和线路流量最大化的关键。许多情况下，通过电网中 OLTC 变压器的协调，柱上安装电容器和其他分布式发电机的协调控制来实现多种参数的增强优化。

例 6.4

配电网的部分电路如图 6.32 所示。

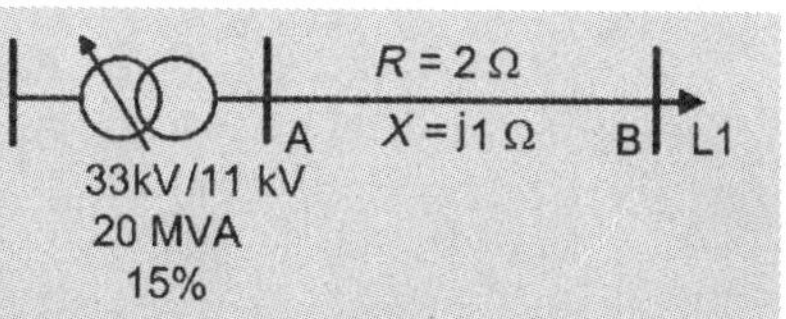

图 6.32　例 6.4 的图

1）计算为达到母线 B 的线路电压为 11kV，母线 A 上 OLTC 维持的电压值，（i） L1 = 1MW；（ii） L1 = 3MW。

2）若 33kV/11kV 变压器有 ±12.5% 的允许偏差步长为 2.5%，讨论（i）和（ii）中分接设置，假设变压器一次电压为 33kV。

3）通过计算（i）母线 A 中的电压，计算电容值，当将母线 B 线路电压设定为 11kV 电容值，L1 = 3MW。

解：

选择 $S_{\text{base}} = 100\text{MVA}$，$V_{\text{base}} = 11\text{kV}$：

$$Z_{\text{base}} = \frac{(V_{\text{base}})^2}{S_{\text{base}}} = \frac{(11 \times 10^3)}{100 \times 10^6} = 1.21(\Omega)$$

线路阻抗 = [2 + j1]/1.21 = 1.65 + j0.83pu

变压器电抗 = 15%（在 20MVA 时）

= 0.15 × 100/20 = 0.75pu

标幺值（pu）等效电路如图 6.33 所示。

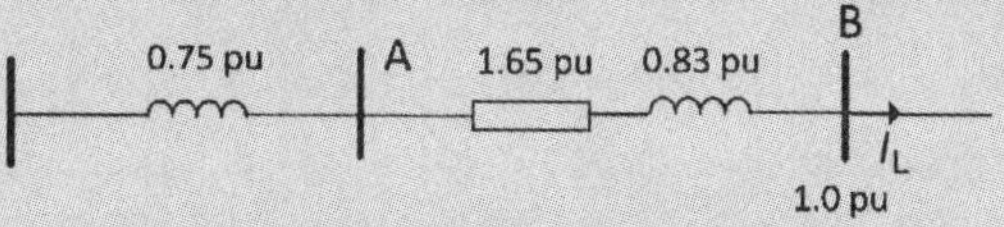

图 6.33　标幺值等效电路

1）（i）当 L1 = 1MW，由于母线 B 的电压为 1∠0°pu，$I_L = S$ pu = 1/100 = 0.1pu。

母线 A 电压 = 1.0 + (1.65 + j0.83) × 0.01

= 1.0165 + j0.0083pu

= 1.0165∠0.47°pu

2）11kV/33kV 变压器中，分接开关通常在 33kV 侧，当开关设置为 0% 时，母线中电压为 1pu，以步长降低分接位置，电压变为 1.025pu。所以在（i）情况下，开关设置保持在 0%，当负载增加至 3MW 时，为了维持所需电压，抽头位置应降低两个步长，即 −5%，给出电压为 1.05pu。

3）电容器与母线 B 的连接如图 6.34 所示。

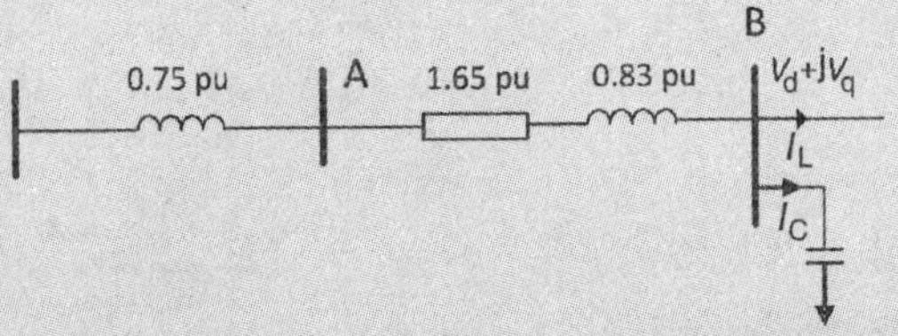

图 6.34　节点 B 上连接电容的等效电路

当 L1 = 3MW，$I_L = 0.03$pu。

假设电容电流为 I_C，电压为（$V_d + jV_q$），AB 段的电流为 $I_L + jI_C$。

母线 B 的电压 = $1.0165\angle 0.47° + (1.65 + j0.83) \times (0.03 + jI_C)$

$V_d + jV_q$ 等效于母线 B 的电压：

$1.0165\angle 0.47° + (1.65 + j0.83) \times (0.03 + jI_C) = V_d + jV_q$

$[1.1065 + 0.0495 - 0.83I_C] + j[0.0083 + 0.0249 + 1.65I_C] = V_d + jV_q$

上述等式等效的有功和无功部分：

$$V_d = 1.066 - 0.83I_C$$

$$V_q = 0.0332 + 1.65I_C$$

又由于母线 B 的电压值应为 1pu：

$$[1.066 - 0.83I_C]^2 + [0.0332 + 1.65I_C]^2 = 1$$

解方程，可得

$$I_C = 0.106\text{pu 和 } 0.381\text{pu}$$

第一个解给出母线电压为 1∠12°；而第二个解给出的为 1∠41.5°。由于第二个解的相角不合理，所以选择第一个解。

所需电容值 = 1.06 × 10Mvar = 10.6Mvar。

在母线 B 中电容器远大于所连接的负载是没有意义的。

参考文献

[1] Jenkins, N., Ekanayake, J.B. and Strbac, G. (2010) *Distributed Generation*, IET, London.

[2] Djapic, P., Ramsay, C., Pudjianto, D. *et al*. (2007) Taking an active approach. *IEEE Power and Energy Magazine*, **5**(4), 68–77.

[3] *Network Protection and Automation Guide: Protective Relays, Measurements and Control*, May 2011, Alstom Grid, Available from http://www.alstom.com/grid/NPAG/ on request.

[4] IEEE Power Engineering Society (2004) *Substation Automation Tutorial*, Document No: 03TP166, March.

[5] Brand, K.P., Brunner, C. and Wimmer, W. (2004) *Design of IEC 61850 Based Substation Automation Systems According to Customer Requirements*, CIGRE session 2004.
[6] Weedy, B.M. and Cory, B.J. (2004) *Electric Power Systems*, John Wiley & Sons, Inc., Hoboken, NJ.
[7] Anderson, P.M. (1999) *Power System Protection*, IEEE and McGraw-Hill, New York.
[8] American National Standard Institute (2008) *ANSI/IEEE C57.13: IEEE Standard Requirements for Instrument Transformers*.
[9] *IEC 60044 (EN 60044 and BS60044): Instrument Transformers - Part 1: Current Transformers, and Part 2: Inductive Voltage Transformers*, 2003.
[10] Blackburn, J.L. and Domin, T.J. (2007) *Protective Relaying: Principles and Applications*, CRC Press, New York.
[11] Areva T&D, *Non-Conventional Instrument Transformer Solutions*, http://www.alstom.com/assetmanagement/DownloadAsset.aspx?ID=80eed284-1e5f-4be0-96ef-8efc0cc4999c&version=bdffedb3bbb74fb08544f352255ca5321.pdf (accessed on 4 August 2011).
[12] *Optical CTs and VTs*, NXT$_{\text{PHASE}}$, http://nxtphaseinc.com/pdfs/NxtPhase_Optical_Instrument_Transformers.pdf (accessed on 4 August 2011).
[13] Dugan, R., Santoso, S., McGranaghan, M. and Beaty, H. (2002) *Electric Power Systems Quality*, McGraw-Hill, New York.
[14] Vilathgamuwa, D.M., Wijekoon, H.M. and Choi, S.S. (2006) A novel technique to compensate voltage sags in multiline distribution system: the interline dynamic voltage restorer. *IEEE Transactions on Industrial Electronics*, **53**(5), 1603–1611.
[15] *The ITI (CBEMA) Curve*, Information Technology Industry Council (ITI), http://www.itic.org/clientuploads/Oct2000Curve.pdf (accessed on 4 August 2011).
[16] Arulampalum, A., Ekanayake, J.B. and Jenkins, N. (2003) Application study of a STATCOM with energy storage. *IEE Proceedings Generation, Transmission and Distribution*, **150**(3), 373–384.
[17] Northcote-Green, J. and Wilson, R. (2007) *Control and Automation of Electrical Power Distribution Systems*, CRC Press, New York.
[18] Stewart, S. (2004) *Distribution Switchgear*, IEE Power Engineering Series 46.
[19] Hart, D.G., Uy, D., Northcote-Green, J., LaPlace, C. and Novosel, D. (2000) Automated solutions for distribution feeders. *IEEE Computer Applications in Power*, **13**(4), 25–30.
[20] Staszesky, D.M., Craig, D. and Befus, C. (2005) Advanced feeder automation is here. *IEEE Power Engineering Magazine*, **3**(5), 56–63.
[21] Lakervi, E. and Holmes, E.J. (1996) *Electrical Distribution Network Design*, IEE Power Engineering Series 21.

第 7 章　配电管理系统

7.1　简介

高压输电系统通过配电网与用户连接。传统配电网已经发展了约 70 年，一般为单向能量流动。智能电网是配电网功能的再评价，包括：

- 分布式能源整合；
- 负荷需求的主动控制；
- 配电网资源的有效利用。

配电系统由于非常广泛且复杂，所以很难进行监测、控制、分析和管理。表 7.1 表明了影响配电系统复杂性的众多因素。

表 7.1　配电网的难题

难题	来　源
电网	配电网被设计为网状电路但辐射运转，在运转期间由于故障和维修，拓扑变化频繁
	网络结构随着电网扩张而变化
	三相不平衡
	时间跨度必须从毫秒（保护运行）考虑到年（电网扩展）
	电网有严格的性能指标
	电网间元器件通信不足，大多数控制都是局部的
	配电网的全面监控会产生大量数据
负载	负荷的构成复杂，不被众所周知
	配电网负载消费模式随时间动态变化。负载的变化趋势比大的输电网更难预测
	不可能获得所有负载的同步测量数据。负载测量通常不足并可能包含大量误差和不良数据
	负载之间的关系没有研究清楚

现在的配电系统中，实时监测和远程控制是有局限的，尤其是系统在故障扩散和突发事件时更需要系统操作人员的干预。但是，通过人工操作程序处理如此复杂的系统是比较困难的。

配电管理系统（DMS）是对一系列应用的集合，这些应用用于配电网运行（DNO）检测、控制和选择分布式系统的性能，同时也是管理自身复杂性的尝试。DMS 的最终目标是成为一个智能且自我修复的配电系统，而且可在以下方面进行改进：供电的稳定性和质量、系统操作的效率和有效性。DMS 能够更好地管理设备、提供更好的服务并且提升消费者的满意度。

第一代 DMS 整合了大量计算机系统的简单应用，采用电网可视化的交互式图形用户界面，后来大型关系数据库的使用使更加复杂的配电系统和大量数据得以管理。但是随着越来越多的设备加入，管理信息转换和维持 DMS 成为一个挑战。标准化模型如公用信息模型（CIM）的发展是为了辅助信息管理，对于智能电网的未来，DMS 将使用更高性能的 ICT 硬件，更加智能化，并且采用分散方式部署。

DMS 包括一些建模和分析工具的应用程序及与数据源和外部系统接口，如图 7.1 所示。建模和分析工具是一系列支持一种或多种应用程序的软件。

7.2　数据源与相关外部系统

如图 7.1 所示，DMS 包括以下应用程序：

1）系统监测、运行和断电管理。电网日常运行的可靠程序是为了达到维持供应连续性的目的。

2）为帮助管理资产效用如库存管理、结构、工厂设备记录和绘图等，包括自动绘图系统、设备管理系统和地理信息系统。

3）与电网扩展的设计和规划相关。这些应用程序用来进行系统运行的审计以决定短期解决方案和优化扩展设计，从而以最小成本获得系统巩固。

所有这些应用程序都需要建模和分析工具，其中电网参数、用户信息和电网状态参数作为输入。

7.2.1　SCADA 系统

SCADA（数据采集与监控）系统为建模和分析工具提供实时系统信息，因此 SCADA 系统数据库的数据完整性和可扩展性非常关键。数据完整性应独立于其他 DMS 应用程序和新功能之外，并且能与 SCADA 系统在不影响现有设备的前提下易于整合。

SCADA 系统有以下属性：

1）数据采集：描述系统运行状态的信息由远程终端单元（RTU）自动采集，包括开关设备状态和警报以及电压和电流的测量值，这些信息近实时地传送给控制中心。

2）监测、事件处理和警报；SCADA 系统的一个重要功能是比较测量数据与正常值和阈值，例如监测设备（变压器和反馈电路）过载、电压是否越限等。它也探测开关设备的状态改变和保护继电器的操作，当开关状态改变或电流值超

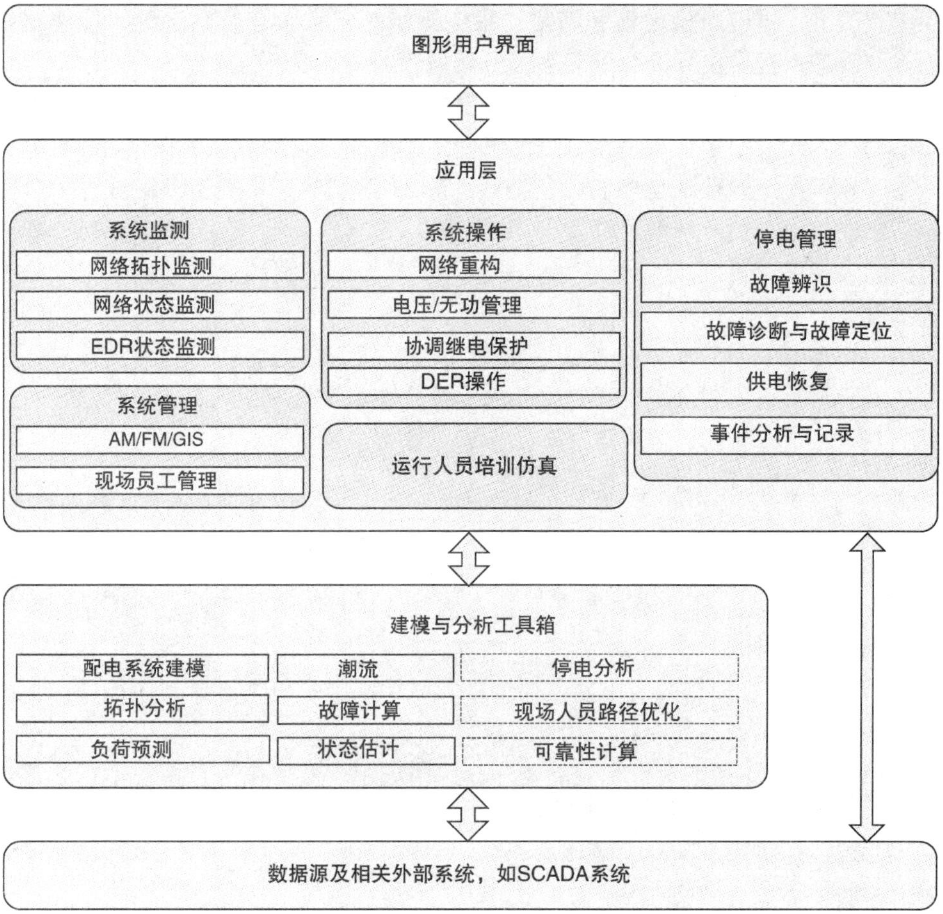

图 7.1　配电管理系统架构及主要组成

注：AM：自动映射；FM：设备管理；GIS：地理信息系统

过阈值时则生成事件，所有由检测功能生成的事件由事件处理功能来处理，通过这项功能将事件分类并通过人机接口（HMI）将信息传送到系统操作员。最严重的事件将作为警报被发送至操作员，可采用闪光或声音信号。

3）控制：通过 SCADA 系统完成的控制功能可手动或自动初始化，手动初始化控制可对特定设备直接控制（例如，断路器或分接开关）。一些由控制室操作员进行的手动功能，继而跟随本地控制逻辑以确保设备的操作是以特定的序列或在特定阈值内。控制自动启动是由事件或设定时间来触发的。

4）数据存储、事件日志和报告：实时测量存储在 SCADA 系统的实时数据库中，由于数据更新时新数据替代原有值，时间标记数据定时存储在历史数据库中，如每隔 5min 或 1h，以便将来使用。

为了正确分析系统扰动，精确的时间标志的事件日志非常重要。一些设备如 RTU 能够以毫秒精度记录事件同时将时间标记信息传送至 SCADA 系统，由时间标记信息确定的事件序列对系统运营商分析事件以确定故障原因非常有价值。

7.2.2 CIS

用户信息系统（CIS）维持用户的姓名、地址和网络连接等。典型的 CIS 设备和相关工具如图 7.2 所示。

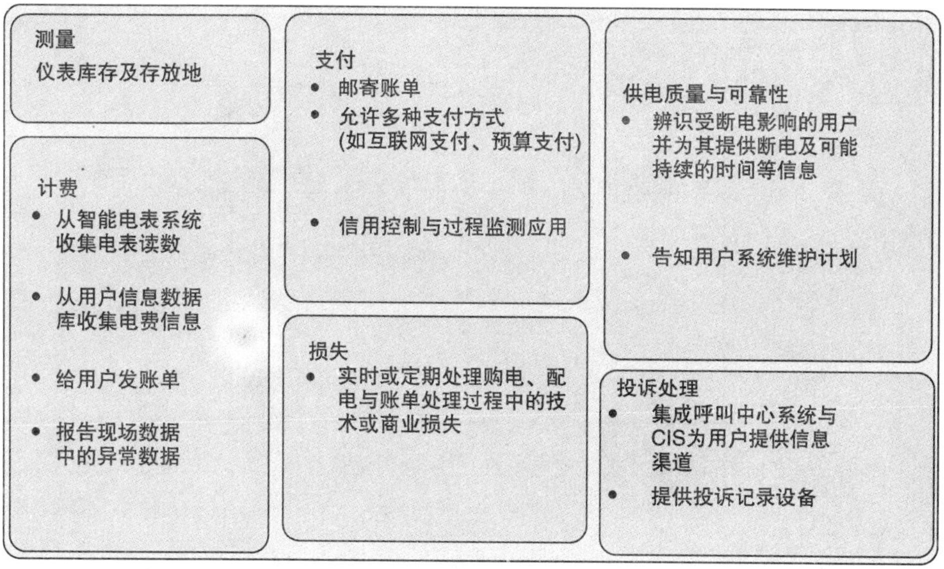

图 7.2 典型的 CIS 的应用

7.3 建模与分析工具

7.3.1 配电系统建模

图 7.3 所示为典型配电系统，包括许多中低压馈线，可呈放射状运转。每一个中低压变压器由断路器或熔断器保护。

7.3.1.1 平衡三相配电系统的单相模型

配电线路

配电线路（架空线或地下电缆）可建模为一组含有并联容抗的串联阻抗，串联阻抗由电阻 R 和感抗（X_L）组成。并联容抗（X_C）是配电线路的固有电容，X_C 在低压配电负载的潮流计算（电路小于 20kV）和配电网故障计算中常被忽略。图 7.4 显示了配电线路的二端口单相 π 模型。

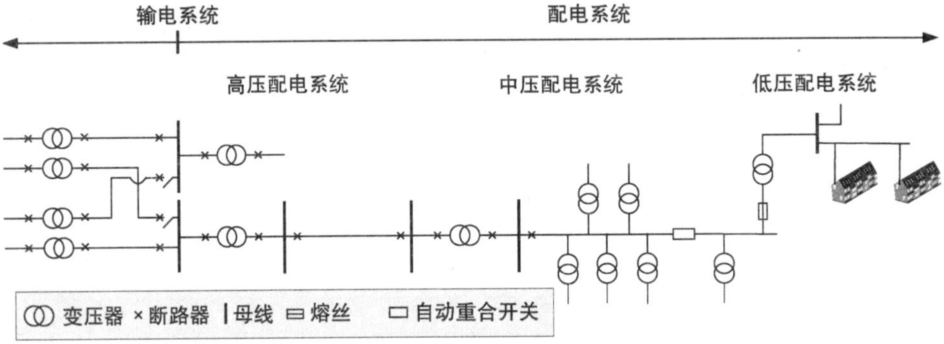

图 7.3　配电网

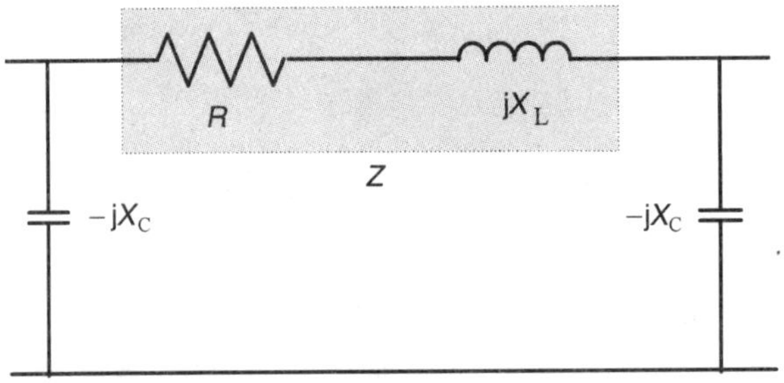

图 7.4　两端口单相 π 模型配电电路（注：j 为复数符号，二次方等于 -1）

变压器

变压器的基本概念在标准教科书中给出[1,2]。许多配电变压器都配有开关线圈，通过改变匝数比对系统电压进行控制。配电变压器中，分接开关有两种常见类型：断路分接开关（用在 11kV/0.4kV 变压器中，英国）和 OLTC（用在 33kV/11kV 变压器中），正如名字所暗示的，短路分接开关要求变压器在抽头改变状态之前断电，同时，负载电流流经变压器时 OLTC 工作。变压器安装后，短路抽头仅设定一次，然而 OLTC 随着一天之内的电压变化来控制系统电压。

如图 7.5 所示的变压器等效电路广泛用来代表两个绕组变压器。在这个模型里，n 为匝数比，Z_T 为变压器阻抗表示绕组电阻和漏电阻，下标 p 和 s 表示一次和二次绕组电压值，励磁电阻和电磁损耗常被忽略。

如果一次和二次侧基准电压与匝数比有关，那么在没有理想变压器时，变压器的等效电路的每个单元㊀都可以表示出来[1,2]。但是如果基于实际匝数比或分接开关需建立模型时，不能选用基准值，那么可采用图 7.6 所示的等效电路。此模型中，Y_T 为变压器的导纳，等效于 $1/Z_T$。

㊀ 标幺化体系是电气工程师们为规范系统标量和简化计算采用的计量方法。

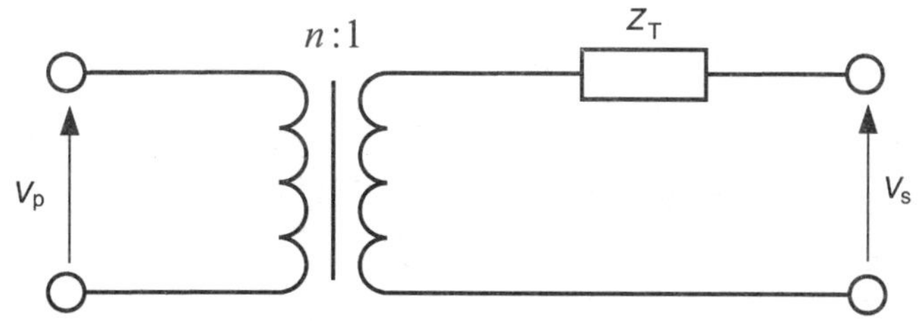

图7.5 变压器等效电路

电容器与电抗器

电压或无功功率控制中可采用并联电容，串联电阻可用来减少故障电流。电容和电阻可以利用其每相电抗建模。复杂电抗器值的符号取决于元器件类型（电阻取正，电容取负）。

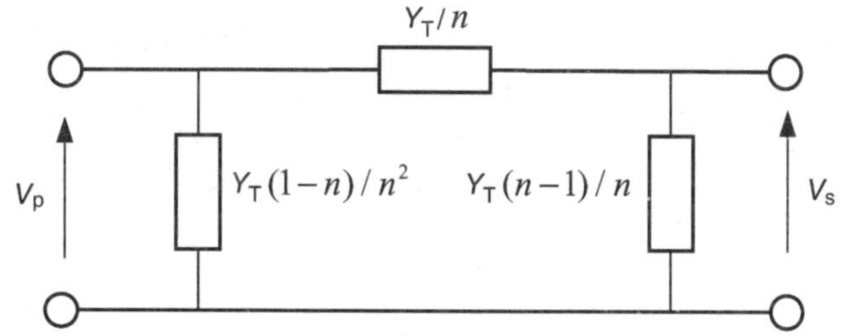

图7.6 π模型变压器等效电路

负载

大多数负载是电压独立的，可由指数模型表示：

$$
\begin{aligned}
P_{\mathrm{Li}} &= P_{\mathrm{Li\_0}} V_{\mathrm{i}}^{p} \\
Q_{\mathrm{Li}} &= Q_{\mathrm{Li\_0}} V_{\mathrm{i}}^{q}
\end{aligned}
\tag{7.1}
$$

式中，P_{Li}和Q_{Li}分别为当母线i节点电压为V_{i}时母线i处的有功和无功功率；$P_{\mathrm{Li_0}}$和$Q_{\mathrm{Li_0}}$分别为当母线i节点电压为1pu时母线i处的有功和无功功率；当模型表示恒功率负载时，指数p和q为0，当负载为恒电流负载时为1，当负载为恒电阻负载时为2。

对复合负载而言，p和q取决于负载元件的累加特性。

配电网的稳态分析中，负载通常以等效复杂吸能器形式建模。

分布式发电机

在传统分布式负载潮流分析中有两种类型的节点：V-θ节点和P-Q节点。位于变电站内的反馈器终端通常建模为V-θ节点，其他所有节点都建模为P-Q节点，当配电网含有超过一个反馈器终端时，定义强节点为松弛节点（通常为一个节点，指定恒定幅值和角度的电压）。

分布式发电（Distributed Generation，DG）直接或通过电力电子变换器与配电网相连，目前有4种DG电网耦合技术广泛应用：直连同步发电机、直连异步发电机、双馈异步发电机和全功率变换器[3]。尽管一些小型单元将自身控制系统设定为 P－Q 节点模式运行，不过大型同步发电机和电压控制功率变换器一般建立 P－Q 节点模型，异步发电机可建立 P－Q 节点模型。在大多数稳态研究中，建立简单节点即可，但是动态研究一般需要更详细的机械模型。

LV 和 MV 电网

LV 和 MV 电网可以利用图论建立模型。如果存在物理连接，则元器件模型的终端节点连在一起。如果支路终端节点中的一个与空挡位置相连，则将其定义为并联分支。所有不接地终端节点的支路叫做串联分支。每个支路都有相关参数，如开启/闭合状态或阻抗，以图表为基础可进行综合分析。

7.3.1.2 非平衡三相配电系统的三相模型

目前讨论的模型为三相系统中的单相表现，其中所有发电设备和负载在整个阶段都是平衡的。如果系统不平衡或连接大量单相 DG 或负载，需要建立三相系统更为详细的模型。图 7.7 给出了配电线路详细的三相模型的实例。

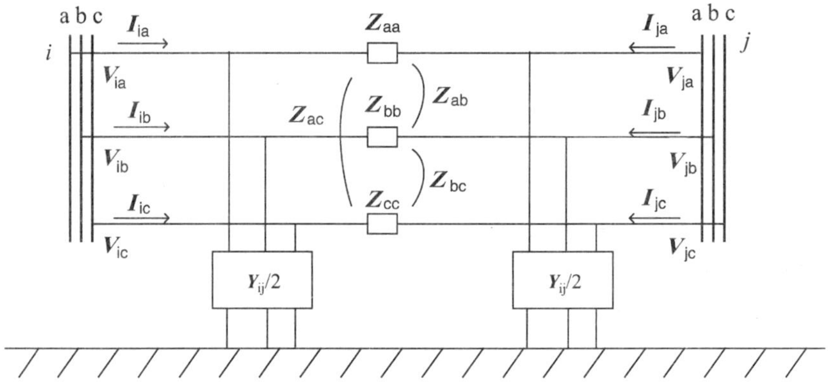

图 7.7 配电网的三相模型

总线阻抗矩阵如式（7.2）所示，配电线路的并联导纳矩阵如式（7.3）所示：

$$
\boldsymbol{Z}_{ij}=\begin{bmatrix}\boldsymbol{Z}_{aa} & \boldsymbol{Z}_{ab} & \boldsymbol{Z}_{ac}\\ \boldsymbol{Z}_{ba} & \boldsymbol{Z}_{bb} & \boldsymbol{Z}_{bc}\\ \boldsymbol{Z}_{ca} & \boldsymbol{Z}_{cb} & \boldsymbol{Z}_{cc}\end{bmatrix} \tag{7.2}
$$

$$
\boldsymbol{Y}_{ij}/2=\frac{1}{2}\times\begin{bmatrix}\boldsymbol{Y}_{aa} & \boldsymbol{Y}_{ab} & \boldsymbol{Y}_{ac}\\ \boldsymbol{Y}_{ba} & \boldsymbol{Y}_{bb} & \boldsymbol{Y}_{bc}\\ \boldsymbol{Y}_{ca} & \boldsymbol{Y}_{cb} & \boldsymbol{Y}_{cc}\end{bmatrix} \tag{7.3}
$$

分布式系统设备的详细三相模型比单相模型更复杂，例如三相变压器模型不仅考虑绕组电阻和漏电阻，还要考虑三相电路连接方法。不同的绕组分布会得出不同的变压器导纳矩阵。

三相配电模型的更多细节见文献［4］。

7.3.1.3　智能电网的新趋势

目前配电系统模型参数可由制造商数据、历史信息或现场测试得出。随着终端状态的变化，例如，环境温度或设备老化等，都会导致参数随时间改变从而引起电网模型误差，最终造成系统运转可靠性降低。

智能电网的 ICT 设备通过统计系统辨识技术的应用使得更精确的系统建模成为可能。广泛用于控制工程中的系统辨识，可用来建立基于 ICT 系统测量所得的大量数据的配电系统的数学模型。更精确、连续更新的模型可以利用 DMS 设备来获取。

7.3.2　拓扑分析

电力配电网包括各种设备，它们必须为电力系统分析建立简洁、精确的模型，物理电厂模型和电力系统分析模型之间的映射由拓扑分析工具来完成。拓扑分析工具会引起电网损耗，它降低了反馈到其他模型和分析工具的数据量，不过允许运营商对结果提供更简单的说明。以变电站为例，它包含母线的 6 个部分，它们通过几个打开或关闭的开关连接，变电站可用一个代表性的单独的电力节点来进行电力系统分析。拓扑分析工具可以区分电力系统的带电部分和不带电部分，并且可辨识电分离“岛”。

图 7.8a 所示为配电网的单线图，它用 54 根母线表示实体工厂模型。图 7.8b 所示用 13 个拓扑工具中的节点来提供等效电力系统分析模型。从图 7.8a 中被包围部分可以看出，许多断路器/开关/熔丝和母线部分用单独节点（A）表示，电力系统分析工具中的节点（A）如图 7.8b 所示。

拓扑分析中常用的图表搜索算法为深度优先法和广度优先法[5]。深度优先从根开始搜索，并尽可能沿每个分支回溯前的方向探索。广度搜索始于根节点，探索所有邻域节点以及与这些节点距离最近的点，将邻域不断扩展直到搜索到目标。

软件执行条件包括：

1）可靠：拓扑分析工具应可处理所有类型的电网拓扑，并且提供精确的电网模型。任何来自电网模型的错误都可能使电力系统处于不稳定状态。

2）高效：许多拓扑分析算法的时间复杂度是 O（$N^{㊀}$），（O 表示法㊁），其中 N 为节点数。对含有许多节点的配电网，拓扑分析需要时间稍长。但是，由于拓扑分析是其他 DMS 设备应用的输入，所以拓扑分析工具的性能在实时 DMS 中非常重要。

㊀ 母线仅仅是串联电路的零（或非常低）阻抗连接器。

㊁ 在计算机科学中，算法的时间复杂度将运行时间量化为函数输入的大小，并且通常使用“大 O 符号”表示。

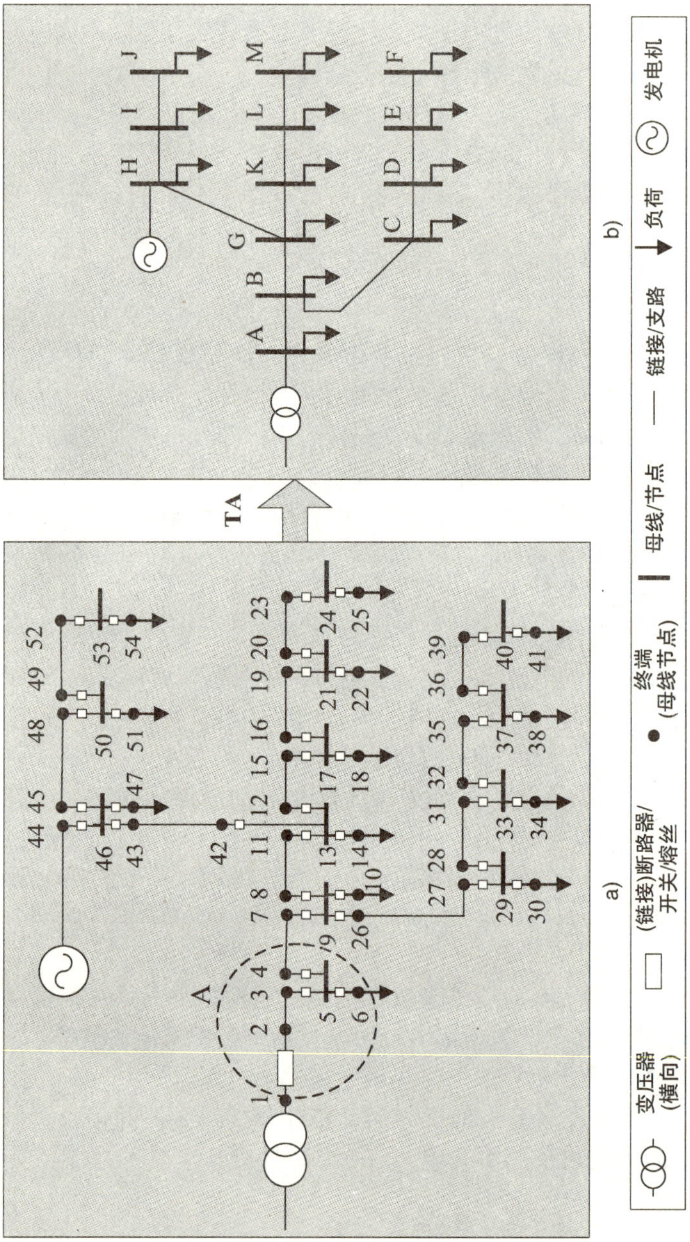

图 7.8 拓扑分析示例

表7.2给出了拓扑分析常用术语。

表7.2 拓扑分析常用术语

术语	描述
馈线	馈线表示来自上游未建模的电力输入。馈线在实际物理模型中连接一个节点。如果馈线状态是“开”，会得到一个带电的“孤岛”
发电机	发电机在实际物理模型中连接到母线上，如果发电机的状态是“开”，会得到一个带电的“孤岛”
链接	一个链接是两个汇流条之间的零阻抗连接，例如断路器、隔离器、短线缆。每条链接都有两个状态，开或关。一条开链接会在两个节点尽头汇集成一个
负载	负载在实际物理模型中连接在母线
节点	节点是拓扑分析的输出。它们代表一系列闭环连接的母线
孤岛	孤岛是拓扑分析的输出，代表了一系列由活支路连接的带电节点。电气化孤岛可以被识别，单独的潮流分析需要每个孤岛有独立的松弛节点
支路	支路具有非零阻抗，例如一个架空线路、一个电缆或一个变压器。一条支路状态是带电的，如果其状态为“开”并属于一个带电的孤岛的一部分；状态是“关”，如果属于一个失活的电网

7.3.3 负载预测

配电网中有大量负载，单个负载的能耗相对较少。因此，负载的全面实时测量非常昂贵，负载估算和预测应用在配电网运行和计划中。

负载预测可分为3个预测时间范围：短期负载预测，通常为1h~1周；中期负载预测，通常为1周~1年；长期预测，时间超过1年。基于预测范围，负载预测也可以分为两类：区域负载预测，可提供大范围地理区域的预测；母线负载预测，为电网控制功能提供节点负载信息。对大量DMS设备来说，短期负载预测是最有效的。

负载的变化在短期内，随着时间（如周一~周五，周末和假期）、天气（如温度和湿度）和能耗类型（如居民区、商业和工业）。短期负载预测中用到的不同方法包括：

1）回归分析：回归分析法广泛用在建立能源消耗和影响因素之间的相关性模型上，如时间和天气。预测值可表示为

$$F(t) = a + \sum_{i=0}^{N} b_i x_i(t) \tag{7.4}$$

式中，$F(t)$为t时刻预测负载值；$x_i(t)$为第i个影响因素；a、b_i为回归分析因数；N为相关影响因数。

2）时间序列：时间序列法假定负载数据有其内在规律，例如按天、周或季节变化，趋势，自相关等。时间序列法试图区分和探索以下规律：自回归平均移

动（Auto Regressive Moving Average，ARMA）、自回归整合平均移动（Auto Regressive Integrated Moving Average，ARIMA）、含外生变量的自回归平均移动（Auto Regressive Moving Average with exogenous variables，ARMAX）、含外生变量的自回归整合平均移动（Auto Regressive Integrated Moving Average with exogenous variables，ARIMAX），以上为常用的时间序列法。

3）相似日：此方法利用相似参数1天的负载历史数据进行预测，相似参数包括1周的1天、1月的1天、1年的1天和天气状况。在实际应用中，获取预测通过相似日的线性组合或回归来减小误差。

4）基于智能计算的方法：包括人工神经网络、工程知识基础、模糊逻辑系统和进化计算。

5）混合法：利用上述方法将其结合从而建立更有效的方法。

智能测量和家庭能源管理系统的发展将会带来能源消费者的行为改变，并引导更为动态的需求（例如负载对价格的影响更敏锐），负载也将更加不稳定，这也导致预测更加困难。

7.3.4 潮流分析

潮流分析为特定的电网状态提供电网的稳态解，包括电网拓扑和负载分级。潮流解给出节点电压和相角，因此在所有总线和潮流中的注入功率都经过电线、电缆和变压器，它是配电网分析、运行和计划的基本工具。

电力系统中，每个母线与4个品质因数有关：电压幅值（$|V|$）及其相角（θ）、实际注入功率（P）、注入无功功率（Q）。在潮流分析中，这些品质因数只有两个是指定的，其余两个是由潮流解获得的。由指定参数和待定参数共同决定了母线的分类，共分为3类，见表7.3。

表7.3 在潮流分析中节点类型

节点类型	已知量	待求量
松弛节点	$\|V\|$，θ	P，Q
PV节点	P，$\|V\|$	Q，θ
PQ节点	P，Q	$\|V\|$，θ

潮流可由一组非线性方程来求解，继而采用匹配数学方法如高斯-赛德尔（Gauss-Seidel）迭代法、牛顿-拉夫逊（Newton-Raphson）算法或快速分离法等都可以用来求解方程。古典高斯赛德尔迭代法、牛顿拉夫逊算法和快速分离法在许多教材中都有描述[1,2,3]。

尽管输电系统中的潮流计算不好理解，在运行状况不良好的配电网中，配电潮流分析遇到困难的原因有：

- 配电系统的电网结构为辐射或弱网状；
- 配电馈线中 X/R 低比例；
- 非平衡负载；
- 低阻抗短线段与高阻抗长馈线的混合；
- 分布式发电机连接。

因此，许多配电网中的潮流分析方法由传输潮流方法衍生出来。例如，改进的牛顿拉夫逊算法利用馈线末端和横向不匹配的特点来处理节点电压，并且可以加快算法的收敛性。改进牛顿拉夫逊算法利用总线阻抗矩阵来处理支路电流。

前推/回代法由辐射或弱网状配电网结构[6]来确定，系统横向进给母线应选择松弛节点，并采用以下步骤：

1）假设每一母线上初始节点电压幅值和相角（通常采用正常电压）。

2）计算时，从根部开始向上移动至馈线和横向末端：

$$\boldsymbol{I}_i^{(k)} = \left[\frac{S_i}{\boldsymbol{V}_i^{k-1}}\right]^* \tag{7.5}$$

3）从馈线和横向末端开始，向根部移动，计算：

$$\boldsymbol{V}_i^{k+1} = \boldsymbol{V}_j^k + \boldsymbol{Z}_{ij}\boldsymbol{I}_{ij}^k \tag{7.6}$$

式中，j 为与 i 母线毗邻的下游节点，两母线之间的连接通过阻抗为 $\boldsymbol{Z}_{ij}$的支路。

4）通过计算非匹配功率（或非匹配电压）来检验是否到达结束条件：

$$\Delta S_i^k = S_i - \boldsymbol{V}_i^k[\boldsymbol{I}_i^k]^* \leqslant \varepsilon \tag{7.7}$$

式中，ε 为给定阈值。

5）向前/向后步骤重复进行直到到达式（7.7）的终止条件。

弱网状电网可能被转换为辐射电网，通过中断低电流处的步骤，代替等效注入电流。

例 7.1

如图 7.9 所示的电网中，显示了向前/向后差分法的两步迭代。

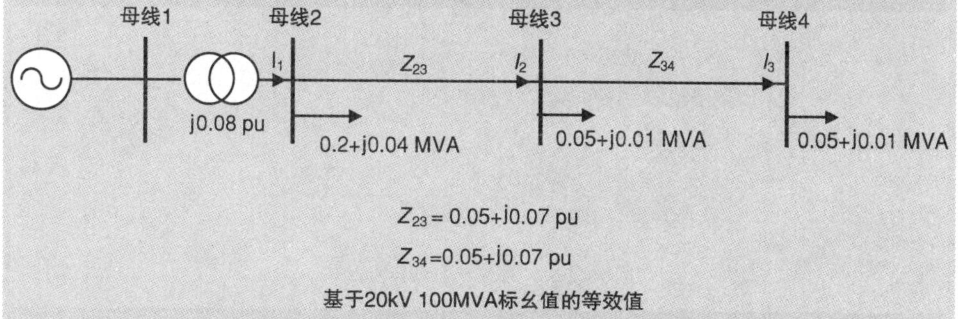

图 7.9　例 7.1 的图

解：

1）步骤1：假设所有母线电压都为1∠0°pu，即

$$V_1^{(1)}=V_2^{(1)}=V_3^{(1)}=V_4^{(1)}=1.0$$

2）步骤2：向前迭代。

经过母线1到2的电流：

$$I_1^{(1)}=\left[\frac{0.2+j0.04+0.05+j0.01+0.05+j0.01}{1}\right]^*=0.3-j0.06\text{pu}$$

经过母线2到3的电流：

$$I_2^{(1)}=\left[\frac{0.05+j0.01+0.05+j0.01}{1}\right]^*=0.1-j0.02\text{pu}$$

经过母线3到4的电流：

$$I_3^{(1)}=\left[\frac{0.05+j0.01}{1}\right]^*=0.05-j0.01\text{pu}$$

3）步骤3：向后差分。

母线3电压：
$$\begin{aligned}V_3^{(2)}&=V_4^{(1)}+(0.05+j0.07)\times I_3^{(1)}\\&=1.0+(0.05+j0.07)\times(0.05-j0.01)\\&=1+0.086\angle 54.4°\times 0.051\angle -11.3°\\&=1+0.004\angle 43.2°\\&=1.003+j0.003\end{aligned}$$

母线2电压：
$$\begin{aligned}V_2^{(2)}&=V_3^{(1)}+(0.05+j0.07)\times I_2^{(1)}\\&=1.0+(0.05+j0.07)\times(0.1-j0.02)\\&=1+0.086\angle 54.4°\times 0.102\angle -11.3°\\&=1+0.009\angle 43.2°\\&=1.006+j0.006\text{pu}\end{aligned}$$

母线1电压：
$$\begin{aligned}V_1^{(2)}&=V_2^{(1)}+j0.08\times I_1^{(1)}\\&=1.0+j0.08\times(0.3-j0.06)\\&=1.005+j0.024\text{pu}\end{aligned}$$

4）步骤4：得到的新电压值进行向后差分。

经过母线1到2的电流：

$$\begin{aligned}I_1^{(1)}&=\left[\frac{0.2+j0.04+0.05+j0.01+0.05+j0.01}{1.005+j0.024}\right]^*\text{pu}\\&=\frac{0.3-j0.06}{1.005-j0.024}=0.3043\angle -9.94°\\&=0.2997-j0.0525\text{pu}\end{aligned}$$

经过母线2到3的电流：

$$I_2^{(1)} = \left[\frac{0.05 + j0.01 + 0.05 + j0.01}{1.006 + j0.006\text{pu}}\right]^* \text{pu}$$

$$= \frac{0.1 - j0.02}{1.006 - j0.006\text{pu}} = 0.1014\angle -10.97°$$

$$= 0.0995 - j0.0193\text{pu}$$

经过母线 3 到 4 的电流：

$$I_3^{(1)} = \left[\frac{0.05 + j0.01}{1.003 + j0.003}\right]^* \text{pu}$$

$$= \frac{0.05 - j0.01}{1.003 - j0.003} = 0.0508\angle -11.14$$

$$= 0.0498 - j0.0098\text{pu}$$

5）步骤 5：利用新电流值进行向后差分。

母线 3 电压：

$$= 1 + 0.086\angle 54.4° \times 0.0508\angle -11.14°$$

$$= 1 + 0.0044\angle 43.26°$$

$$= 1.0032 + j0.003$$

母线 2 电压：

$$V_2^{(2)} = V_3^{(1)} + (0.05 + j0.07) \times I_2^{(1)}$$

$$= 1 + 0.086\angle 54.4° \times 0.1014\angle -10.97°$$

$$= 1 + 0.0087\angle 43.43°$$

$$= 1.0063 + j0.006\text{pu}$$

母线 1 电压：

$$V_1^{(2)} = V_2^{(1)} + j0.08 \times I_1^{(1)}$$

$$= 1.0 + j0.08 \times (0.2997 - j0.0525)$$

$$= 1.0042 + j0.024\text{pu}$$

7.3.5 故障计算

配电网的设计要保障安全性与常态与非常态下维持无故障的时间，这些系统的规模、成本有效性和安全性（特别是在城市）很大程度上取决于能否控制短路电流。随着电力负荷的日益增加和分布式发电机额定值的存在，短路电流计算的重要性也不断提高。精确故障计算式选择合理规模电气设备、设定保护装置和确保稳定性的前提。两类短路故障为：对称（平衡）故障和非对称（不平衡）故障。

故障期间，电流从电网通向地面或进入电网中其他相位。为了计算这部分电流，需要建立故障系统模型。

7.3.5.1 对称故障计算

对称故障以相同方式对三相电路产生影响，系统的对称性可以保持。可以使用三相系统的单相表示，在正常运行条件下和潮流计算中，线路、电缆变压器的模型是相同的。发电机可建模为暂态阻抗之后的一个恒定电压，所有参数表示为常用的标幺量，在简单的故障计算中，所有发电机的电压取为 $1\angle 0°$pu，所有并联信号源可由戴维南等效值代替，如图 7.10 所示。

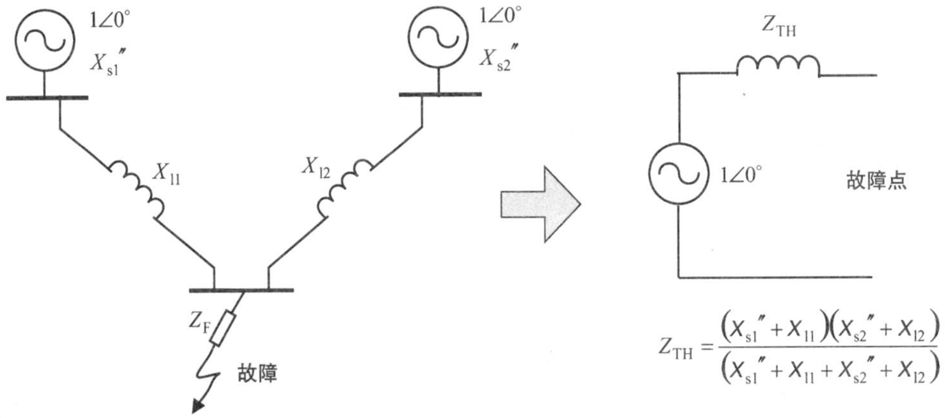

图 7.10　对称故障的电网模型

故障电流可由下式计算：

$$I_F = \frac{Z_{TH}}{Z_{TH} + Z_F} = \frac{cV_n}{Z_{TH} + Z_F} \tag{7.8}$$

式中，Z_F 为故障阻抗；Z_{TH}为戴维南等效阻抗；$V_n = 1\angle 0°$为故障位置正常电压；c 为电压因数（IEC 60909 定义），用来匹配最大和最小故障电流情况下等效电压源的电压。

另一种确定故障前电压的方法是利用负荷潮流。

当出现固态故障时（$Z_F = 0$），最大故障电流结果对断路器型号选择和稳定性研究非常重要。当 $Z_F \neq 0$ 时，故障电流减小，保护电流的设计应考虑最小故障电流的情况。IEC 60909 为解决对称故障计算提供了权威指南。

例 7.2

如图 7.11 所示的电网中，给定所有阻抗为 100MVA 时，绘制电网图。三相短路故障 C 处，以 pu 和 A 为单位计算故障电流。所有故障前电压为 1.0pu，忽略系统负载影响。

解：

给定基础阻抗为

$$Z_B = \frac{V_B^2}{S_B} = \frac{(11)^2}{100} = 1.21(\Omega)$$

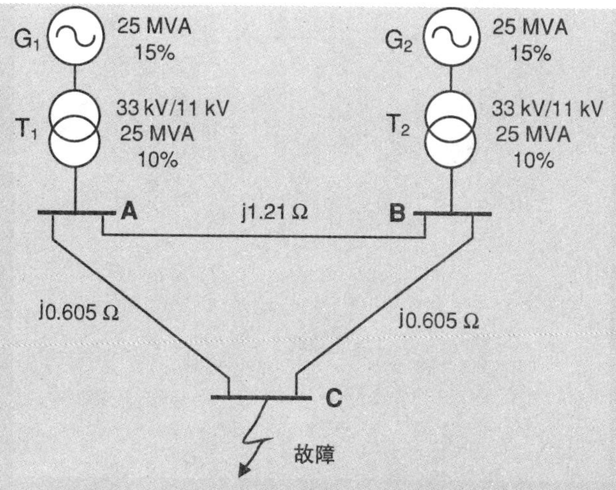

图 7.11　例 7.2 的图

标幺值等效电路如图 7.12 所示。

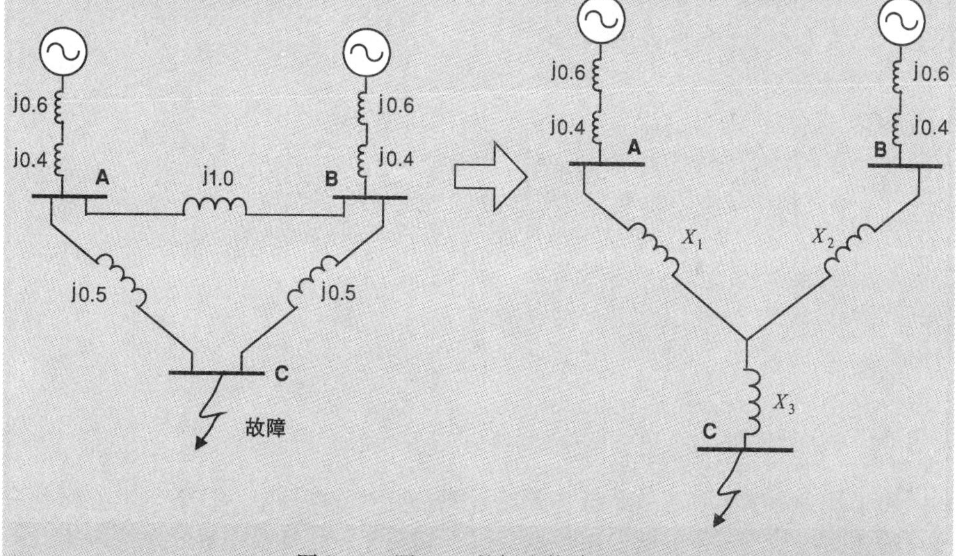

图 7.12　图 7.11 的标幺值等效电路

为了获得戴维南等效值，需要将 ABC 三角形循环转换为等效星形电路[2]，如图 7.12 所示。则

$$X_1 = \mathrm{j}\frac{0.5 \times 1}{2} = \mathrm{j}0.25$$

$$X_2 = \mathrm{j}\frac{0.5 \times 1}{2} = \mathrm{j}0.25$$

$$X_3 = \mathrm{j}\frac{0.5\times0.5}{2} = \mathrm{j}0.125$$

因此

$$Z_{\mathrm{TH}} = \frac{\mathrm{j}0.6+\mathrm{j}0.4+\mathrm{j}0.25}{2}+\mathrm{j}0.125$$

$$= \mathrm{j}0.75\mathrm{pu}$$

故障电流标幺值 $I_{\mathrm{F}} = \dfrac{V_{\mathrm{TH}}}{|Z_{\mathrm{TH}}|} = \dfrac{1.0}{0.75} = 1.33\mathrm{pu}$

$$I_{\mathrm{B}} = \frac{S_{\mathrm{B}}}{\sqrt{3}V_{\mathrm{B}}} = \frac{100\times10^6}{\sqrt{3}\times11\times10^3} = 5248.6\ (\mathrm{A})$$

A 处故障电流 $I_{\mathrm{F}} = 1.33\times5248.6 = 6980.7\ (\mathrm{A})$

7.3.5.2 非对称短路故障计算

非对称短路故障包括相间短路、相间接地、单相接地等（最常见的故障在架空线路中）。对称元件[1-3]用来进行故障电流的计算，这里每条电路中的电流取决于 3 类对称元件电流的叠加：正序电流 $\boldsymbol{I}_{(1)}$、负序电流 $\boldsymbol{I}_{(2)}$ 和零序电流 $\boldsymbol{I}_{(0)}$。因此，电流 $\boldsymbol{I}_{\mathrm{A}}$、$\boldsymbol{I}_{\mathrm{B}}$、$\boldsymbol{I}_{\mathrm{C}}$可表示为

$$\boldsymbol{I}_{\mathrm{A}} = \boldsymbol{I}_{(1)} + \boldsymbol{I}_{(2)} + \boldsymbol{I}_{(0)} \tag{7.9}$$

$$\boldsymbol{I}_{\mathrm{B}} = \boldsymbol{a}^2\boldsymbol{I}_{(1)} + \boldsymbol{a}\boldsymbol{I}_{(2)} + \boldsymbol{I}_{(0)} \tag{7.10}$$

$$\boldsymbol{I}_{\mathrm{C}} = \boldsymbol{a}\boldsymbol{I}_{(1)} + \boldsymbol{a}^2\boldsymbol{I}_{(2)} + \boldsymbol{I}_{(0)} \tag{7.11}$$

式中，$\boldsymbol{a}$ 为操作算子，定义为

$$\boldsymbol{a} = -\frac{1}{2}+\mathrm{j}\frac{\sqrt{3}}{2}$$

$$\boldsymbol{a}^2 = -\frac{1}{2}-\mathrm{j}\frac{\sqrt{3}}{2}$$

7.3.6 状态估计

由于缺少传感器和通信系统，配电系统的实时监控局限性很大，因此配电系统可描述为根据已确定的数目不足测量以观测系统，一旦整个系统是可观的，系统中任何参数都是可以计算的。系统的能观性和能控性在数学上是可以相互转换的，因此人们无法完全控制一个不可观测的系统。分布式能源的电网接入（包括分布式发电机、电动汽车、热泵和能控负载）在高渗透力上有明显的不确定性，可能导致电网的操作困难。因此，传送给电网运营商的精确的系统状态信息是它们安全、快速和高效操作系统的保障，同时也可以充分利用资产。

状态估计在测量和估算系统状态中用来清除错误[7]，状态估计技术广泛用在存在冗余测量的输电系统中（系统是超定的），对负定配电系统，大量来自负

载估计和负载预测的伪测量应用在配电状态估计的输入中。

现在，考虑如图 7.13 所示的双母线系统，得到的末端电压由下式给出：$\boldsymbol{V}_2=\boldsymbol{V}_1-\boldsymbol{I}_1(R+\mathrm{j}X)$。基于电网参数的真值，即 $\boldsymbol{V}_1=\boldsymbol{x}_1$ 和 $\boldsymbol{I}_1=\boldsymbol{x}_2$，母线 2 电压的真值为 $[\boldsymbol{x}_1-\boldsymbol{x}_2(R+\mathrm{j}X)]$。假设母线 2 的电压测量值为 z_2，如果在 z_2 处误差为 $\boldsymbol{e}_2$，那么母线 2 电压真值和母线 2 电压测量值的关系等式为

$$z_2=[\boldsymbol{x}_1-\boldsymbol{x}_2(R+\mathrm{j}X)]+\boldsymbol{e}_2 \tag{7.12}$$

用更普遍的形式来表示电网方程［式（7.12）］，可写作

$$\boldsymbol{z}=\boldsymbol{h}(\boldsymbol{x})+\boldsymbol{e} \tag{7.13}$$

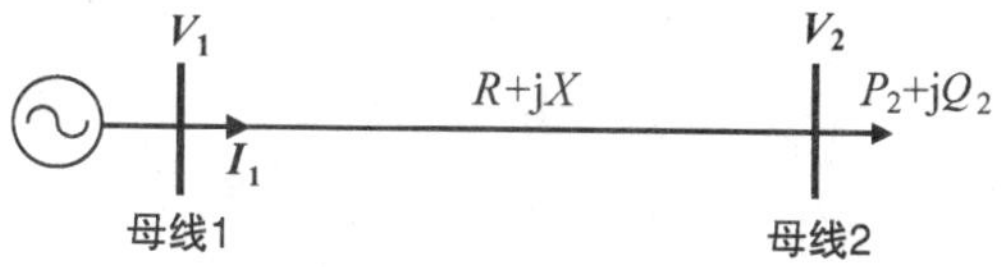

图 7.13　两母线系统

式中，$\boldsymbol{z}$ 为测量矩阵；$\boldsymbol{h}$ 为电路方程的测量函数；$\boldsymbol{x}$ 为状态变量矩阵；$\boldsymbol{e}$ 为测量误差矩阵。

$\boldsymbol{x}$ 的真值虽不能确定，但可以估计，假设 $\boldsymbol{x}$ 的估计值是 $\hat{\boldsymbol{x}}$，测量误差的估计值为 $\boldsymbol{r}$（通常叫做测量残差），则式（7.13）可写作

$$\boldsymbol{z}=\boldsymbol{h}(\hat{\boldsymbol{x}})+\boldsymbol{r} \tag{7.14}$$

状态估计（确定 $\hat{\boldsymbol{x}}$）可看作优化问题，其优化目标是找测量残差的最小值，通过测量残差的最小化函数来计算，$\rho(r_i)$ 将在 7.3.6.1 节和 7.3.6.2 节中叙述。为了使用更高精度的电能表来测量，引入测量残差 r_i 的测量权重，其数学表达为

$$\min \sum_{i=1}^{m} w_i\rho(r_i) \tag{7.15}$$

式中，m 为测量数；w_i 为权重系数。

状态估计中常用的方法包括加权最小二乘（Weighted Least Square，WLS）法、加权绝对值最小二乘（Weighted Least Absolute Square，WLAS）法和鲁棒状态估计[7]。

7.3.6.1　WLS 估计值

对一个 WLS 估计值来说，式（7.15）中的 $\rho(r_i)$ 可定义为

$$\rho(r_i)=(z_i-h_i(x))^2 \tag{7.16}$$

因此式（7.15）可作为最小化问题，其目标函数 $F(\boldsymbol{x})$ 为

$$\min F(\boldsymbol{x}) = \min \sum_{i=1}^{m} w_i(z_i-h_i(x))^2 = [\boldsymbol{z}-\boldsymbol{h}(\boldsymbol{x})]^{\mathrm{T}}\boldsymbol{W}[\boldsymbol{z}-\boldsymbol{h}(\boldsymbol{x})] \tag{7.17}$$

式（7.17）的解提供了估计状态 $\hat{\boldsymbol{x}}$，它必须满足式（7.18）中的优化条件：

$$\frac{\partial F(\boldsymbol{x})}{\partial \boldsymbol{x}}=\boldsymbol{H}^{\mathrm{T}}(\hat{\boldsymbol{x}})\boldsymbol{W}[\boldsymbol{z}-\boldsymbol{h}(\boldsymbol{x})]=0 \tag{7.18}$$

式中，$\boldsymbol{H}$ 为测量函数 $\boldsymbol{h}(\boldsymbol{x})$ 的雅各比矩阵。

通常解的获取是通过线性化函数 $\boldsymbol{h}(\boldsymbol{x})$ 在 $\boldsymbol{x}^k$ 处的迭代。迭代采用的系统状态初值 $\boldsymbol{x}^0$ 作为起始点，每次迭代 k，线性方程如式（7.19）所示。这被称为 WLS 问题的常态方程，通过计算 $\Delta\boldsymbol{x}^k$ 来求解：

$$\boldsymbol{G}(\boldsymbol{x}^k)\Delta\boldsymbol{x}^k=\boldsymbol{H}^{\mathrm{T}}(\boldsymbol{x}^k)\boldsymbol{W}[\boldsymbol{z}-\boldsymbol{h}(\boldsymbol{x}^k)] \tag{7.19}$$

式中，$\boldsymbol{G}(\boldsymbol{x})$ 矩阵定义为

$$G(x)=H^{\mathrm{T}}(x)WH(x) \tag{7.20}$$

系统状态的更新利用式（7.21），直到 $\Delta\boldsymbol{x}$ 小于阈值：

$$\boldsymbol{x}^{k+1}=\boldsymbol{x}^k+\Delta\boldsymbol{x}^k \tag{7.21}$$

7.3.6.2 WLAV 估计器

WLAV 估计器是电力系统状态估计的备选方法。WLAV 估计器中，式（7.15）中 $\rho(r_i)$ 定义为

$$\rho(r_i)=|z_i-h_i(x)| \tag{7.22}$$

单纯形法和内点法也可以用来求解式（7.15）和式（7.22）。

7.3.6.3 鲁棒状态估计器

因为许多伪测量必须用来使配电系统能观，配电状态估计器应该足够稳定，可以预防误差和伪测量产生的错误数据。

传统的 WLS 估计器中，错误数据被检测、识别并移除，通过处理测量残留的系统状态估计，如最大归一化残差检验用来检测和识别错误数据。如果归一化残差高于给出的检测阈值，测量值会被认为受到错误数据的影响，阈值的定义是基于期望的精度等级。此外，假设检验识别技术用在错误数据识别中可以克服最大归一化残差检验法的缺点。

测量配置（类型、定位、测量精度）对估计结果精度也有很大影响，在很多测量中，残差（$\boldsymbol{r}$）可能不会影响误差（$\boldsymbol{e}$），所以在这类测量中错误数据将不能通过测量残差（这类测量称为杠杆测量）来检测和识别。鲁棒状态估计技术用来减少来自测量误差和测量配置的影响，$\rho(r_i)$ 的良好设计可提供所需的鲁棒特性，如在迭代 WLS 估计法中，测量值每次迭代都会更新一次。

例 7.3

图 7.14 所示的简单电路中，状态变量 x 表示电路电流 I，测量所得 $I=1.02\mathrm{A}$、$U=9.99\mathrm{V}$、$P=9.95\mathrm{W}$。计算 I、U 和 P 的估计值和残差。

1）利用最小二乘法估值（WLS 估计法中取 $w_i=1$，对于所有 i）。

2）利用 WLS 估计法，假设测量误差为 I：0.05A、U：0.02V、P：0.1W。

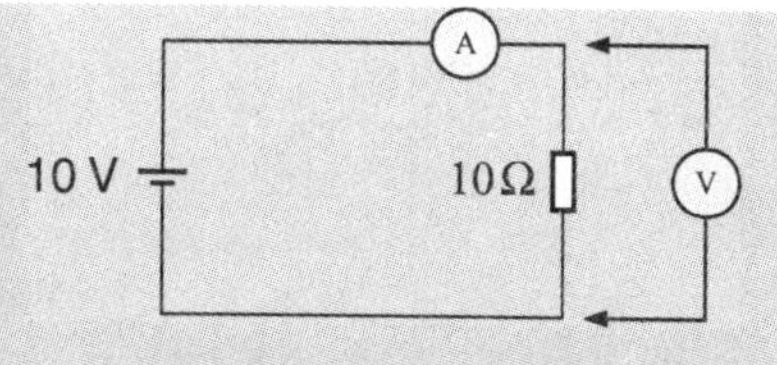

图 7.14　例 7.3 的图

解：

1）假设电路中的电流真值为 x，电流、电压和功率的测量值为 z_I、z_U 和 z_P，测量值与真值之间的关系与 $V=IR$ 和 $P=I^2R$ 有关，同时还有关联误差（e_I、e_U 和 e_P）：

$$z_I = x + e_I$$

$$z_U = 10x + e_U$$

$$z_P = 10x^2 + e_P$$

对于式（7.17），目标函数可定义为

$$\min F(\boldsymbol{x}) = (1.02 - x)^2 + (9.99 - 10x)^2 + (9.95 - 10x^2)^2$$

$$\frac{\partial F(x)}{\partial x} = -2 \times (1.02 - x) - 20 \times (9.99 - 10x) - 40x \times (9.95 - 10x^2)$$

令 $\frac{\partial F(x)}{\partial x} = 0$：

$$200x^3 - 98x - 100.92 = 0$$

$$\therefore x = 0.9978$$

估计值为

$$I = x = 0.9978\text{A}$$

$$U = 10x = 9.978\text{V}$$

$$P = 10x^2 = 9.956\text{W}$$

残差为：

$$r_I = 1.02 - 0.9978 = 0.0222\ (\text{A})$$

$$r_U = 9.99 - 9.978 = 0.012\ (\text{V})$$

$$r_P = 9.95 - 9.956 = -0.006\ (\text{W})$$

2）测量误差为 I：0.05A，U：0.02V，P：0.1W。则相关权重系数可选为

$$I:\ 1/0.05^2 = 400$$

$$U:\ 1/0.02^2 = 2500$$

$$P:\ 1/0.1^2 = 100$$

定义目标函数为

$$\min F(\boldsymbol{x}) = \min \sum_{i=1}^{m} w_i\,(z_i - h_i(x))^2$$

$$= 400 \times (1.02 - x)^2 + 2500 \times (9.99 - 10x)^2 + 100 \times (9.95 - 10x^2)^2$$

令 $\frac{\partial F(x)}{\partial x} = 0$：

$$\frac{\partial F(x)}{\partial x}=-800\times(1.02-x)-50000\times(9.99-10x)-4000x\times(9.95-10x^2)=0$$

$$x^3+11.525x-12.5079=0$$

$$x=0.9988$$

估计值为

$$I=x=0.9988\text{A}$$

$$U=10x=9.988\text{V}$$

$$P=10x^2=9.976\text{W}$$

残差为

$$r_{\text{I}}=1.02-0.9988=0.0212(\text{A})$$

$$r_{\text{U}}=9.99-9.988=0.002(\text{V})$$

$$r_{\text{P}}=9.95-9.976=-0.026(\text{W})$$

7.3.7 其他分析工具

7.3.7.1 事故分析

事故分析广泛用于输电线系统管理中，但是随着智能配电网的发展，它也被扩展到配电系统中。在配电网中，这个工具利用 $N-K$ 权变分析（常用 $N-1$ 和 $N-2$），它可以实时通知电网运营商配电网的漏洞，主要用于配电网的运行计划中。在许多事故中（可能是故障），事故分析工具返回事故应急排名，同时也返回最佳补救措施。

此工具可定期运行、被事件触发（拓扑改变、负载状况改变、控制可行性）或在学习模式下运行。

智能电网配电事故分析中需要考虑的因素包括：分布式能源（DER）和微网的影响（见 7.4.2.4 节）。

7.3.7.2 现场最优路径

最优路径是现场维护人员用来监管的分析工具，配电网中的道路数据和地形条件存储在地理信息数据库，输电模型整合在这个工具中以表示输电速度和时间，它用来优化路径和计算线路输电时间。

7.4 应用分析

配电网运行和管理的自动化实现需要大量设备。

7.4.1 系统监控

配电网实时监控对系统运行有大量益处，例如它可以更好地掌握节点电压和电流负载状态信息，它也允许严重问题出现之前发送警报至系统运营商。图7.15所示为系统监控的信息流，在图7.15中，SCADA系统不仅完成系统监控功能，智能测量和现场维护也同时被整合，例如智能电表在其断电时，可发送“最后一步”信息。

系统监控将测量数据与它们的正常值或阈值相比，实时测量中任何不正常的改变都会产生一个事件来触发自动控制功能或通知DNO。实际中，死区通过滤波器后变为正常值，测量数据波动减小，如图7.16所示。

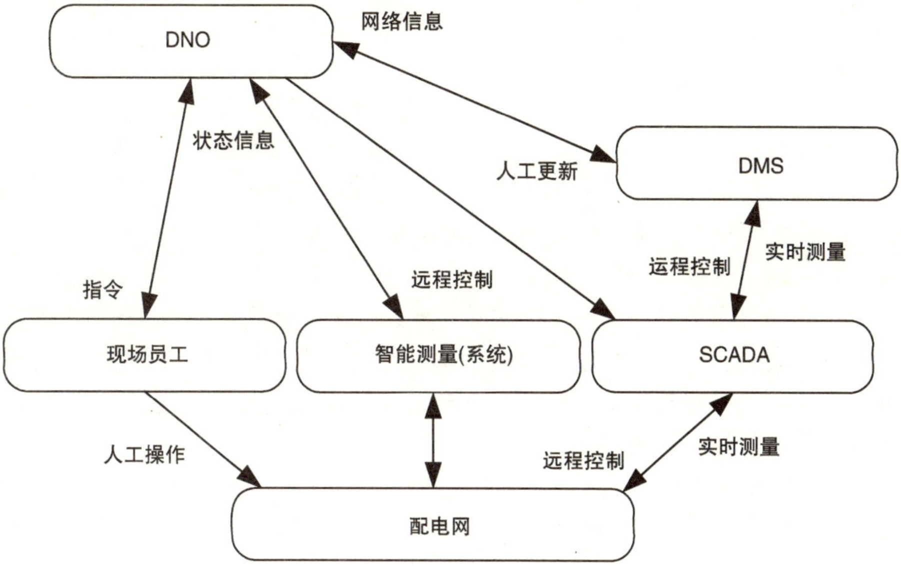

图7.15　监测系统的信息流

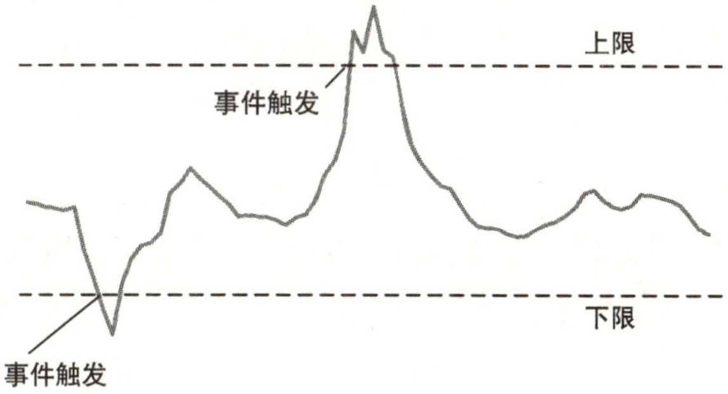

图7.16　监测系统的死区功能

7.4.2　系统运行

7.4.2.1　系统重构

配电网通常构建为网状结构，但是其常开触点以辐射方式运行。电网配置通过自动或手动改变开关状态而有所不同，电网重构的主要目标如下：

1）供给恢复：使用替代资源可以实现电力最佳恢复，这项应用是故障定位、隔离和恢复供电功能的一部分。

2）给定时间内有功功率损耗最小化或一段时间内能量损失最小化。

3）不同馈线或变压器之间的负载平衡和电压平衡。

用在电网重构的方法包括基于实践经验法、数学方法、基于计算智能方法（例如人工神经网络、遗传算法、模糊逻辑）和采用两种或两种以上方法结合的混合法。

7.4.2.2 电压/无功控制

电压/无功控制用来改善电压分布，同时使电网损耗最小化。这项应用可以建立多目标优化问题模型，电压/无功控制计算 OLTC 的电压控制最优设定点、电压调节器、DER、电力电子设备、电容状态和需求响应，它通过在不同时间跟随不同目标或者以加权方式同时考虑相互冲突的目标来优化系统操作。

7.4.2.3 继电保护重协调

这个应用程序根据预定的规则实时调整继电保护设置，当考虑实时电网连通性、DER 和微网协调和天气状况等时，通过继电保护设置和断路器操作模式来完成（即无论断路器处于单发态还是重合模式）。这个应用程序在反馈器重新配置或天气状况欠佳时被调用。

7.4.2.4 DER 操作

DER 操作集成到 DMS 对智能配电网的性能有很大影响，这项集成取决于 DER 和配电系统之间的接口，例如大型 DER 单元可能直接集成到配电系统中，或通过电力电子接口，许多 DER 单元通过微网[8]或小区连接。

与中央发电机相比，单个 DER 的连接和控制方式有明显的不同。配电网中 DER 在故障电流后可显著改变配套服务来源，因此 DER 操作需要集成到 DMS 中以确保系统可靠操作。

微网（见图 7.17）可定义为小型模块化分布式发电单元（原动机可能是光伏发电、燃料电池、微型燃气轮机或小型风机）、能量存储设备和可控负载组成的低电压电网。DMS 和微网中央控制器（MGCC）的集成可以通过设置 DMS 和微网之间通信链路来实现。

小区的概念包含了配电网的大部分区域，不同的小区可能位于不同的电压水平，这将在技术要求和 DER 控制上略有差别。与微网类似，DMS 和小区的集成可以通过设置 DMS 和小区控制器之间的链路来实现。

7.4.3 系统管理

自动映射（Automated Mapping，AM）、设备管理（Facilities Management，

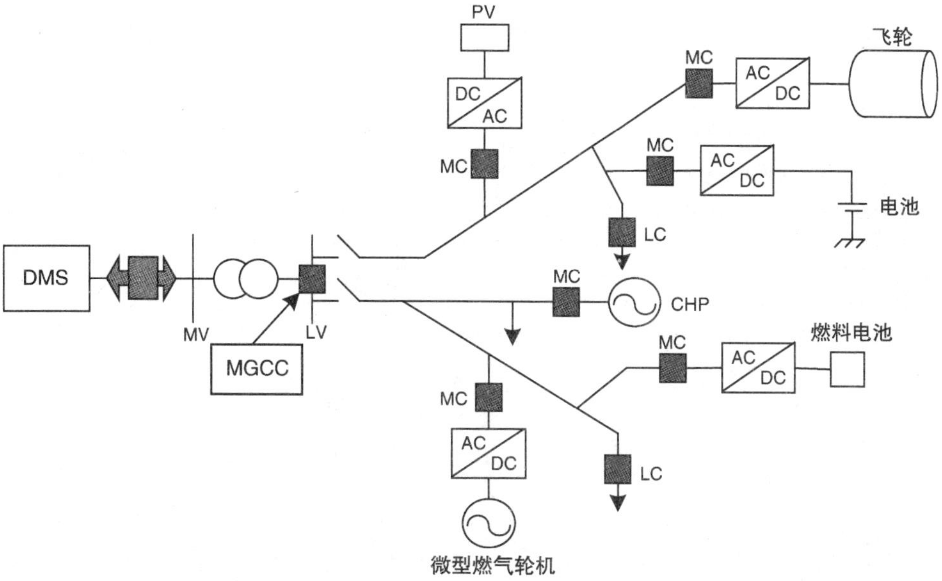

图 7.17 微网通过 MGCC 集成到 DMS

FM）和地理信息系统（Geographic Information System，GIS）功能作为一个集成的平台，它将公用基础设施的自动数字化地图链接到数据库。AM/FM/GIS 系统的两个主要元件是图形组件和数据库组件。

图形组件处理现实世界中的实体或几何形状表示的目标的不同类型的图形数据，数据库组件存储现实世界实体的属性数据，这需要作为数字化过程的一部分标明其特征或进行管理。关系型数据库通常用在实际应用程序中。

7.4.4 OMS

停电管理系统（OMS）是将故障呼叫中心和 DMS 工具相结合来识别、诊断和定位故障，进而将故障隔离并且恢复供给。它向用户提供反馈，计算中断统计指数，分析事件并保留停电的历史记录。OMS 的信息流如图 7.18 所示。

停电管理在配电网中为达到短时间内对电网故障部分恢复供给的目标（有时为惩罚）非常重要，OMS 的各部分主要功能如下。

7.4.4.1 故障识别

故障识别是以用户通过电话语音通信为基础，也可能采用自动语音响应系统［计算机语音集成（CTI）］、自动输出检测/报告系统或断路器触发/锁定的 SCADA 检测。

7.4.4.2 故障诊断和故障定位

故障诊断和故障定位的结果是基于大量用户故障呼叫，采用电网拓扑反向追

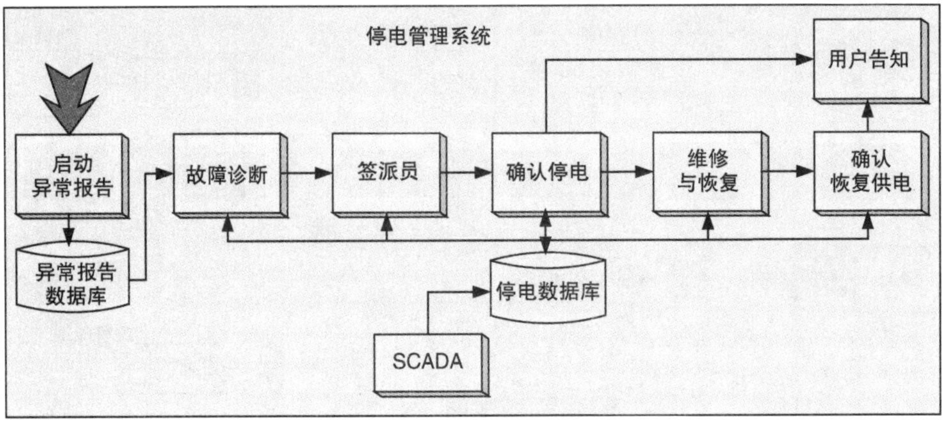

图 7.18　停电管理系统的信息流

踪，它确定了怀疑开放的保护装置的状态，例如，熔丝、分段器、重合器或变电站断路器，自动反馈开关也考虑在内。疑似断电程度的计算包括受影响的用户数和受影响用户的优先权，故障诊断的确认或修改基于现场人员的反馈。

实时控制的有限渗透虽然使用，但是良好的用户和电网记录采用故障呼叫方法，而那些性能良好的实时系统可使用自动化设备的直接测量。故障呼叫解决方案广泛用在美国中压电网，低压馈电系统在平均少于 6～10 个用户时将从配电变压器供电，这种系统结构使建立用户电网链路更加容易。相反的，在欧洲，大规模的二级系统（每个配电变压器多达 400 个用户）集中使用 SCADA 系统。在相关用户呼叫之前，任何 MV 故障都明确的得到保护，同时分析受影响的馈线。在这种条件下，故障呼叫方法必须从 LV 系统开始运行，但在其中建立用户电网链路会更加困难。

7.4.4.3　供给恢复

补救措施取决于问题的严重程度，如果故障影响比较小，现场人员可在短时间内进行维修和恢复供给，如果故障引起大规模断电，在故障区域进行隔离之后，无故障部分将恢复使用常开触点。OMS 追踪部分修复，与馈线结合的自动故障检测、隔离、恢复方案已被广泛采用。计算机辅助建模也用来帮助分析性能、工具、设备和工作量。

7.4.4.4　事件分析与记录

任何中断时间都会被分析并且信息作为历史记录保存，记录的内容包括原因、故障持续期间受影响的用户数。这些信息用来计算性能统计信息，例如用户平均断电次数（CI）、用户平均断电分钟数（CML）以及规划/预算维修措施，如基于状态的维护。

据预计智能测量将会提高 OMS 功能，智能测量和断电管理集成的好处来自于现场人员分配节约的效率、恢复成本的降低和断电持续时间的减少。图7.19显示了智能测量与OMS的集成。

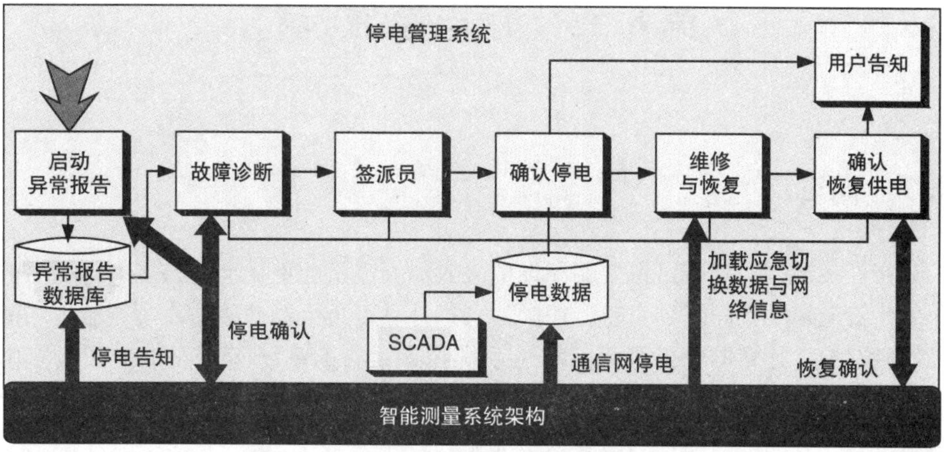

图7.19　智能测量系统与配网管理系统的融合

来自智能电表的最后信息可作为输入传送至OMS，故障诊断和故障定位算法在附加信息的辅助下会更高效运行。OMS应该作为用户电话呼叫以相同方式考虑最后信息，现在许多OMS系统需要从至少15%受影响的用户的断电中精确预测中断设备位置。因此，最后消息15%~20%的成功率就被认为是足够的。

参考文献

[1] Grainger, J.J. and Stevenson, W.D. (1994) *Elements of Power Systems Analysis*, McGraw-Hill, Maidenhead.

[2] Weedy, B. and Cory, B.J. (2004) *Electric Power Systems*, John Wiley and Sons, New York.

[3] Jenkins, N., Ekanayake, J.B. and Strbac, G. (2010) *Distributed Generation*, Institution of Engineering and Technology, Stevenage.

[4] Arrillaga, J. and Watson, N.R. (2001) *Computer Modeling of Electrical Power Systems*, John Wiley & Sons Ltd, New York.

[5] Cormen, T.H., Leiserson, C.E., Rivest, R.L. and Stein, C. (2001) *Introduction to Algorithms*, MIT Press and McGraw-Hill, New York.

[6] Kersting, W.H. (2001) *Distribution System Modelling and Analysis*, CRC Press, New York.

[7] Abur, A. and Exposito, A.G. (2004) *Power System State Estimation*, Marcel Dekker, Inc., New York.

[8] Hatziargyriou, N., Asano, H., Iravani, R. and Marnay, C. (2007) Microgrid: An overview of ongoing research, development and demonstration projects. *IEEE Power and Energy Magazine*, **5**(4), 78–94.

第8章　输电系统运行

8.1　简介

在许多国家，随着可再生能源发电接入和大流量的更大型的跨境电力交易的深入，输电系统正面临越来越严峻的运行条件。可再生能源的功率可变输出和通过输电网的无计划的电力潮流给维持系统稳定运行的系统运营商带来了很多困难。输电线路中过度的潮流和母线电压的剧烈变化可能产生在稳态运行期间，导致发生故障和电网断电，从而导致系统瘫痪。

为了帮助输电系统运营商监测、控制和优化对发电和输电系统的性能，一套集合到能量管理系统（EMS）中的应用程序被广泛应用。因为通常由 SCADA 系统提供 EMS 控制和监控功能，这些系统也被叫做 SCADA/EMS。EMS 通常位于系统控制中心，完成实时有效监测以及控制中心和发电站以及输电变电站之间的远程控制。

随着相量测量单元（PMU）的测量结果越来越容易得到，人们期待在将来 PMU 的测量结果可以集成到 EMS 中，但是目前 PMU 主要是合并到独立的广域应用中，人们希望 EMS 和广域应用能同时共存。图 8.1 显示了不同数据源如何输入到应用程序中，良好的可视化工具对有效表示信息也非常重要。

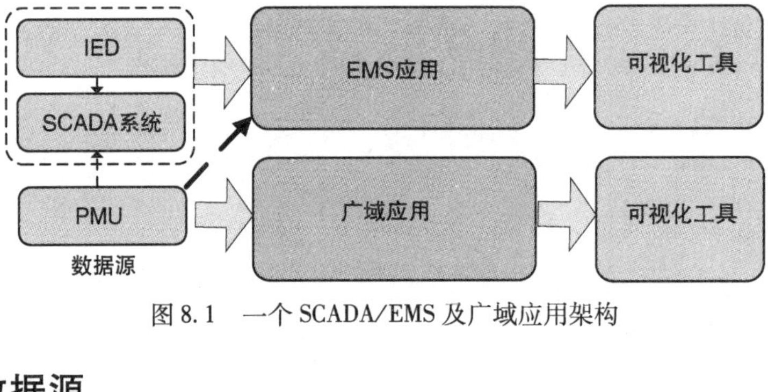

图 8.1　一个 SCADA/EMS 及广域应用架构

8.2　数据源

8.2.1　IED 与 SCADA 系统

正如在第 6 章讨论的，IED 接收来自变电站的测量和状态信息并将其传送给本地 SCADA 系统的过程总线，变电站 SCADA 系统与控制中心连接，其中 SCA-

DA 系统主站就位于其中，信息传送至 EMS 应用程序。

8.2.2 PMU

图 8.2 所示为 PMU 构造，它可以测量电压和电流在较高采样频率下的 50Hz/60Hz 正弦波，可高达采样 1200 次/s 且精度很高。从电压和电流采样中，幅值和相角可由 PMU 中的相量微处理器来计算。由于 PMU 采用全球定位系统（GPS）的时钟信号在全部测量点提供同步相角测量值，测量值通常可认为是同步相量[1]。

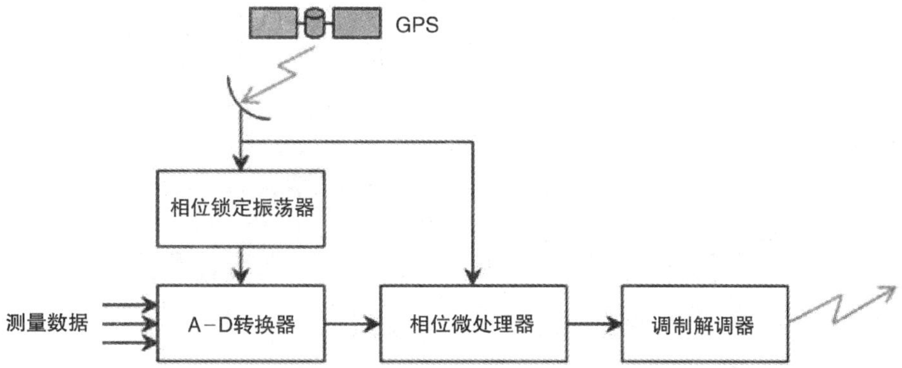

图 8.2　PMU 设备

图 8.3 所示为感应传输线路两个末端的电压同步相量，电压正弦波可以表示为

$$v_i(t) = V_{m\_i}\sin(\omega t + \phi_i)$$

式中，i 为电路（1 或 2）末端的母线数；V_{m_i} 为峰值。

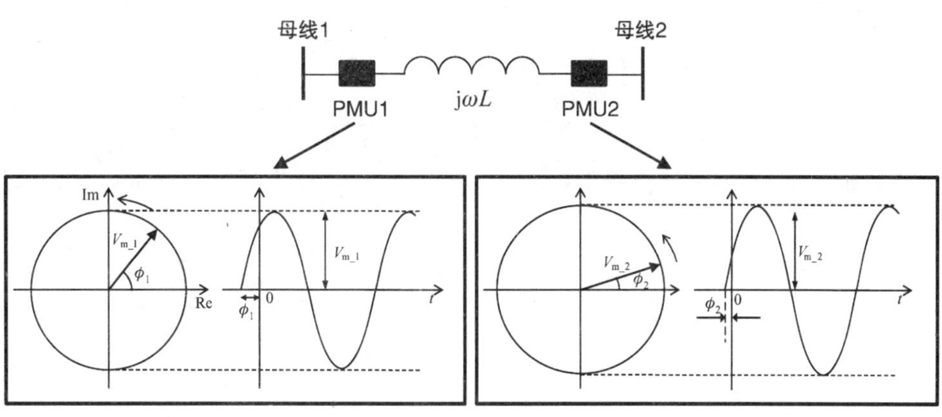

图 8.3　节点电压的波形与相位

电压同步相量由下式给出：

$$V_i = V_{m\_i}e^{j\phi_i} = \sqrt{2}V_{rms\_i}e^{j\phi_i}$$

式中，V_{rms_i}为电压相位的有效值㊀。

在电网不同部分测量所得的同步相位以 30～60 采样/s 频率传送至相位数据集中器（PDC），每个 PDC 将采集的数据发送给大型 PDC，其中有数据可视化应用程序，可在中央数据库中存储数据，集成到 EMS、SCADA 系统和广域应用系统中（见图 8.4）。

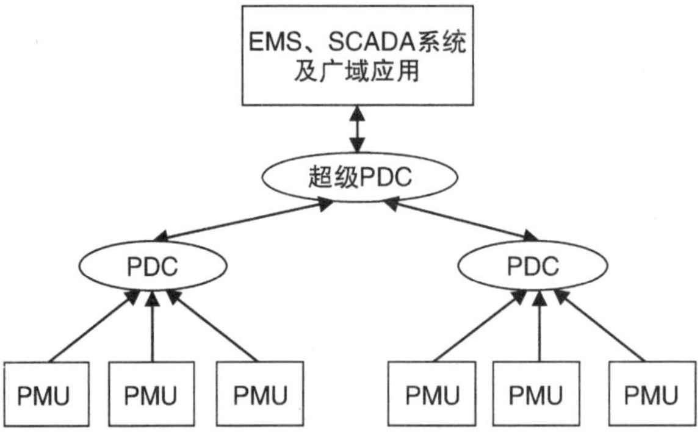

图 8.4　PMU 连接示例

例 8.1　输电线的潮流如图 8.5 所示为 5pu，两端母线电压为 1.0pu。系统频率为 50Hz，潮流通过母线 1 和 2 之间的相位差来估值，即 $\phi_1 - \phi_2$，相角 ϕ_1 的测量值存在 0.1ms 的采样误差，而相角 ϕ_2 的测量误差则为零，计算潮流估计的误差。

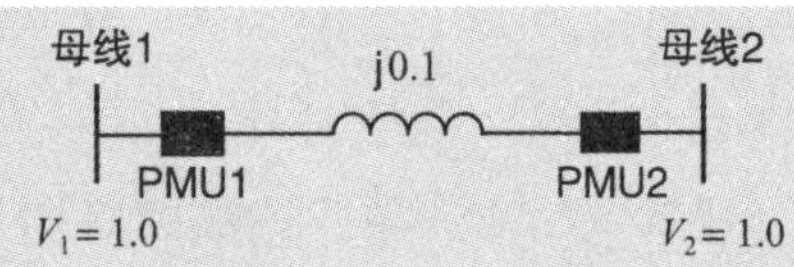

图 8.5　例 8.1 的图

解：

相角误差 $\Delta\phi$ 来自 0.1ms 的采样时间误差，由下式给出：

$$\Delta\phi = \frac{0.1}{20} \times 2\pi \cong 0.0314\text{rad}$$

相角差 $\phi_1 - \phi_2$ 由下式计算得出：

$$P = \frac{V_1V_2}{X}\sin(\phi_1 - \phi_2) = 10\sin(\phi_1 - \phi_2) = 5\text{pu}$$

$$\therefore \phi_1 - \phi_2 = \frac{\pi}{6}$$

图 8.6 所示潮流误差估计值 ΔP 为

㊀　相位通常采用有效值来表示。

$$\begin{aligned}\Delta P &= \frac{V_1 V_2}{X}\sin(\phi_1 - \phi_2 + \Delta\phi) - \frac{V_1 V_2}{X}\sin(\phi_1 - \phi_2)\\ &= 2 \times \frac{V_1 V_2}{X}\cos\left(\phi_1 - \phi_2 + \frac{\Delta\phi}{2}\right)\sin\left(\frac{\Delta\phi}{2}\right)\\ &\approx 2 \times \frac{V_1 V_2}{X}\cos(\phi_1 - \phi_2)\left(\frac{\Delta\phi}{2}\right)\\ &= 2 \times \frac{1}{0.1} \times \cos\frac{\pi}{6} \times \frac{0.0314}{2} = 0.272\text{pu}\end{aligned}$$

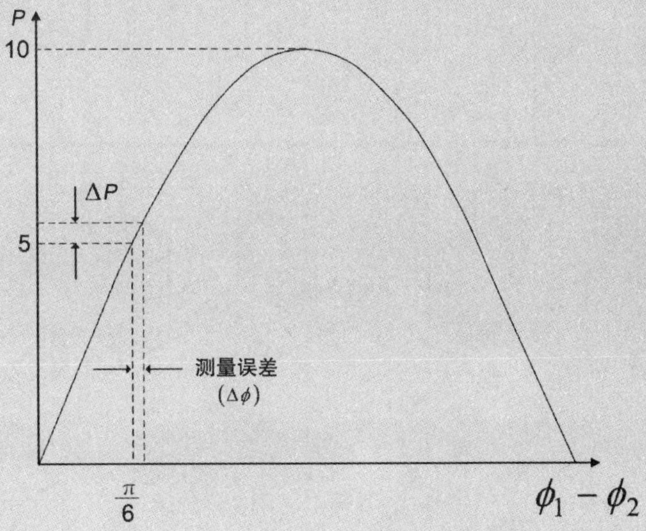

图 8.6　功率角曲线

8.3　EMS

EMS 最初设计面向电力企业纵向一体化，具有集中通信与计算系统。随着电力企业放松管制和智能电网的发展，决策变得越来越分散，不同的市场参与者之间的协调变得很重要。

关于系统和服务的抽象描述正在制定许多国际标准（或已使用），接口的统一建模语言（UML）提供电力系统的面向对象的表示方法，极大方便了描述抽象接口。标准化数据模型的使用允许来自不同供应商的应用程序之间的整合，也减少了数据封装的必要。现在，IEC 61970 已经作为 EMS 的通用标准。

典型的 EMS 配置如图 8.7 所示。系统状态和测量信息由 RTU 采集并通过通信设备发送到控制中心，EMS 中前端服务器负责与 RTU 和 IED 的通信，不同的

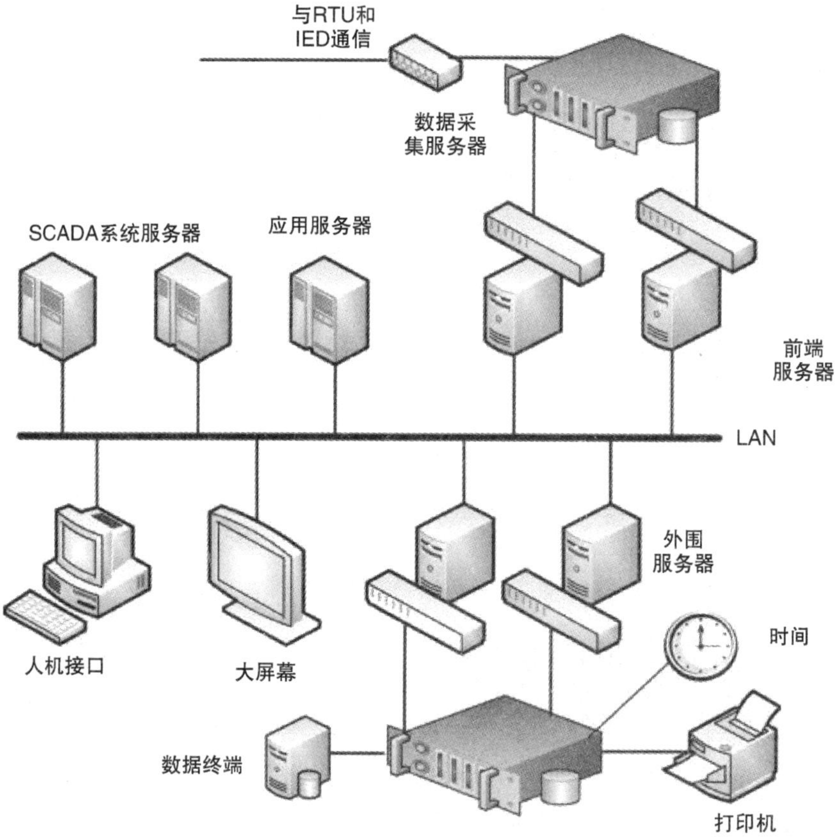

图 8.7　典型的能量管理系统配置

EMS 应用位于不同的服务器中，并与 LAN 相链接。

EMS 设备包括机组组合、自动发电控制（AGC）和安全评估与控制，但是 EMS 也包括类似于 DMS 中的应用和工具，如拓扑分析、负荷预测、潮流分析和状态估计（第 7 章）。

传统电力系统中机组组合的目的是确定有多少发电机以及哪一台发电机应被使用，分配起动与关闭发动机序列。机组组合设备的输入项包括历史负载需求记录、发电机成本和排放函数以及精确负载预测。但是在许多国家，以市场为基础的电能交易已经取代了传统的机组组合，随后由许多远期市场的运行确定哪类发电机运行。系统运营商仅仅在最后时段期间安排发电机调度和供需平衡（在英国为实时控制之前 1h）。

类似的，在电力系统中，AGC 执行负载频率控制和经济性调度功能，负载频率控制需完成 3 个主要目标：①系统频率；②与相邻管制区的功率交换；③发电机之间的最佳经济性分配，AGC 也完成其他功能诸如储备管理（系统中维持充足备用）和系统性能的监测/记录。在放松管制的电力系统中，上述的许多功能通过市场而不是系统运营商直接通过 AGC 来管理。

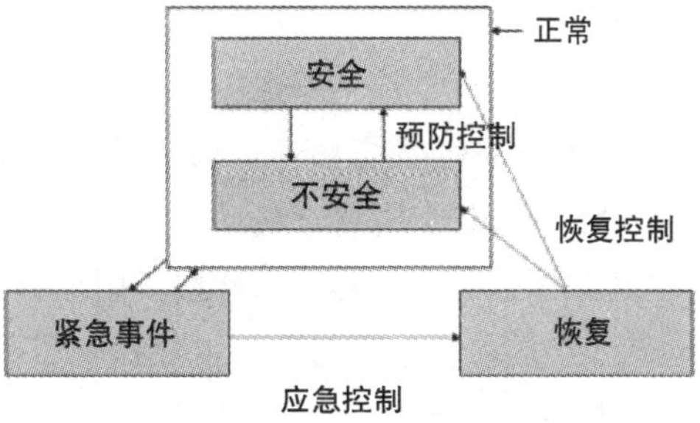

图 8.8　安全评估与控制的 Dy Liacco 架构

安全评估与控制可能通过广泛应用的 Dy Liacco[2]（见图 8.8）提出的框架来理解。此设备通过控制功能使电力系统保持安全状态。Dy Liacco 框架考虑了电力系统在两种类型约束下的运行：负载约束（必须满足负载需求）和运转约束（最大值和最小值必须在稳定阈值范围内）。常态下，两类约束都应满足。

安全评估与控制应用包括安全监测、安全分析、预防控制、紧急控制、故障诊断和恢复控制。所需工具包括：

- 电网拓扑分析；
- 外部系统等值模型；
- 状态估计；
- 在线潮流；
- 安全性监测（实际运行情况的在线识别——安全或不安全）；
- 应急分析。

当系统处于不安全状态时，安全性分析通知运营商哪种意外事件引起了不安全因素以及预期紧急状况的性质与严重程度。

除了这些 EMS 功能以外，训练工具、调度培训仿真器等都可嵌入 EMS 中，调度训练仿真器最初是作为通用应用软件来创建的，用来向运营商介绍电气与电力系统的动态行为。现在，对实际电力系统模型建立高度逼真的模拟，同时与 EMS 的集成可向运营商和调度员提供实时环境信息便于进行正常培训、日常运行任务和程序及处理紧急状况。不同的训练活动可以安全便捷地在仿真器中进行练习，从而模拟实际中的电力系统。

8.4　广域应用

广域测量系统安装在许多输电线系统中用以弥补传统 SCADA 系统，它可测量母线电压的幅值和相角以及通过输电线的电流。在广域范围内测量所得的这些信息传送至控制中心，用来：

1）电力系统状态估计：由于相位数据是同步的，在电网中所有母线电压的幅值和相角可以使用状态估计算法来估值。这些估计值可用来预测可能存在的电压和相角不稳定性，同时估计系统阻尼和误差引起的小信号振荡。

2）电力系统监测与警报：相位数据允许电力系统的运行状态来监测实时情况，评估系统稳定性并发送警报。

3）电力系统事件分析：高精度同步相位数据在故障前后或其他网络数据中都是可用的，这使得系统运营商研究故障的起因和影响以便对随后的事件采取反措施。

预期在将来，这些应用程序可以集成到广域监测、保护和控制（WAMPAC）系统中[3]。未来 WAMPAC 模式的一些实例包括：

1）当电压、相角或振荡不稳定时采取行动校正系统。这可能包括发电机的起停和控制设备如柔性交流输电系统（FACTS）、电力系统稳定器（PSS）和 HVDC 变换器。

2）生成紧急控制信号以避免在严重故障时出现大型停电事故（如通过选择性甩负荷或临时性电网解列）。

WAMPAC 的配置如图 8.9 所示。从电网不同部分和状态估计中采集的 PMU

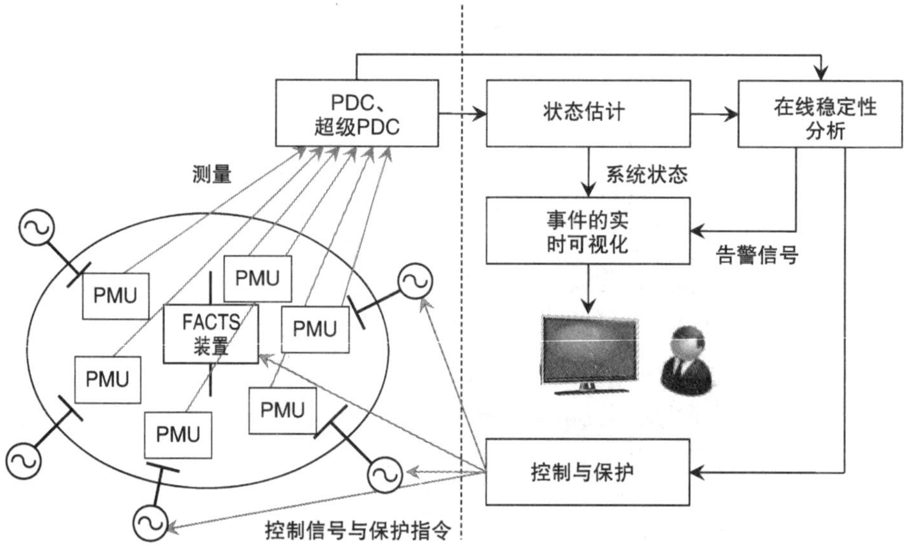

图 8.9　WAMPAC 的简化表述

（或同步相位）测量值用来进行在线稳定性分析。当事件发生时，其位置、时间、幅值（发电机总容量或输电线断电）和类型（发电机中断或输电线断电）会被首次识别。事件实时可视化允许其在故障发生后几秒内反演，通过收集数据来分析未来系统的状态。在线稳定性评估算法连续评估系统以检查系统是否稳定及在不稳定状态下系统在多长时间内会快速分解。如果预测到不稳定性，则需采取必要的校正措施来解决此问题或扭转系统崩溃的可能。

8.4.1　在线暂态稳定控制器

在文献［4］所讨论的在线暂态稳定控制器中，为了防止暂态不稳定性而设置的备用高压输电线（500kV 和 275kV）发生故障时，将会触发一系列发电机组。在线暂态控制器的运行如图 8.10 所示。使用状态估计器的 PMU 数据和结果，可以反复进行暂态稳定性分析（通常每隔 5min），当确定发生故障时，发电机组将会断电。发生故障后，它将会与之前确定的应急故障作比较，确定被断电的发电机组。随后发送信号到本地控制单元使选中的发电机组断电。

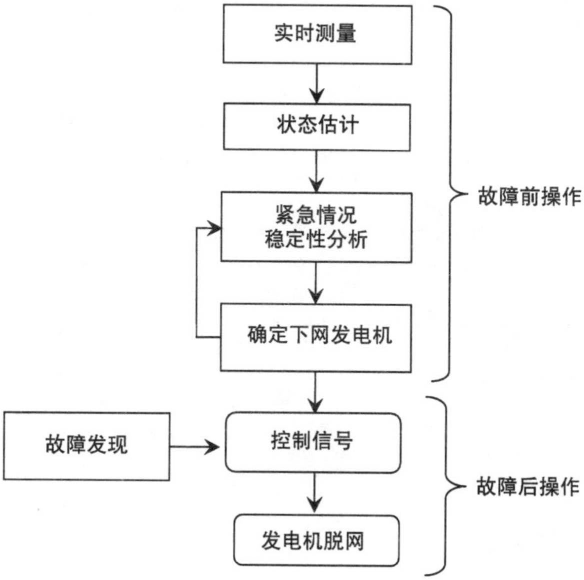

图 8.10　在线暂态稳定控制器的功能

8.4.2　磁极滑动预防控制器

电力系统中发生严重故障时，这个控制器可预测电力系统的不稳定状态并迅速跳开适当数目的发电机组或将系统分为两个子系统来预防磁极滑动。

为了说明这个控制器的操作，两个区域即西部系统和东部系统通过500kV输电线连接如图8.11所示。由于故障，DE线路被触发，东、西区域间的相角将会增加。据WAMPAC预测，大相角的改变可能引起两个区域之间的同步耗损，因此将一个控制信号发送至发电机G1或G2。

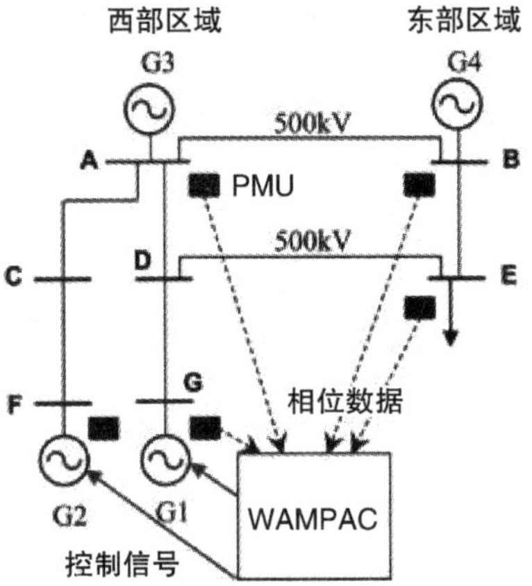

图8.11　500kV输电网磁极滑动预防控制器

例8.2　利用图8.2和图8.3所示的数据获得电压 $\boldsymbol{V}_{G1}$ 和 $\boldsymbol{V}_{G2}$ 之间相角的不同，图8.4中，V_{G1} 和 V_{G2} 分别是 $\boldsymbol{V}_{G1}$ 和 $\boldsymbol{V}_{G2}$ 在 t_0 时刻的采样数据，V'_{G1} 和 V'_{G2} 是 $\boldsymbol{V}_{G1}$ 和 $\boldsymbol{V}_{G2}$ 在 $(t_0-\pi/2\omega)$ 时刻的采样数据。

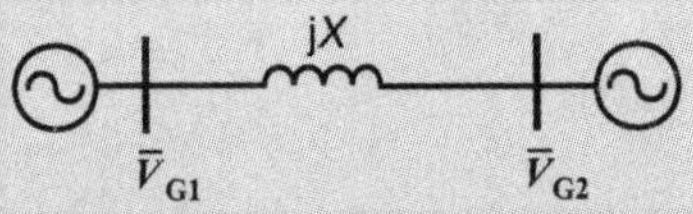

图8.12　例8.2的图

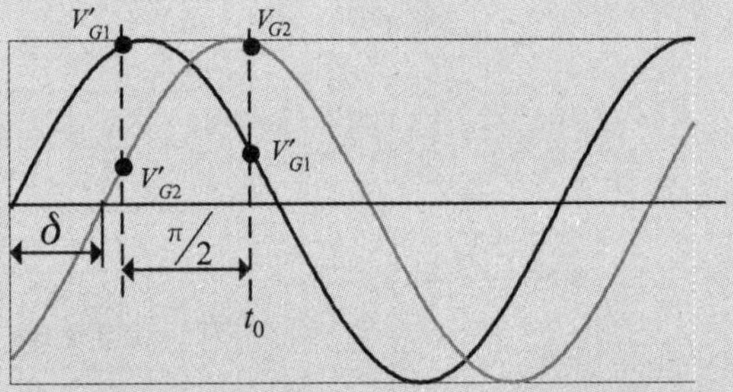

图8.13　例8.2中节点电压波形的瞬时值

解：

当 $t=t_0$ 时：

$$V_{G1}=V_{m1}\sin\omega t_0$$

$$V_{G2}=V_{m2}\sin(\omega t_0-\delta)$$

式中，V_{m1} 和 V_{m2} 为最大值。

当 $t=\left(t_0-\dfrac{\pi}{2\omega}\right)$ 时：

$$V'_{G1}=V_{m1}\sin(\omega t_0-\pi/2)=V_{m1}\cos\omega t_0$$

$$V'_{G2}=V_{m2}\sin(\omega t_0-\pi/2-\delta)=V_{m2}\cos(\omega t_0-\delta)$$

由三角变换：

$$\sin\delta = \sin\omega t_0\cos(\omega t_0 - \pi/2) - \cos\omega t_0\sin(\omega t_0 - \pi/2 - \delta) = V_{G1}V'_{G2} - V_{G2}V'_{G1}$$

$$\cos\delta = \sin\omega t_0\sin(\omega t_0 - \pi/2) - \cos\omega t_0\cos(\omega t_0 - \pi/2 - \delta) = V_{G1}V_{G2} + V'_{G1}V'_{G2}$$

相角差为

$$\delta = \tan^{-1}\left[\frac{V_{G1}V'_{G2} - V_{G2}V'_{G1}}{V_{G1}V_{G2} + V'_{G1}V'_{G2}}\right]$$

8.5 可视化技术

与配电网不同，输电系统中有大量的传感器和良好的通信设备，可以传送实时数据。但是在传输层做决策比较复杂，其复杂性会随着下列因素而增加：

- 可再生能源使用的增加；
- 跨界潮流增大；
- 新数据可用，如 PMU。

可视化目前是 EMS 的核心元素之一，需要管理大量数据。它作为 EMS 设备和系统运营商之间交互界面，可以加快系统运营商做决策的速度，提高其行为选择的质量。

可视化技术将数据和信息转换为几何图案或图形表示，不过不仅仅是简单的表述，高效的可视化可使计算进程和结果以有效方式显示，它用直观的方式表达大量复杂数据以便控制工程师迅速响应系统紧急情况和偶然性事件。可视化技术包括[5]：

1）二维（2－D）演示、三维（3－D）演示、虚拟现实和动画：这些突出重点的信息已简洁方式被运营商识别。

2）多分辨率模型：提供各种不同精度的分辨率以便防止信息过载，同时允许用户在需要时寻找更详细的信息。它允许用户查看不同等级的细节内容并放大到特定区域如线路断电。它可以与其他信息源集成，如现场相机或温度计。

3）实时性能更快速：可视化工具利用不断提高的计算能力来更快速地分析系统，比实时系统更快速，同时提供预测、偶然性分析和建议采取的行动。

4）广域地理集成：GIS 平台用在广域可视化中。

8.5.1 视觉二维演示

文献［5］中有关二维演示的设计和使用的大量信息都是有效的，并用来升级许多电力系统控制间。在二维演示中，图像可以在传统的计算机显示器上查看和分析。键盘或鼠标可用来在各方向旋转图像，或移动至不同位置，缩放、组装或拆分组成目标的各部分，以及展示动画使用的操作。引入超链接可以用来与其他介质连接，如视频和网址。

图 8.14 给出了视觉二维演示的实例，它表示了电网中各节点的电压，各节点按照其节点电压从大到小排序，并用黑点序列标出，母线名称显示在黑点旁边。不同颜色的同心圆代表不同的电压值，中心的同心圆为额定电压，电压偏移标记在不同颜色范围的同心圆内。实线连接的各点电压显示了节点电压为正常，点画线显示节点电压偏低。

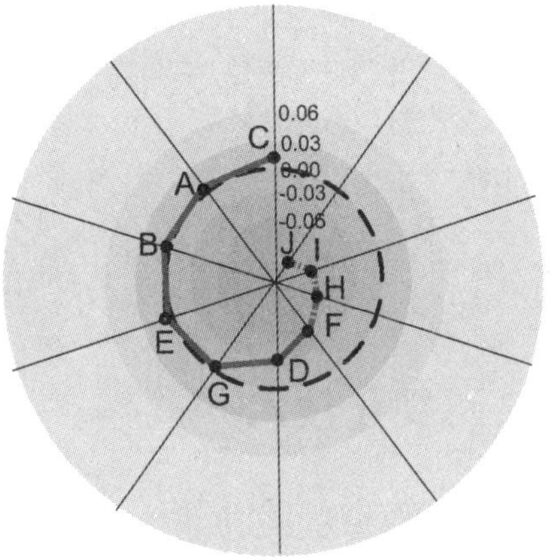

图 8.14　节点电压的二维视图（来源：天大求实电力新技术有限公司，中国）

8.5.2　视觉三维演示

用三维方式表示数字对象主要有两种方法：面绘制和直接体绘制。面绘制通常用在电影和视频游戏中，它采用间接的基于几何形状的技术来建立一系列多边形（通常为三角形），其端点啮合到一起形成一个物体的表面。这些多边形再被填充必要的颜色以表示采光和对象属性的影响，所得结果可以有照片般逼真的效果，用这种方式建立的模型是空心的[5]。

相反的，体绘制方法基于获取的一系列空间中的离散点来描述对象特性，这些点或体积元素用 X、Y 和 Z 作为坐标来表示。因此用这种方式建立的模型既有面也有点。用户可以按照各元素在不同系统中的操作阈值来分配，用户可以拆分模型，操作各个独立部分，并修改实时信息。与面绘制相似，所得对象可以有较为逼真的外观。

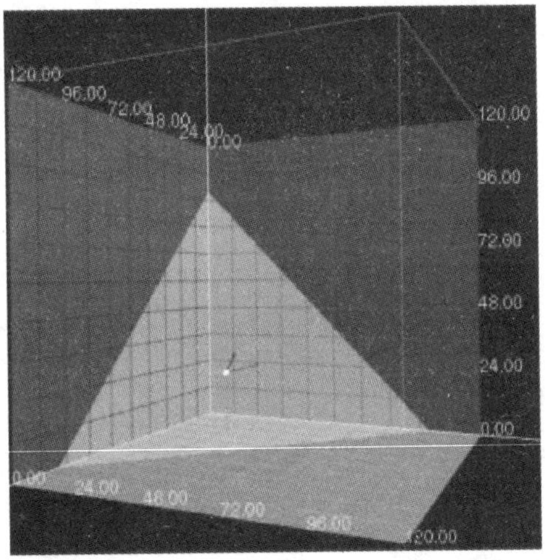

图 8.15　割集电压稳定域的三维视图（来源：天大求实电力新技术有限公司，中国）

图 8.15 给出了视觉 3 - D 演示的实例，可视化操作条件与两个相互关联领域的界限都采用体绘制方法。两个控制区域之间存在很多相互关联的电路，其中任意 3 条可以被用户选中作为图 8.15 中的坐标系，标注值为互连电路中的潮流，单位为 MW。白色点表示操作点的电流，白色面表示 3 个互连电路的操作电流。通过上述三维可视化图像，系统运营商可以容易地获取操

作点电流和系统阈值之间的差值。

参考文献

[1] *IEEE C37.118: Standard for Synchrophasors for Power Systems*, IEEE, 2005.
[2] Dy Liacco, T.E. (1967) The adaptive reliability control system, *IEEE Transactions on Power Apparatus and Systems*, **PAS-**86 (5), 517–531.
[3] *Network Protection and Automation Guide: Protective Relays, Measurements and Control*, May 2011, Alstom Grid, Available from http://www.alstom.com/grid/NPAG/ on request.
[4] Ota, H., Kitayama, Y., Ito, H. *et al*. (1996) Development of transient stability control system (TSC system) based on on-line stability calculation. *IEEE Transactions on Power Systems*, **11**(3), 1463–1472.
[5] Wright, H. (2007) *Introduction to Scientific Visualization*, Springer, New York.

第3部分

电力电子与储能技术

第 9 章　电力电子变换器

9.1　简介

未来电力系统将很大程度上通过增加可控的电力电子设备实现现有输电线路的最佳利用、包括灵活性及电力系统的最优运行，并提供可再生能源在各个电压等级的并网。图 9.1 展示了含有大量电力电子设备的未来电力系统。

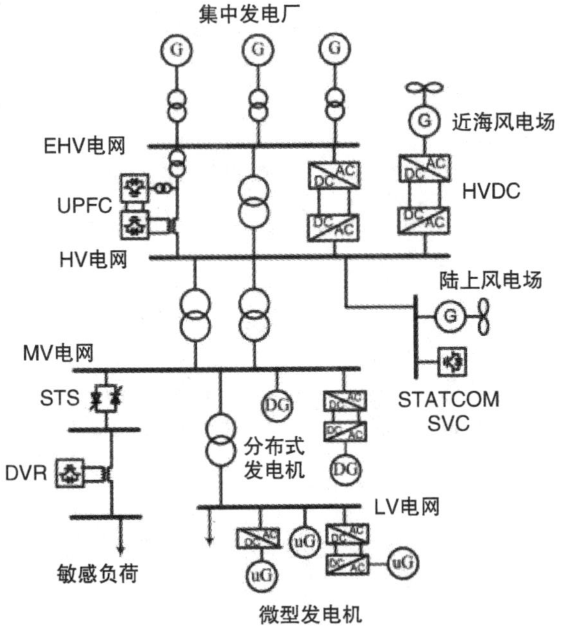

图 9.1　未来电力系统

DVR：动态电压恢复器　SVC：静态无功补偿器　STATCOM：静态补偿器

UPFC：统一潮流控制器　STS：静态转换开关

目前，电流源型高压直流变换器（CSC-HVDC）[⊖]被用于非同步电力系统连接（例如，50 ~ 60Hz）、长距离架空线输电、海底电缆线路及地理延伸系统或弱系统[1-3]。根据预测，未来 CSC - HVDC 将更加广泛地应用于国际或者洲际电力系统的连网。

⊖ CSC-HVDC 在 11.3.1 节有述，VSC-HVDC 在 11.3.2 节有述。

电压源型高压直流变换器（VSC-HVDC）现用于离岸的风电场连接。离岸50~80km的海上风电场可以用AC电缆连接至陆地电网。然而海底电缆产生的无功功率会限制AC电缆连接的距离。使用AC或者DC电缆连接取决于电缆线路长度、需要满足风电场输出的电缆数量、可接受的损耗和资金。

柔性交流输电系统（FACTS）用于增加现有AC线路的传输容量、通过AC电路控制稳态和动态潮流、通过控制电压和功率来提高电压和相角稳定性。电力电子设备并联使用晶闸管，例如，实际电力系统广泛采用了含晶闸管可控电容器或者晶闸管开关电容器的静止无功补偿器（Static Var Compensators，SVC）。在表9.1中给出了其他FACTS设备。除了如STATCOM、TCSC和TSSC等经济应用设备之外，其他FACTS设备（例如IPFC和UPFC）也得到了很广泛的应用。

SVC和STATCOM能提供快速的注入电流。它们向风电场提供无功功率支持，以满足电网连接代码条件（其反映了电网发电和负荷连接的需求）。在长距离传输线中使用TCSC和TSSC，可以增加传输容量、控制潮流和衰减振荡。

表9.1　不同FACTS装置及其应用

并联或串联	设备	使用开关	应用 阻尼振荡、瞬态和动态稳定、电压稳定是常见的应用程序。其他特殊应用如下
并联设备	SVC	晶闸管	电压控制、无功补偿
	STATCOM	IGBT、IGCT	
串联设备	TCSC	晶闸管	潮流控制
	TSSC	晶闸管	
串并联设备	IPFC	IGBT、IGCT	有功和无功功率控制
	UPFC	IGBT、IGCT	

电力电子接口技术应用于不同风速操作下的分布式发电和微网发电，控制有功、无功功率和末端电压。在光伏（PV）发电和储能元件中，电力电子接口技术把直流转换成适合并网的交流[6]。应用在风力和水力发电机中，电力电子接口技术能够适应不同的速度操作，把电机速度和电网频率进行解耦[7,8]，这样能够最大化地提取电机功率以及减少机械负荷。

由于非线性负荷以及敏感负荷的大量出现，为了保证电能质量，客观上需要增加可控设备。多种电力电子设备被应用于减少电网的频率扰动和扰动时间，将电网电压控制在限制范围内，并最小化谐波污染[9]。这些设备中有动态电压恢复器（DVR）、有功滤波器和不间断电源（UPS）。

本章主要叙述在多种设备中应用的电流源变换器（CSC）和电压源变换器

(VSC)。第10章(智能电网中的电力电子设备)讨论了在能量供应中可控电力电子接口的需求。电路控制技术例如 HVDC 和 FACTS 安排在第11章。

9.2 CSC

随着半导体装置与相关控制技术的快速发展,一系列功率转换器装置开始应用于电力系统中。两种类型功率转换器:CSC 和 VSC 在文献[10]中得到应用。在 CSC 中,直流侧采用大电容使电流保持恒定并带有小波动,从而在直流侧形成直流电源。经过 CSC 的功率方向由直流电压的极性决定,电流方向保持相同。目前,CSC 主要应用于大功率设备中,特别是 HVDC 传输,每条线最高容量可达7000MW。CSC 中,电力电子开关(晶闸管)由控制电路控制打开,但是通过流经电流降为零的自然换相来关闭。

图9.2示出了 CSC 的电路结构。这个电路由6个晶闸管构成,每个晶闸管的阀臂中点连接着三相电源。当 a 相电压 v_a 正向最大时,晶闸管 T_1 打开。当 b 相电压 v_b 正向最大时,晶闸管 T_3 打开。这种模式在其他相中反复应用。A 相下面的晶闸管,即 T_4 在 a 相电压达到负向最大值时打开。直流电压 V_d 取决于上方和下方导通的晶闸管。例如,当 T_1 和 T_6 导通时,V_d(DC 导体正极与负极间的电压)是 a 与 b 相电压的线电压,即 V_{ab}。

图9.3显示了当晶闸管存在一个延迟的导通触发角时的直流电压。直流电压的平均值可以通过计算阴影面积除以 π/3(阴影面积所占的角度)来获得。因为 V_d 是由线电压形成的,其顶点值是$\sqrt{2}V_{LL}$。所以直流电压的平均值由下式给定:

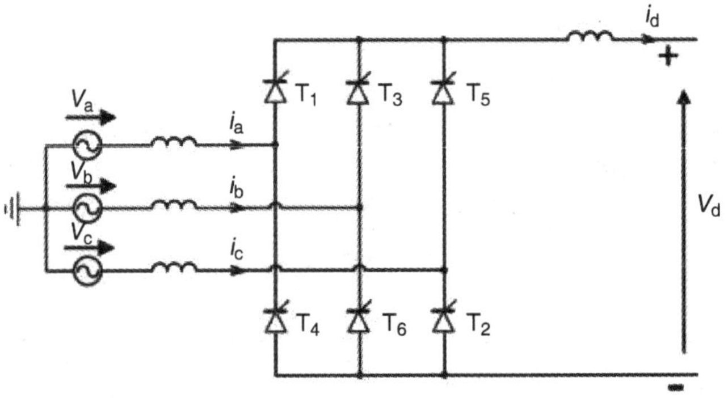

图9.2 CSC

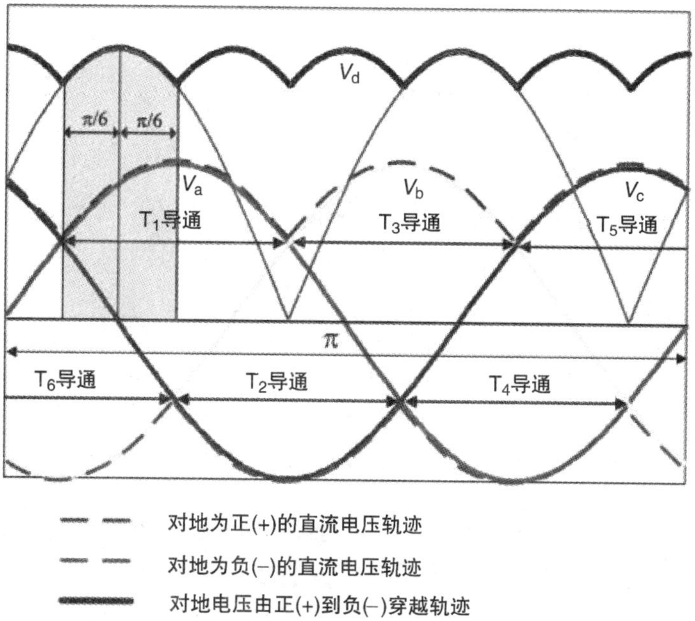

图 9.3 无触发角延时的 CSC 运行图

$$
\begin{aligned}
V_{\mathrm{d}} &= \frac{3}{\pi}\int_{-\pi/6}^{\pi/6}\sqrt{2}V_{\mathrm{LL}}\cos\theta\mathrm{d}\theta = \frac{3\sqrt{2}}{\pi}V_{\mathrm{LL}}\left[\sin\theta\right]_{-\pi/6}^{\pi/6} \\
&= \frac{3\sqrt{2}}{\pi}V_{\mathrm{LL}} = 1.35V_{\mathrm{LL}}
\end{aligned}
\tag{9.1}
$$

如果 v_a 大于 v_b 时晶闸管 T_1 没有被触发，或者说如果 T_1 存在一个触发延迟角，上方先前导通的晶闸管，即 T_5，继续保持导通直到 T_1 导通。图 9.4 示出了当存在延迟触发角 α 时的直流电压。阴影部分通过同一个 cos 积分函数来表示，积分区间为 $-(\pi/6-\alpha)\sim(\pi/6+\alpha)$。因此，直流电压的平均值由下式给出：

$$
\begin{aligned}
V_{\mathrm{d}} &= \frac{3}{\pi}\int_{-(\pi/6-\alpha)}^{(\pi/6+\alpha)}\sqrt{2}V_{\mathrm{LL}}\cos\theta\mathrm{d}\theta \\
&= \frac{3\sqrt{2}}{\pi}V_{\mathrm{LL}}\left[\sin\theta\right]_{-(\pi/6-\alpha)}^{(\pi/6+\alpha)} \\
&= \frac{3\sqrt{2}}{\pi}V_{\mathrm{LL}}\cos\alpha = 1.35V_{\mathrm{LL}}\cos\alpha
\end{aligned}
\tag{9.2}
$$

因为 α 可以在 0° ~ 180° 变化，V_d 的变化范围为 $-1.35V_{LL}\sim+1.35V_{LL}$。当

V_d 为正时，功率从交流侧流向直流侧，此时 CSC 作为一个整流器。换句话说，当 V_d 为负时，功率从直流侧流向交流侧，此时 CSC 作为一个逆变器。

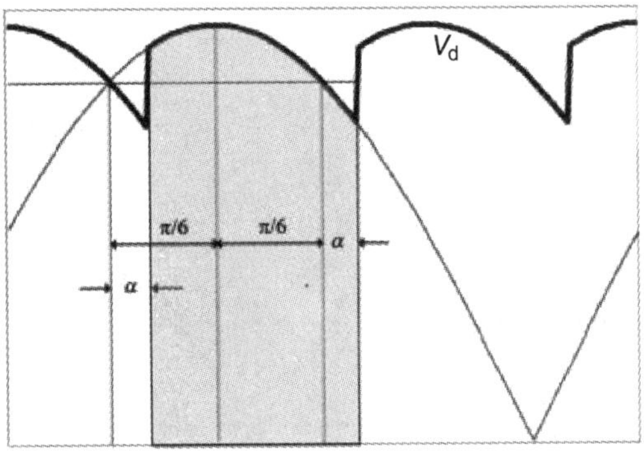

图 9.4 启用角延时的 CSC 运行图

如果直流侧电感数值很大，可以认为直流侧电流 I_d 保持恒定。无论何时 T_1 导通，a 相交流电流等于 I_d，无论何时 T_4 导通，a 相交流电流等于 $-I_d$（见图 9.2）。图 9.5 示出了 a 相电流和电压。b 相与 c 相遵循相同的变化模式。从电流的傅里叶分解中可以看出：

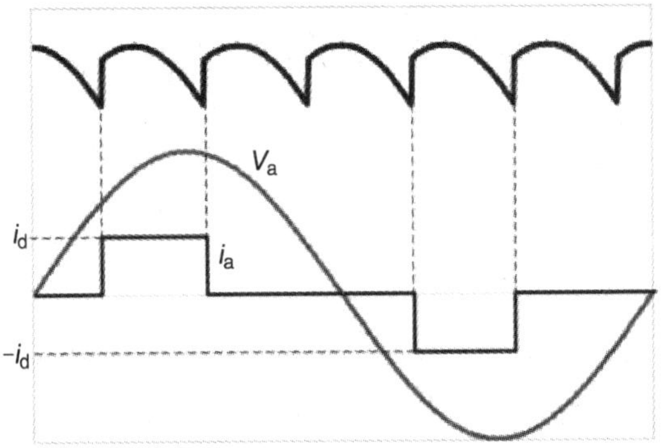

图 9.5 交流侧电流与电压

$$i_a = \frac{2\sqrt{3}}{\pi}I_d\left[\cos\omega t - \frac{1}{5}\cos5\omega t + \frac{1}{7}\cos7\omega t - \frac{1}{11}\cos11\omega t + \frac{1}{13}\cos13\omega t - \cdots\right] \quad (9.3)$$

由式（9.3）可以得出

$$\text{基波最大值} = \frac{2\sqrt{3}}{\pi}I_d \quad (9.4)$$

$$\text{RMS 值} = \frac{2\sqrt{3}}{\pi}\frac{1}{\sqrt{2}}I_d = \frac{\sqrt{6}}{\pi}I_d \quad (9.5)$$

无视损耗，利用 AC、DC 侧能量相同可以得出 $3V_{RMS}I_{RMS}\cos\phi = V_dI_d$。用 $V_{RMS} = V_{LL}/\sqrt{3}$、$I_{RMS}$、$V_d$ 来替换式（9.5）与式（9.2），可以得出下式：

$$3\times\frac{V_{LL}}{\sqrt{3}}\times\frac{\sqrt{6}}{\pi}I_d\cos\phi = \frac{3\sqrt{2}}{\pi}V_{LL}\cos\alpha\times I_d$$

$$\cos\phi = \cos\alpha$$

$$\therefore \phi = \alpha \tag{9.6}$$

当 α 角发生变化，AC 侧电压和 CSC 电流的相角也发生改变，从式（9.6）可得，功率因数角等于 α。

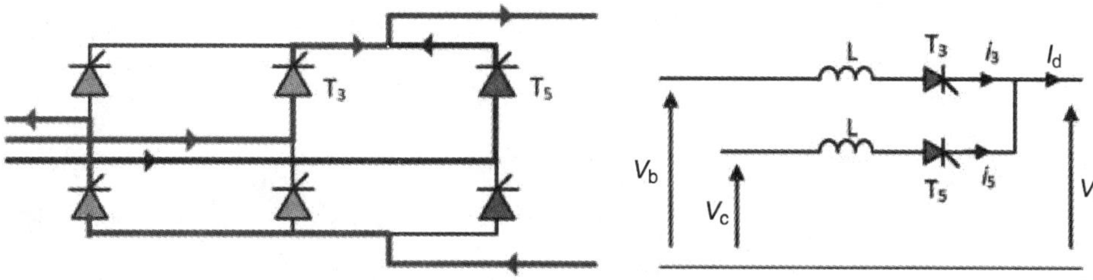

图 9.6　整流过程

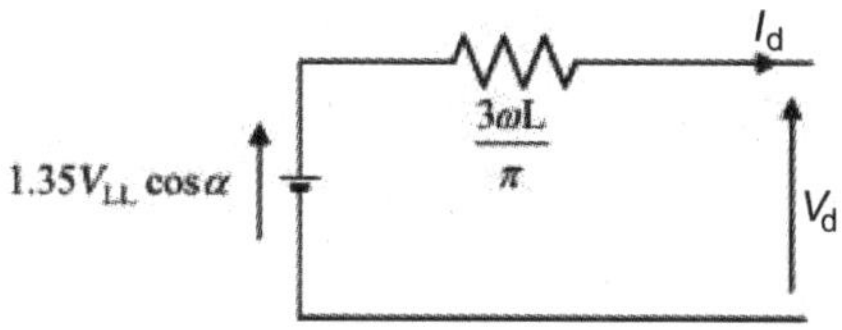

图 9.7　整流电路模型的等效电路

在换流过程中，认为整个过程都是瞬间的。换句话说，当一个晶闸管突然停止导通，其立即转移其电流到下一个晶闸管。然而，系统电感不允许通过一个晶闸管的电流突然降至零。图 9.6 示出了 T_3 和 T_5 之间的变化（即当 T_3 停止导通，T_5 此时开始导通）。如图 9.6 所示，V_d 不再是 V_{ba}，因为此时 T_3 和 T_5 之间有一个循环电流。这个循环电流降低了直流侧电压平均值。可以得出 $V_d = 1.35V_{LL}\cos\alpha - (3\omega L/\pi)I_d$[1-3]。从此式可以得出，DC 侧整流器等效电流可以认为由一个电源 $1.35V_{LL}\cos\alpha$ 以及一个串联电阻（$3\omega L/\pi$）（不是实际的物理电阻而是换流过程中的等效电阻，见图 9.7）组成。

9.3　VSC

VSC 是一种使用大电容保持直流侧电压为恒定值的逆变器。VSC 在小型和中型电力设备中有着广泛应用，例如微型发电机、可再生能源以及能量存储设备。然而，VSC 也应用于 1000MW 的 HVDC 输电中。在 VSC 中使用的半导体器件在规模上不断增大，费用却在降低。因此，人们预测在未来 VSC 技术将更多地在高压直流设施中应用。VSC 有着如下优势：与有功无功结合操作的自由程度高、可以在薄弱电网甚至黑起动中操作、快速控制、可以使用电压极化电缆并能产生很好的正弦波形。因此可以预见将来会有更多的变换器选用 VSC。

VSC 使用可控开关，其电流正向可控，并且在反向电流中使用了反串联二极管。正向电流可以进行开闭控制。常用半导体开关包括金属氧化物半导体场效应管（MOSFET）、绝缘栅双极型晶体管（IGBT）、门极关断（GTO）晶闸管、集成门极换流晶闸管（IGCT）。MOSFET 的电流电压额定值都有限制，因此只能在低功率设备中使用。IGBT 在低中功率设备中都有使用，由于其电压电流额定值不断增加，人们预测 IGBT 开关将在大功率设备中得到应用（一些高至 500MW 的 HVDC 工程已经使用）。IGCT 作为有着更低损耗（相较于 IGBT）以及更快开闭速度（相较于 GTO 晶闸管）的器件，在某些大功率设备中得到了采用。

9.3.1 VSC 在低中功率中的应用

在本书中，设备提及的低/中功率对于 VSC 是指从数千瓦（kW）到数兆瓦（MW）。设备包括 PV 以及能量存储系统中的逆变器、风力发电机中的背靠背 VSC、有源滤波器和 DVR。这些设备中有的使用单相 VSC，有些使用三相 VSC。

9.3.1.1 单相 VSC

最常用的单相 VSC 是如图 9.8 所示的 H 桥变换器。图 9.8 也给出了操作所产生的方波输出。这种结构中，开关对（S1 和 S3）以及（S2 和 S4）以一种互补的方式进行开关操作。然而为了避免单条臂被击穿（这样会引起很高的短路电流），在两组互补开关的导通信号之间引入了一个很小的死区时间。当两个开关 S1 和 S3 导通时，负荷上电压是 V_{dc}，然而当 S2 和 S4 导通时，负荷上电压是 $-V_{dc}$。尽管输出是一个方波，其基波是图 9.8 所示的正弦波形。这 4 个开关可以是 MOSFET（见图 9.8）或者 IGBT。

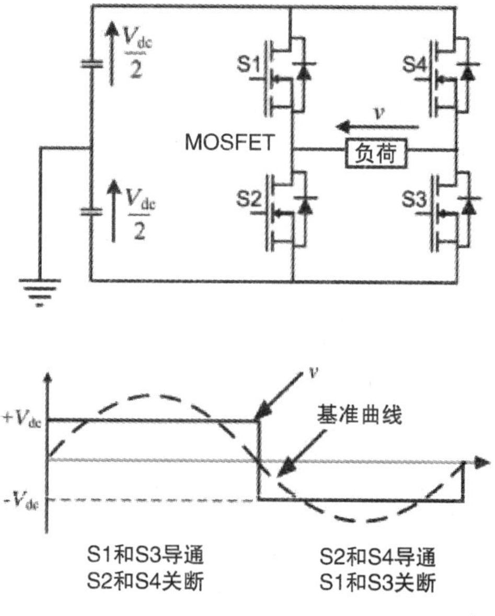

图 9.8 带方波输出的 H 桥 VSC

由于输出电压方波所产生的谐波，这种简单的开关策略只在离网低功率发电机中使用。在很多设备中，使用一种正弦-三角，即脉冲宽度调制（PWM），来控制开关的导通和关断时间。开关的状态是通过正弦调制信号与三角载波信号的比较（见图 9.9）来决定的。当载波幅值大于调制波形时，S2 和 S4 导通。另一方面，当载波幅值小于调制信号时，S1 和 S3 导通。

PWM 输出电压有一个基波以及一系列谐波。谐波频率由调制指标频率决定，m_f，其定义为 f_c（载波信号的频率）与 f_m（调制信号的频率）的比值。谐波频率为 $(pm_f \pm q)f_m$，其中 $p=1, 2, 3\cdots$[10]。当 p 为奇数、q 为零或者偶数时，即如果 $p=3$，谐波频率为 $(3m_f+2)f_m$、$(3m_f+4)f_m$ 等。当 p 是偶数、q 是奇数时，即如果 $q=2$，谐波频率为 $(2m_f+1)f_m$、$(2m_f+3)f_m$ 等。

当每个开关循环导通与关断，由 PWM 技术控制的 VSC 比由方波控制的 VSC 产生更多的开关损耗。然而方波控制的 VSC 产生低阶谐波并且需要配置滤波器来控制，这就限制了它的推广。

图 9.10 给出了两个不同幅度的 PWM 模式。从图 9.10 可以看出，PWM 模式在每个周期 T（三角波周期）的平均值接近于基波。基波的最大值近似可计算为 $(T_p/T)(V_d/2)$（最接近最大值的 PWM 时间周期）。从图 9.10a 和 9.10b 可以看出，周期 T_p 随调制指标减少。当 $m_a=1$、$T_p=T$ 时，基波最大值为 $V_d/2$。另一方面，当 $m_a=0$、$T_p=1$ 时，基波最大值为零。如文献［10］中所述，基波最大值可由 $(m_aV_d)/2$ 近似估算。

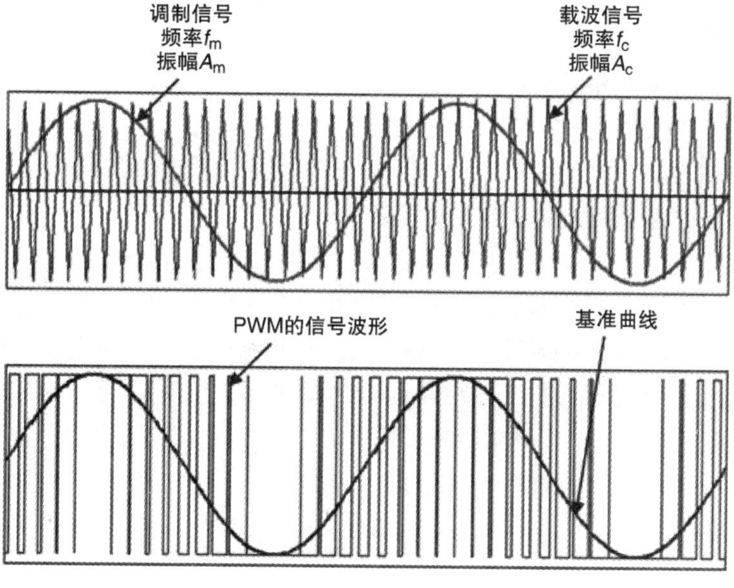

图 9.9 PWM 的输出电压

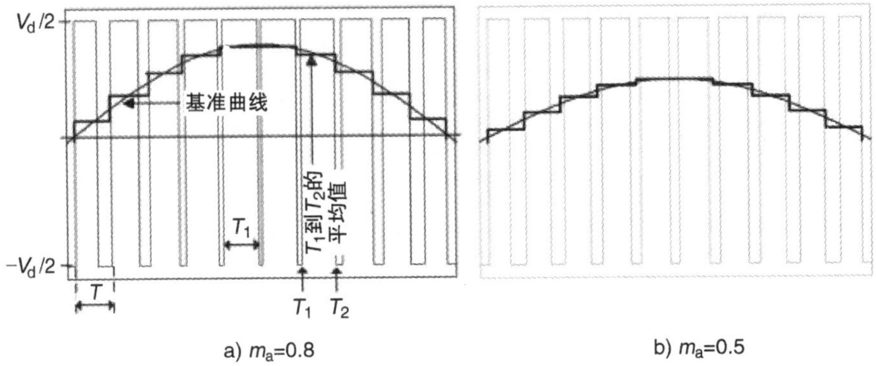

图 9.10　两种不同调制指标下的 PWM 输出

9.3.1.2　两电平三相 VSC

两电平三相 VSC，也叫做六脉冲 VSC，图 9.11 给出了一个三臂结构的两互补开关。一系列不同的调制技术可以用来产生 AC 输出[12,13]，其中正弦-三角 PWM 技术是最常用的方法。在正弦-三角 PWM 中，每相的输出是通过比较三角载波信号与 3 个相差 120°的正弦信号来获得的。

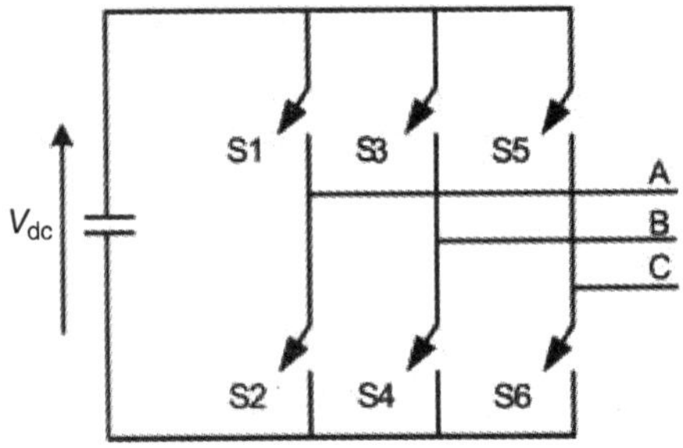

图 9.11　三相 VSC

9.3.1.3　三电平三相二极管钳位变换器

图 9.12 所示为三电平三相钳位变换器结构。这是最简单的多电平结构；可以通过增加串联开关的个数来增加电平个数。在这个结构中，辅助元件用于限制输出终端以达到 DC 中性点 O 的电势。因此这种结构被称为中性点钳位变换器。图 9.12 给出了 A 相输出电压与中性点 O 的关系。上方开关（S_{a1}, S_{a2}）用于产生正的直流输出电压，下方开关（S_{a3}, S_{a4}）用于产生负的直流输出电压。中间的开关（S_{a2}, S_{a3}）用于限制输出电压为点 O 的电压。因此这个开关结构可以产生 3 个电平的输出电压：$V_{dc}/2$、0、$-V_{dc}/2$。文献［14］详细讨论了三电平变换器的开关状态。

在三电平 VSC 的运行过程中，直流侧电容器应当保持平稳，文献［15］中讨论了不同的电容平衡控制策略。

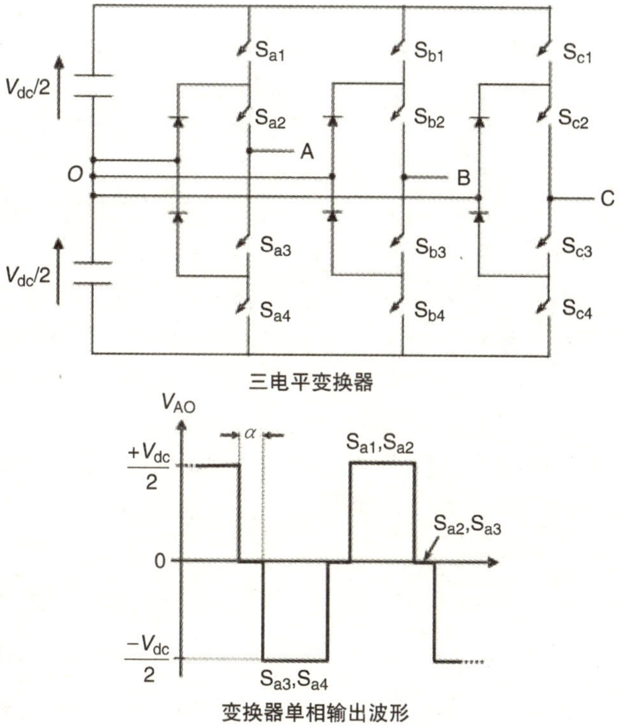

图 9.12　三电平三相钳位二极管变换器

9.3.2　中高功率设备中的 VSC

9.3.2.1　两电平三相 VSC

图 9.11 所示的两电平电路可以用于大功率设备。例如在 HVDC 中，其需要的电压等级（大概 ±150kV）远远高于单个半导体装置的电压等级（大概 ±5kV）。因此大量的开关串联起来构成一个混合开关“换流阀”。在换流阀中所有装置同时进行开断，所以控制原则和 9.2 节中所述相似。在大功率设备中使用 PWM 的两电平 VSC 会产生一些问题，换流阀每个开关每分钟以 50/60Hz 的频率进行多次开关会产生大量损耗。此外，大量串联的开关难以保证在暂态与稳态中合理地进行分压，所以设备不能过电压运行。由于设备参数分布以及门驱动延迟会产生不平衡的分压，无源缓冲器可以用于电压平衡。在阀中电阻-电容电路或者电阻-电容-二极管电路与每个开关并联。另一种用于稳压的方法是有源门控技术，即通过控制栅电荷来保证串联分压稳定。

9.3.2.2　多电平变换器

多电平变换器很适合大功率设备的原因是其降低了开关关断频率（从而降

低关断损耗）。多电平变换器输出波形为阶梯状且接近正弦曲线。最常用的拓扑是二极管钳位和电容钳位[17,18]。二极管钳位变换器（DCC）结构一般为两电平VSC结构。9.3.1.3节所述的三电平VSC是最简单的例子。可以通过增加额外的开关与二极管来增加电平，然而器件数随着电平数的增加而增加。一个m级电平的DCC需要（$m-1$）个电容以及（$m-1$）（$m-2$）个钳位二极管。每个开关需要承受的电平为$V_{dc}/(m-1)$。钳位二极管需要有不同的电压等级。

当VSC用于实际输电时，平衡电容电压是这种结构面临的主要挑战之一。图9.13示出了五电平DCC在1和0功率因数下的充放电波形。在功率因数为1时，如图9.13所示，每半个周期两个电容有着不相同的充电时间，由此导致了电容电压的不平衡。在功率因数为0时，每半个周期电容的充放电时间相同（图9.13只给出了上方电容的充放电时间），因此不存在电容电压不平衡的问题。这种电容电压不平衡的问题可以通过分开连接可控直流源来解决，但会由此增加电路的复杂度和成本。

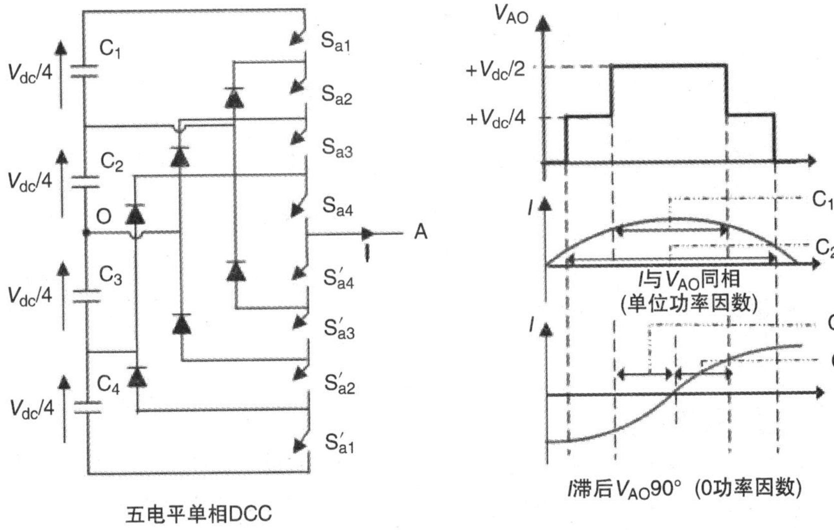

图9.13 五电平DCC电容充放电情况

电容钳位多电平变换器使用了大量的电容器去形成阶梯状输出。图9.14所示即单相五电平电容器钳位变换器（CCC）结构（有时被称为悬浮电容或者飞跨电容）。直流电容C_1和C_2可用于三相并且通常通过单独的电源进行反馈。其他电容C_{f1}、C_{f2}、C_{f3}相对与地浮地，所以被称为悬浮电容。CCC有着独特的悬浮电容结构，并且串联开关能够为三相所用。

图9.14给出了五电平CCC相对于直流侧连接中性点的输出波形。输出阶梯幅值由电容电压所决定。开关对（S_{a1}，S'_{a1}）、（S_{a2}，S'_{a2}）、（S_{a3}，S'_{a3}）和（S_{a4}，S'_{a4}）

相互关断时存在一个很小的延时。电容器组通过这样连接以保证其电压可以增加或减少。所选电容器的组合决定了输出需要的直流电压等级。

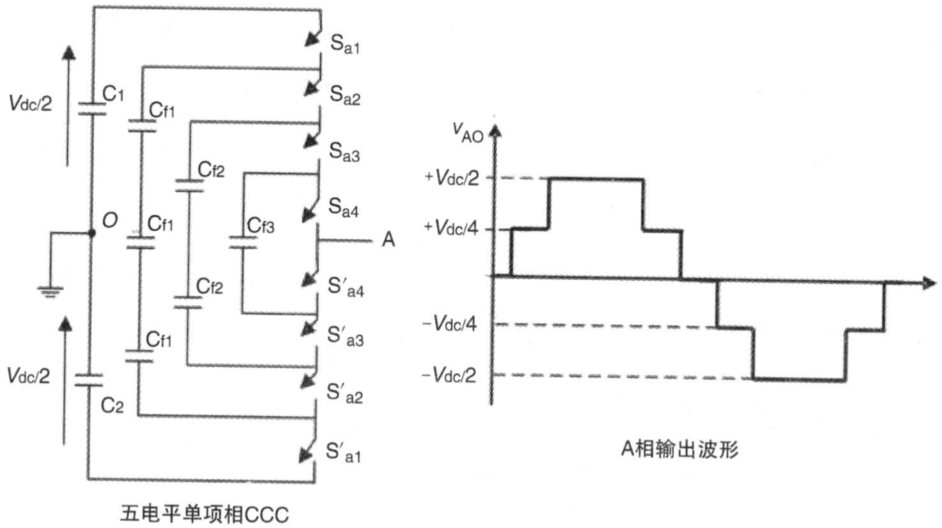

图 9.14　五电平 CCC 的单相电路与输出

由于不同相中的悬浮电容是分开的，基波频率电流流经这些电容时就需要很大的电容来防止基波电压的变动。

CCC 使用多种开关组合来产生不同电平的输出电压。这些组合可以用于平衡电容电压以及解决开关中存在的不等位问题[18]。然而，需要更高的开关频率来保持电容电压。

9.3.2.3　多模块变换器

大量 H 桥变换器可以连接成多模块变换器（M2C），这种模块的性质是可以结合冗余部分并且使用标准模块。

图 9.15 示出了一个单相五电平多模块电路。有时 M2C 也被称为链式电路 VSC。这种形式有着两个相同的具有直流源的 H 桥变换器单元，允许对变换器分开操作。与五电平 FCC 相比较，五电平 M2C 只需要两个电容。

图 9.15 给出了单相 M2C 电路的输出电压。此电路的电平数由其终端可以产生的直流电压决定。每个 H 桥电路可以产生 3 个电平：当 S_{12} 和 S_{13} 闭合，输出电平为 $+V_{dc}$，当 S_{11} 和 S_{14} 闭合，输出电平为 $-V_{dc}$。当所有开关都断开时，输出电平为零。开关角 α_1 和 α_2 可以用于控制基波电压，并且消除输出电压中的一种特定谐波。一些控制系统通过改变 DC 连接的电压来控制基波电压，同时，通过开关角 α_1 和 α_2 来消除输出电压中的两种特定谐波。

单相全桥变换器组合会引起一个占主导的二次谐波，引起直流电压的波动。

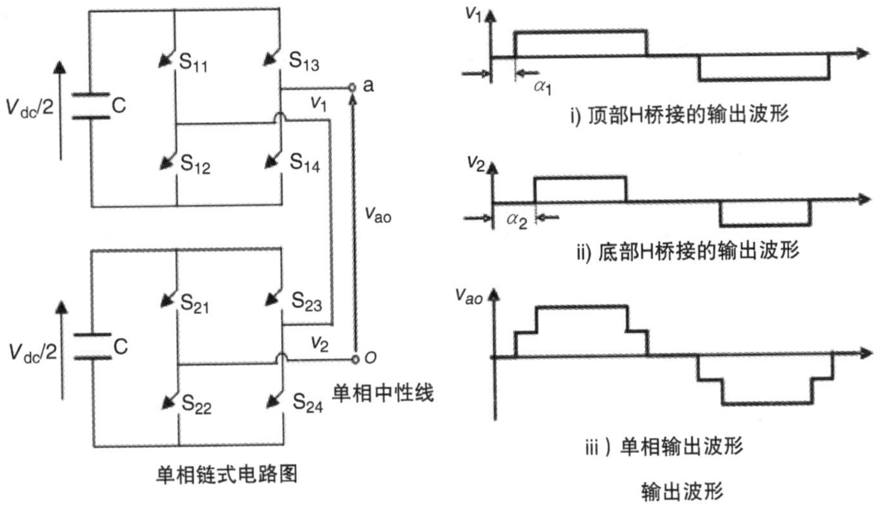

图 9.15　五电平 M2C 配置的单相电路与输出

因此直流电容必须很大才能保持合理的较低直流电压波动。另外，此电路需要一种复杂的控制手段来保持直流电压水平，特别是系统受到扰动时[18]。

参 考 文 献

[1] Arrillaga, J. (1998) *High Voltage Direct Current Transmission*, IET, Stevenage.

[2] Kim, C., Sood, V.K. and Seong-Jo, G.J. (2010) *HVDC Transmission: Power Conversion Applications in Power Systems*, Wiley-IEEE, Singapore.

[3] Barker, C. *et al.* (2010) *HVDC: Connecting to the Future*, Alstom Grid.

[4] Song, Y.H. and Johns, A.T. (1999) *Flexible AC Transmission Systems*, IET Power and Energy Series 30.

[5] Acha, E., Fuerte-Esquivel, C.R., Ambriz-Pérez, H. and Angeles-Camacho, C. (2004) *FACTS: Modelling and Simulation in Power Networks*, John Wiley & Sons Ltd, Chichester.

[6] Jenkins, N., Ekanayake, J.B. and Strbac, G. (2010) *Distributed Generation*, IET, Stevenage.

[7] Heier, S. (2006) *Grid Integration of Wind Energy Conversion Systems*, John Wiley & Sons, Ltd, Chichester.

[8] Anaya-Lara, O., Jenkins, N., Ekanayake, J. *et al.* (2009) *Wind Energy Generation: Modelling and Control*, John Wiley & Sons, Ltd, Chichester.

[9] Hingorani, H. (1995) Introducing custom power. *IEEE Spectrum*, **32**(6), 41–48.

[10] Mohan, N., Undeland, T.M. and Robbins, W.P. (1995) *Power Electronics: Converters, Applications and Design*, John Wiley & Sons, Inc, New York.

[11] Yazdani, A. and Iravani, R. (2010) *Voltage-Sourced Converters in Power Systems*, IEEE-Wiley, Singapore.

[12] Holtz, J. (1992) Pulsewidth modulation – a survey. *IEEE Transactions on Industrial Electronics*, **39**(5), 410–420.
[13] Handley, P.G. and Boys, J.T. (1992) Practical real-time PWM modulators: an assessment. *IEE Proceedings-B (Electric Power Applications)*, **139**(2), 96–102.
[14] Shen, J. and Butterworth, N. (1997) Analysis and design of a three-level PWM converter system for railway-traction applications. *IEE Proceeding Electric Power Applications*, **144**(5), 357–371.
[15] Nabae, A., Takahashi, I. and Akagi, H. (1981) A new neutral-point-clamped PWM inverter. *IEEE Transactions on Industry Applications*, **1A-17**(5), 518–523.
[16] Withanage, R., Crookes, W. and Shammas, N. (2007) *Novel voltage balancing technique for series connection of IGBTs*. 2007 European Conference on Power Electronics and Applications, 2007, pp. 1–10.
[17] Hochgraf, C., Lasseter, R., Divan, D. and Lipo, T.A. (1994) *Comparison of multilevel inverters for Static VAr Compensation*. IEEE Industry Applications Society Annual Meeting, Vol. 2, 1994, pp. 921–928.
[18] Lai, J. and Peng, F.Z. (1996) Multilevel converters – a new breed of power converters. *IEEE Transactions on Industry Applications*, **32**(3), 509–516.

第 10 章　智能电网中的电力电子

10.1　简介

在未来的智能电网中，将会存在越来越多的分布式电网，比如说可再生能源、电动汽车、热泵等接入的智能电网。人们期待通过接收可再生能源或按需调峰等手段满足灵活负荷来支撑电网。对于敏感的负荷，比如说计算机或者产值较高的工厂，供给的电能质量尤为重要。因此可见性、可控性、柔性将成为未来电力系统基本特点，其中电力电子设备将扮演重要角色。

某些可再生能源的电能输出大部分是直流（例如光伏系统），所以需要通过逆变器将其连接至交流电网。尽管有些可再生能源使用交流发电机（例如风机），可以直接和电网相连，但仍常使用一些交流-直流和直流-交流变换系统。有些系统的运行环境需要可再生能源发电机进行快速自主的有功无功控制，这些控制手段只能通过使用电力电子连接来实现。

随着大量分布式发电机并入电网，包括微型发电机，电力系统中传统的有功/频率控制和无功/电压控制变得没那么有效。传统配电线路中的电压控制为装载抽头转换开关和自动电压控制延迟，有时是线路电压降补偿。当配电线路潮流发生逆转时，控制系统可能没办法满足控制需求。此外，抽头转换开关作为一个机械装置，其动作时间可能无法实现某些动态电压控制功能。在这些背景下，能够快速反应的无功电源显现出其优越性，比如配电 STATCOM，特别适用于感性电网中。

10.2　可再生能源发电

现在许多国家都在大力发展可再生能源，以减少二氧化碳的排放和提供可持续电力供应。特定技术的发展和规模在每个国家都各不相同。然而水资源、风能、生物质（固态、液态、气态生物质）、潮汐能、光伏成为了主要选择。

风力、水力以及潮汐能发电运用不同速度的发电机。这些发电机常使用交-直-交变换器，因为发电机常常运行于最优速度，以便于从流体中获得最大能量或减少机械负荷。发电机输出频率变化的交流电先经过第一个变换器变为直流电，第二个变换器再把直流电变为 50Hz/60Hz 的交流电。

光伏发电系统输出直流电，因此并网需要直-交变换器。生物质能发电使用蒸汽轮机、燃气轮机和传统发电机。生物质气作为往复式发电机的燃料，通常使用异步发电机与电网直接相连，所以在本章中不需要考虑。

可再生能源接入电网的设备可以通过控制无功功率输出来稳固电网电压，并且也可以控制有功功率，能够令发电机满足电网需求。

10.2.1　PV 系统

光伏（PV）系统，可将太阳能直接转化为电能，已经在很多国家得到了使用，例如德国、西班牙、美国和日本。上网电价补贴政策为每单位可再生电能（p/kWh）提供保证资金，为促进 PV 能源消费发挥着重要作用。

图 10.1 展示了民用 PV 系统的主要构成部分，包括：①最大功率点跟踪（MPPT）和增加电压配置的直-直变换器；②单相直-交逆变器；③输出滤波器或变压器；④控制器。

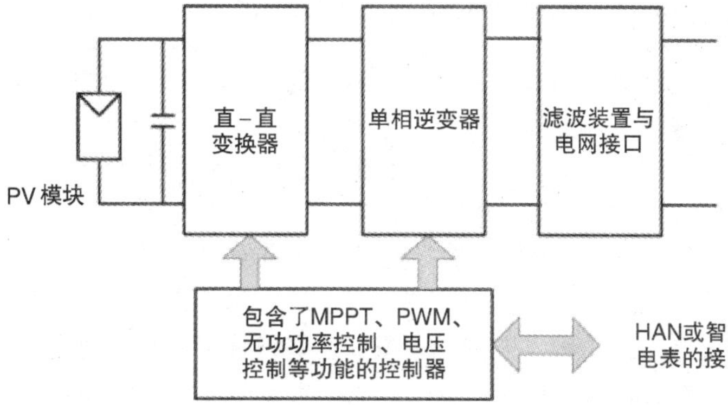

图 10.1　民用 PV 系统框图

PV 模型包含了一系列串联和并联的 PV 单元。图 10.2 给出了 PV 模型的电流-电压和功率电压特性曲线[1]。模型最大电能输出出现在电压/电流特性曲线的底部。

使用多种直-直变换器，例如升压电路、推挽电路、全桥电路、反激式变换器等[2,3]。直-直系统的逆变侧直流电压通常由逆变控制保持恒定。MPPT 算法的原理是当 PV 单元的温度和运行环境不断变化时，持续地寻找 PV 序列的最优功率。

这在数字控制器中很容易实现，最广泛的 MPPT 算法是“扰动与观察法”，有时候也被称为“爬山法”。在这种策略中，PV 序列的终端电压朝一个方向进行扰动，如果朝这个方向扰动时 PV 功率增加，则朝该方向进一步扰动。如果

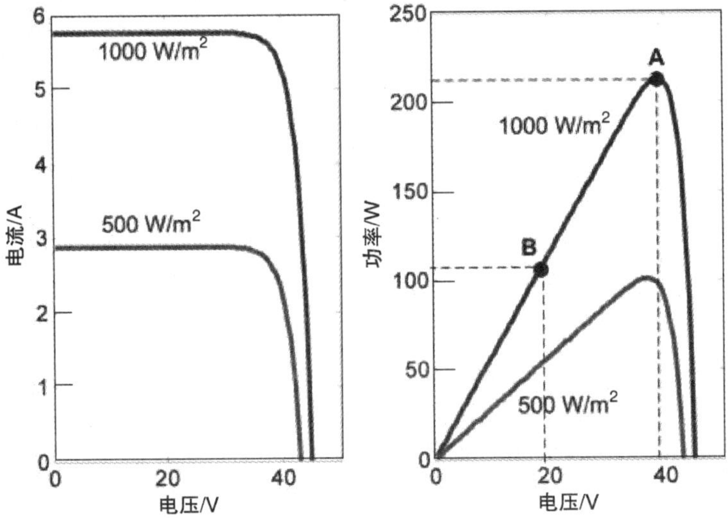

图 10.2　辐照度为 1000W/m^2、500W/m^2 情况下，PV 模块的电流/电压与功率/电压特性曲线

PV 功率减小，则朝相反方向进行扰动。另一种更容易在模拟电路中实现的方法是微增电导法。这个方法是基于在最大功率点时，光伏序列（di/dv）+（i/v）为零（由 dP/dv =0 推导出）[4]。由此可知，最大功率所反映的电压可以由微增电导（di/dv）和瞬时电导（i/v）得出。

电压源逆变器在直-直系统中被广泛应用，将输出的直流电压逆变为 50Hz/60Hz 交流电。正如第 9 章所述，通常使用 PWM 技术来减小谐波畸变。最后，将滤波器置于输出端来减小输入电网的谐波。有些设计会在输出逆变器后面加一个变压器来保证没有直流接入电网。

例 10.1

图 10.3 所示的 PV 发电系统由两个图 10.2 所示的具有 $V-I$ 特点的 PV 发电

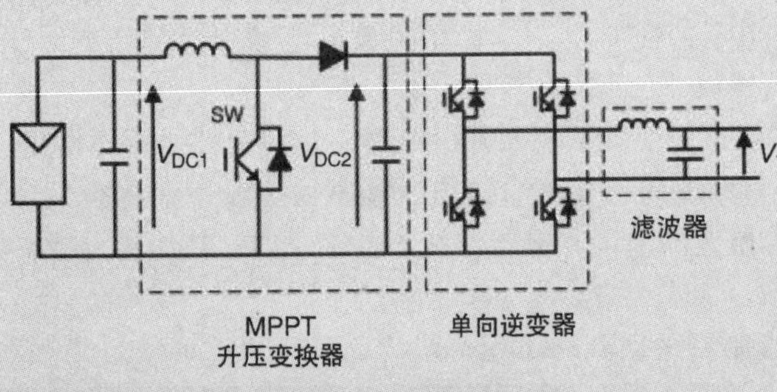

图 10.3　例 10.1 的图

模块串联而成。单相逆变器通过正弦 PWM 直接连接到 230V 的电源。模块的辐照度为 $1000W/m^2$。

1）描述一个可能会使用的控制策略。

2）逆变器的振幅调制指数是多少时能使 V_{DC2} 维持在 350V？

3）计算提供最大功率时开关 SW 的占空比。

4）如果由于地方电网的约束，PV 系统的输出降低了 50%，计算 SW 所需的新负载比。数据：升压变换器 $V_{DC2} = (1/(1-D)) \times V_{DC1}$，其中 D 是开关 SW 的负载比。

通过正弦 PWM 对一个单相逆变器进行操作 $V_1 = m_a V_{DC2}$，其中 V_1 是逆变器输出电压的基波峰值，m_a 是调制指数。

解：

1）使逆变器的调制指数 V_{DC2} 总保持在一个参考值，当 MPPT 算法检测到 V_{DC1} 应该增加时，负载比 D 是减少的。相反，当 MPPT 算法检测到 V_{DC1} 应该减少时，负载比 D 是增加的。

2）V_1 是 $230V \times \sqrt{2} = 325V$。因此，由 $V_1 = m_a V_{DC2}$ 使得 V_{DC2} 保持为 350V：$m_a = \frac{325}{350} = 0.93$。

3）为了获得峰值功率，电压 V_{DC1} 应该保持在 80V（电压通过每个串联模块时应该大约保持在 40V，见图 10.2 的 A 点）。

所以：$350 = \frac{1}{1-D} \times 80$。因此，$D = 0.77$。

4）如果 PV 发电系统的输出功率降低到 50%，辐照度保持不变，V_{DC1} 应该变为 40V（见图 10.2 的 B 点）。

所以：$350 = \frac{1}{1-D} \times 40$。因此，$D = 0.89$。

10.2.2　风能、水能和潮汐能系统

风能、水能和潮汐能发电系统都是用水或者空气的势能或者动能转化为电能。近些年来风力发电有着显著增长，这从全球风电机组装机容量就可以看出，已经增长至 200GW。水力发电已经是一项成熟的技术，其机组单元容量可由数 kW 到数百 MW。潮汐发电是近些年的新技术，该领域投入了大量的财力进行研发。

近岸风电场和离岸海上风电场仍处于不断发展中。将风机安装在大海上挑战性更大并且更昂贵，但是离岸风电场有更强劲且持续的风能资源，并且对环境冲击较小。离岸风机使用的大多数是变速风机。过去，定速风机普遍在近岸风电场

中使用，但近些年也配置了变速风机。

发达国家中，有价值的适合兴建水力发电的地点普遍都已经被开发利用，但是小型和微型水力发电仍有着可以利用的机会。通过使用变速发电机和电力电子接口，可以提高小机组单元在流速变化较大水域中的效率。

对于潮汐发电来说，可以使用多种发电机[5]。有些位于海岸上，有些被海水包围，有些浮于海上。它们可以按如下分类：

1）水平轴发电机：这种发电机结构和风机类似。

2）垂直轴发电机：垂直轴发电机不用朝向潮流也能接收很大的周期力矩。

3）振荡水翼装置：这种装置的水翼能够在水面随着潮流前后摆动。

4）冲压装置：潮汐从管道中通过，推动管道中直径更小的发电机。

10.2.2.1 电力电子变换器

对于风力、水力、潮汐变速发电机来说，可以使用双馈感应发电机（DFIG）或者基于发电机的全功率变换器（FPC），如图 10.4 所示。DFIG 是感应发电机，其绕线型转子与一个“背靠背”电力电子变换器相连接。四象限变换器控制着有功和无功功率从电路中流进或者流出。转子速度可以通过改变转子侧变换器的流入有功功率来控制。

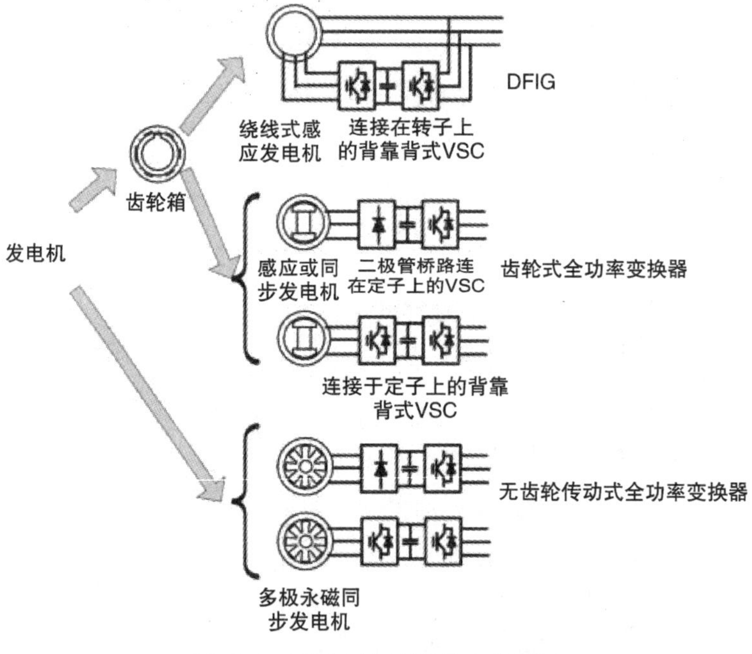

图 10.4　不同变速/调速发电机配置

在 FPC 发电机中，一个二极管桥或四象限变换器与发电机定子末端相连。发电机可以是同步发电机或笼型异步发电机。其转速由最大功率追踪控制，输出频率随风力/水力/潮汐情况而变。频率变化的电流通过变换器变为直流接着逆变为 50Hz 交流电。FPC 结构允许连接齿轮箱运行。有着多极（最多达到 100）结构的多极永磁发电机通常在无齿轮箱结构中使用。

10.2.2.2 风机控制

变速风机使用背靠背 VSC 来控制转子转速，这样能获得最大空气动能利用率。图 10.5 所示为一直径 75m 的风机在不同风速下的输出-转子转速曲线。在额定风速下，风机转速通过功率控制器不断变化以追踪最大功率曲线。这通常由转矩控制器实现，其转矩已在根据最大功率曲线制定的转速表中给定。与变换器产生的实际转矩进行比较，当额定转速达到约 12m/s 时，桨距会改变以减少气动转子的功率（点 X）。在点 X 以下只用转矩控制，桨距为固定值，通常为 -2°。在高于额定风速时，桨距控制启动，电控制则保持其额定值。

可以通过调控变速发电机来支持电网[6-8]。例如，当电网突然丢失一个大负荷，系统频率突然增加时，通过控制背靠背变换器，改变转速来减少获取风能是非常有效的措施。如果在正常操作中进行加载，风机也可以对低频做出响应。

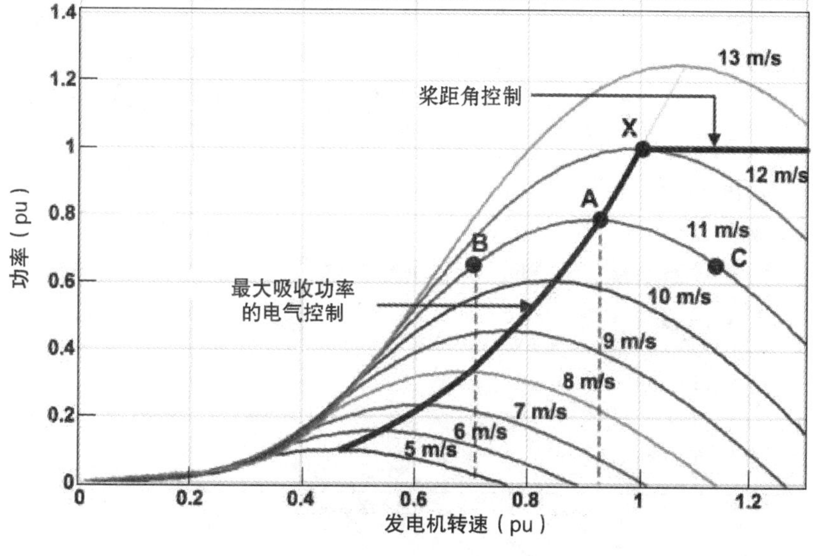

图 10.5 变速风机工作区（注：功率标幺基值为 2MW，速度标幺基值为 1800r/min）

例 10.2

具有图 10.5 所示特点的风机以 11m/s 的风速转动。发电机采用同步发电机。由于电网上的高频率，电网运营商请求减少风机 20% 的输出。额定转速频率下风机侧 VSC 的调制指数是 30。按要求减少的风机输出功率对应新的调制指数应该是多少？

解：速度为 11m/s 时，所述风机的输出由下式给出的最大功率提取曲线与 11m/s 以下曲线截取。这样，风机在图 10.5 所示的 A 点（功率≈0.8pu）处操作。当功率减少 20% 时，新的操作点为 B（功率 =0.8×0.8=0.64pu）。

为了获得这个功率，风机的转速应该减少到 B 点或者增加到 C 点。操作点 C 受限于风机的最大转速。

B 点处相应的操作速度大约是 0.7pu，即 1800×0.7=1260r/min。

对于同步发电机，转速和定子频率成正比（也就是比例常数 k）。在 1800r/min 时，三角波载波频率为

$$f_c = \frac{1800}{k} \times 30 \tag{10.1}$$

因为载波频率是相同的，要获得 1260r/min 的转速，频率的调制指数 m_f 应满足：

$$f_c = \frac{1260}{k} \times m_f \tag{10.2}$$

由式（10.1）和式（10.2）得 $m_f = 43$。

10.2.2.3 水力发电机控制

水力发电机的设计要求在特定的转速、水头和排放下是最优的。当水文情况发生改变时，其转换效率也发生改变。变速控制改变发电机转速以保证水文状况在很大范围内变化时仍能获得最大效率[9,10]。

净水头和导流叶片的开合角度控制着流经水力机的水流大小。水力机效率由所谓的特性曲线来表现。特性曲线给出当转速变化时不同流量所对应的效率曲线。正如从图 10.6 可看出，对于给定流量，存在一个效率最大的最优转速。一

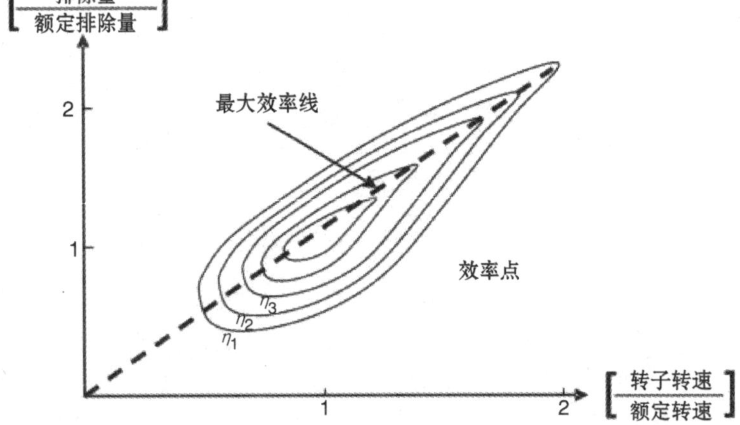

图 10.6 螺旋桨涡轮机特性曲线（$\eta_1 < \eta_2 < \eta_3 \cdots$）[10]

旦特性曲线由模型测试得出后，便可以通过查表法来控制转速。

10.2.2.4　潮汐发电机控制

在潮汐发电装置中，为了能获得最大能量，在不同潮流情况下根据潮流动力所表现的发电机转矩也不同。使用爬山法是一种可行的控制策略，如 PV 系统中所述。或者与风机控制的原则相似，使用一种控制策略其变换器汲取的能量由如下方法决定：根据潮流情况计算转子角速度，然后创建查表法。

10.3　故障电流限制

根据预测，将有越来越多的分布式发电机要并入智能电网。有些发电机是同步发电机，在短路故障时注入持续的短路电流。其中有些是异步发电机（感应发电机），对称故障的短路电流将在 1s 之内衰减。同时还有大量分布式发电机是通过电力电子设备接入电网，在发生故障时其短路电流将由其电力电子开关的额定数值和控制系统所限制。不同类型的分布式发电机接入会引入如下问题：

1）在某些电路中，同步发电机的短路电流将通过开关装置（其有一个中断容量）。这就需要替换开关装置或采取措施去限制短路电流。

2）在某些电路中含有大量由电力电子设备接入电网中的分布式发电机，其故障电流可能比较小，无法被现有技术例如过电流保护所检测。这就要求有新的保护措施。

故障限流器（FCL）在分布式电路中用以限制故障电流。还有其他限制故障电流的设备，如限流熔断器、超导限流器、电磁限流器、静电限流器、混合限流器。但目前只有限流熔断器得到广泛使用[11]。

在文献［12－14］中介绍了数种静电 FCL。图 10.7 中显示了 3 种不同的 FCL，每种都使用了不同的开关。在实际系统中应用的只有图 10.7a。美国 Kayenta 变电站的串联补偿器使用了这种装置。在正常运行时，两个晶闸管都是断开的，电流流经 L_1 和 C。L_1 和 C 的阻抗在 50Hz/60Hz 下已经选定，有 $\omega L_1 - 1/\omega C = 0$。这样这条线中阻抗为零。当发生故障时，两个晶闸管都导通并且 L_2 与 C 并联，这样就增加了线路中的感性阻抗。并联的变阻器用于限制晶闸管的暂态电压，暂态电压的上升速率由缓冲电路所限制。

图 10.7b 所示电路，背靠背 GTO 晶闸管串联在电路中。当检测到故障时，正常导通的 GTO 晶闸管断开，短路电流就转移到并联电抗上。这就限制了短路电流。文献［13］中，这种电路可用于限制故障电流和中断故障。持续开断 GTO 晶闸管开关就能在 GTO 晶闸管和并联装置上进行分流。

图 10.7c 所示电路，在正常操作下，旁路开关承担电流。当发生故障时，旁路开关断开，IGBT 承担电流。当电流达到预设值时，IGBT 断开，电流转移至变

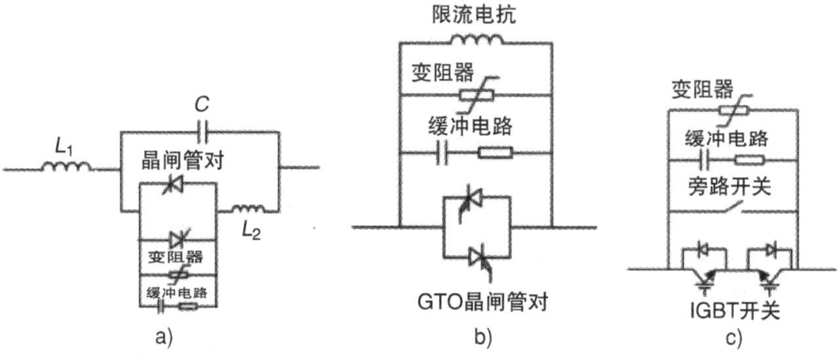

图 10.7 静态 FCL

阻器。变阻器的限制电压比正常供应电压最大值要大，因此故障电流开始减小。当电流达到最小值时，IGBT 又导通。这样故障电流始终保持在最大值之下。

例 10.3

对于图 10.8 所示的配电网部分，计算以下变量：

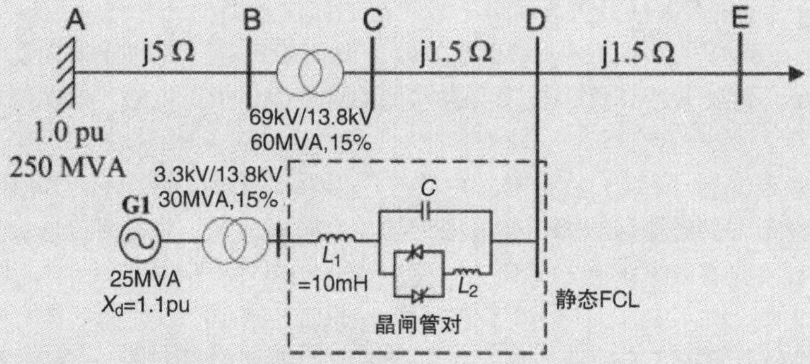

图 10.8 例 10.3 的图

1）忽略发电机 G1，三相故障时 E 处的故障电流。

2）计及发电机 G1（没有静态 FCL），三相故障时 E 处的故障电流。

3）计算 2）中故障电流减少 5% 时 C 和 L_2 的值。

解：

选择 $S_{\text{base}} = 250\text{MVA}$。

当电压为 69kV 时，$Z_{\text{base}} = \dfrac{(69\times10^3)^2}{(250\times10^6)} = 19.04$（Ω），$I_{\text{base}} = \dfrac{250\times10^6}{\sqrt{3}\times69\times10^3} = 2091.85$（A）。

当电压为 13.8kV 时，$Z_{base}=\frac{(13.8\times10^3)^2}{(250\times10^6)}=0.76\ (\Omega)$，$I_{base}=\frac{250\times10^6}{\sqrt{3}\times13.8\times10^3}=10459.25\ (A)$。

单位阻抗由表 10.1 给出。

表 10.1　标幺值阻抗

AB 线	69kV/13.8kV 变压器	CD 线	DE 线	G1	发电机变压器
j5/19.04 = j0.26	j0.15 ×250/60 = j0.625	j1.5/0.76 = j1.97	j1.5/0.76 = j1.97	j1.1 ×250/25 = j11	j1.1 ×250/30 = j1.25

1）忽略发电机 G1 时的故障电流 $=\frac{1}{0.26+0.625+1.97+1.97}=0.207\text{pu}$

$=0.207\times10459.25=2166.8\ (A)$

2）发电机 G1 的等效电路如图 10.9 所示。

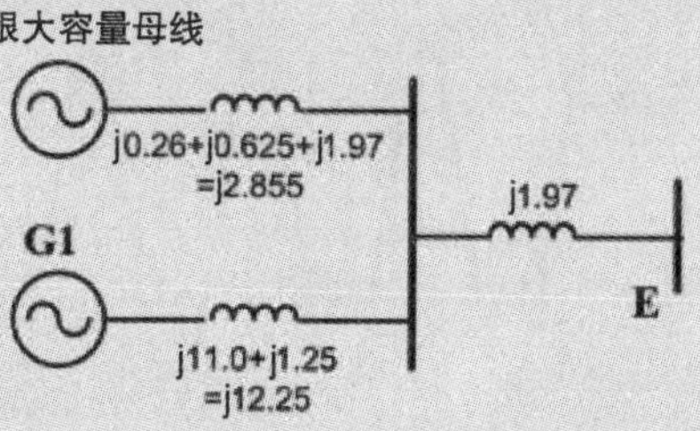

图 10.9　发电机 G1 的等效电路

计及发电机 G1 时的故障电流 $=\frac{1}{2.855//12.25+1.97}=0.233\text{pu}$

$=0.233\times10459.25=2440.7\ (A)$

3）如果限流器的阻抗为 jZ_{FCL}，等效电路如图 10.9 所示。

如果故障电流减少 5%，新的故障电流 =0.233 ×0.95 =0.22pu。

因此，$\frac{1}{\left[\frac{2.855\times(12.25+Z_{FCL})}{(2.855+12.25+Z_{FCL})}+1.97\right]}=0.22\text{pu}$

解方程，可得 $Z_{FCL}=j14.03\text{pu}$。

由图 10.10 所示的 FCL 电路图得

$100\pi L_1-1/100\pi C=0$

因为 $L_1=10\text{mH}\rightarrow C=1013\mu\text{F}$

$jZ_{FCL}=j\omega L_1+\frac{j\omega L_2\times1/j\omega C}{j\omega L_2\times1j\omega C}$

由于 $\omega L_1-1/j\omega C=0$，因此 1/

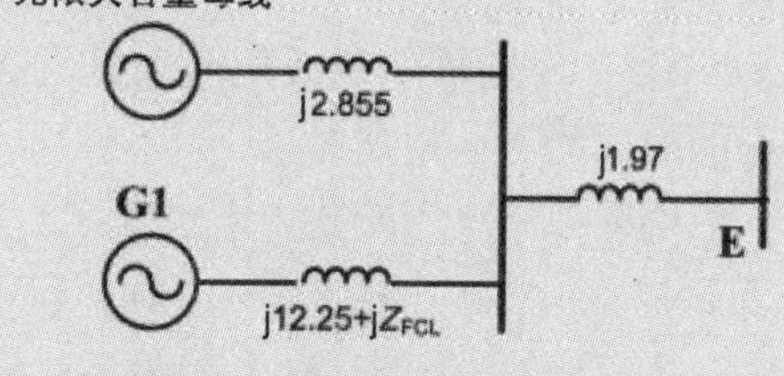

图 10.10　有 FCL 的等效电路

$j\omega C = -j\omega L_1$，代入前面的方程，可得如下方程：

$$Z_{FCL} = \omega L_1 + \frac{\omega L_2 \times -j\omega L_1}{j\omega L_2 - j\omega L_1}$$

$$= \omega L_1 \left[1 + \frac{L_2}{L_1 - L_2} \right]$$

代入 Z_{FCL} 和 L_1：$14.03 = 100\pi \times 10 \times 10^{-3} \left[1 + \frac{L_2}{10 \times 10^{-3} - L_2} \right]$

解方程得 $L_2 = 7.76\text{mH}$。

图 10.3 中的电网在 IPSA 软件中进行仿真，分别得出有 FCL 和没有 FCL 时的故障电流曲线，如图 10.11 所示。在仿真中考虑了线 AB 的电阻（2.5Ω）、CD 的电阻（1.5Ω）、DE 的电阻（1.5Ω）（在例子中没有考虑电阻以简化计算）。

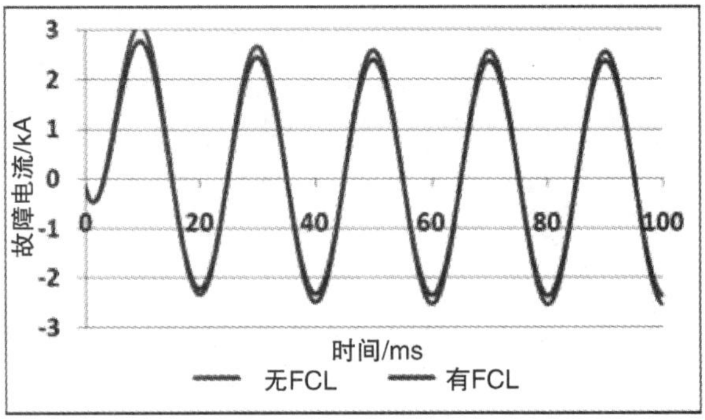

图 10.11　有、无 FCL 的发电机故障电流

10.4　并联补偿

许多年来，并联电容器和并联电抗器相继接入电网，以控制无功功率，有时电网则通过晶闸管控制无功功率。近年来，VSC 的并联补偿设备在电力系统中得到应用，例如 STATCOM、有源滤波器、储能-电压源变换器（VSC-ES）。STATCOM 用于向输电线或配电线提供无功功率以控制系统电压，减小网损，克服可能出现的不稳定问题。

配电线中的电压变化由下式给定：

$$\Delta V = (PR + QX)/V \tag{10.3}$$

式中，P、Q 分别是有功和无功潮流；X 和 R 是电路电抗和电阻；V 是电压。

当可再生能源驱动的分布式发电机输出功率变化时，其连接电网的电压也会发生变化。为了缓和这种电压波动，可以使用并联补偿设备例如 STATCOM 或者 VSC-ES，以便在电压变化的情况下调整无功或有功功率。

很多电力电子负荷会产生非正弦电流，这样会导致不可接受的电压畸变。IEEE 519-1922[15]和 ER G5/4[16]等标准明确提出要限制可能会注入电网或引起谐波电压的谐波电流。如果超过了限制，则断开与电网的连接。如果负荷电流不能很经济地修正为正弦曲线，则使用有源滤波器将其修正。

10.4.1 D-STATCOM

STATCOM 是电力电子版的旋转同步电容器。与配电线路相连接的通常叫做 D-STATCOM。D-STATCOM 的无功功率控制原理如图 10.12 所示。D-STATCOM 的 VSC 产生一个可控的三相电压（V_{STATCOM}），这一电压与终端电压同相位。当 VSC 输出电压幅值（$V_{\mathrm{STATCOM\_1}}$）小于终端电压（V_{terminal}）时，D-STATCOM 产生一个滞后于终端电压的电流（$I_{\mathrm{STATCOM\_1}}$），这样便吸收无功电压。当 VSC 产生大于终端电压的电压时，D-STATCOM 产生无功电压。

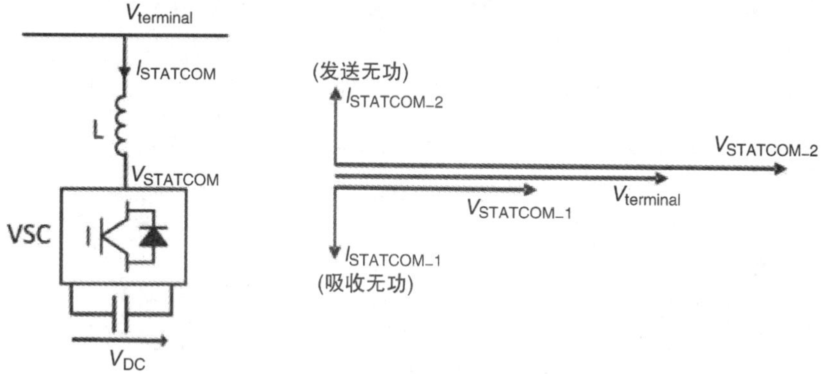

图 10.12 D-STATCOM 的执行过程

可以在文献［17，18］中找到两种主要的 STATCOM 控制方法。第一种是相位变换控制。当 V_{STATCOM}略微超前于 V_{terminal}时，电网有功功率从 D-STATCOM 流向交流电网。这样反过来便降低了直流电容器电压和 V_{STATCOM}，然后 STATCOM 便吸收无功功率。相反地，当 STATCOM 输出电压略微滞后于系统电压时，直流电容器电压上升，STATCOM 注入无功功率。相位转换控制不需要依赖电压源逆变器的 PWM，对于那些采用调制策略来减小损耗的 STATCOM 来说，这个具有相当大的吸引力。

另一种控制策略是使用如图 10.13 所示的 PWM 技术。这种策略调整逆变器的调制系数 m_a 和相位角 φ。由终端电压矢量（$\boldsymbol{V}_{\mathrm{terminal}}$）的 d 轴分量计算得出注

入电流的 d 轴和 q 轴矢量。电流分量 $I_{d\_STATCOM}$ 控制直流电容器，$I_{q\_STATCOM}$ 控制 D-STATCOM 注入和吸收的无功功率。

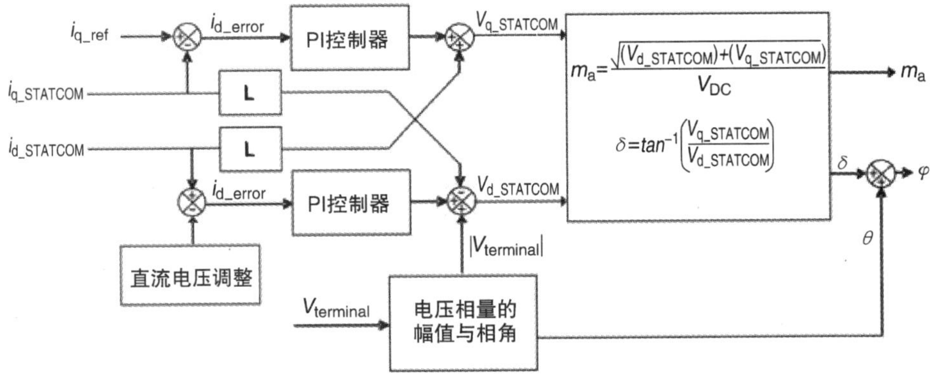

图 10.13　D-STATCOM 的解耦电流控制方法[18]

例 10.4

如图 10.14 所示为 D-STATCOM。假设D-STATCOM 使用一个由正弦 PWM 的六脉冲 VSC。计算所需的调制系数：①产生 5Mvar 的无功功率；②吸收 5Mvar 的无功功率。

数据：一个由正弦 PWM 的六脉冲 VSC，$V_{LL}=0.612\times m_a\times V_{DC}$，其中 V_{LL} 是 D-STATCOM 终端的线间电压，m_a 是调制系数，V_{DC} 是 DC 的电容器电压[2]。

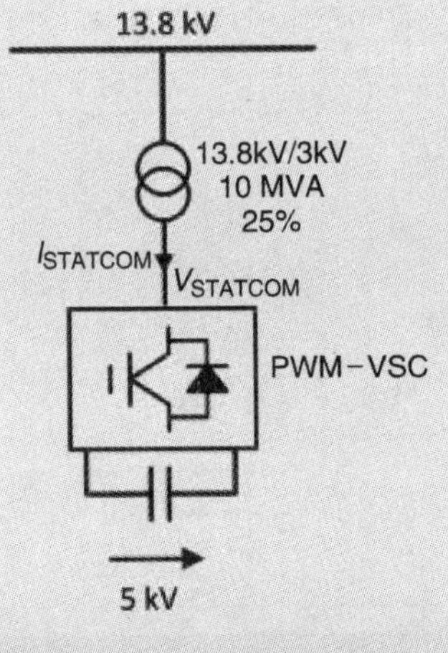

图 10.14　例 10.4 的图

解：

假设基本有功功率是 10MVA，变压器的基本一次电压是 13.8kV，二次电压是 3kV。

变压器漏抗 =0.25pu。

D-STATCOM 终端电压 $=0.612\times m_a\times 5/3=1.02m_a$pu。

标幺值等效电路如图 10.15 所示。

1）当 D-STATCOM 生成 5Mvar 无功功率时，标幺值 $Q=+0.5$pu

从标幺值等效电路图得

$$Q=0.5=\frac{1.02m_a-1}{0.25}$$

$$\therefore m_a=1.1$$

当 $m_a>1$ 时，PWM-VSC 在过调区的操作和 m_a 与 STATCOM 终端电压之间的线性关系不再有效。为了生成 5Mvar 的无功功率，m_a 应该变为之前的 1.1 倍，要得到 m_a 的确切值还需要对 PWM 的输出电压做更精确的计算。

2）当 D-STATCOM 吸收 5Mvar 无功功率时，标幺值 $Q = -0.5$pu。

从标幺值等效电路图得

$$Q = -0.5 = \frac{1.02m_a - 1}{0.25}$$

$$\therefore m_a = 0.86$$

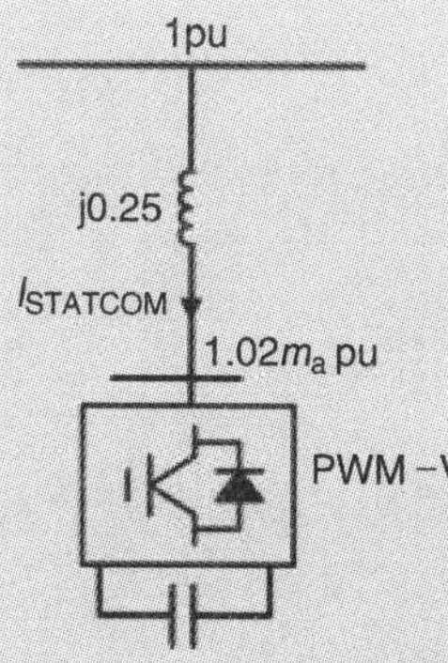

图 10.15　图 10.14 的等效电路

10.4.1.1　负荷补偿

D-STATCOM 可以用于修正功率因数以及平衡由不均衡负荷带来的不平衡电流。典型的连接设置如图 10.16 所示。当需要补偿负荷时，首先需要计算由 D-STATCOM 注入的电流，然后由控制器控制产生此电流。简便起见，假设D-STATCOM 是个理想电流源。然而实际上，由于 VSC 和其控制器的限制，以及需要有功功率对 D-STATCOM 电容器充电，理想补偿器是不可能实现的。

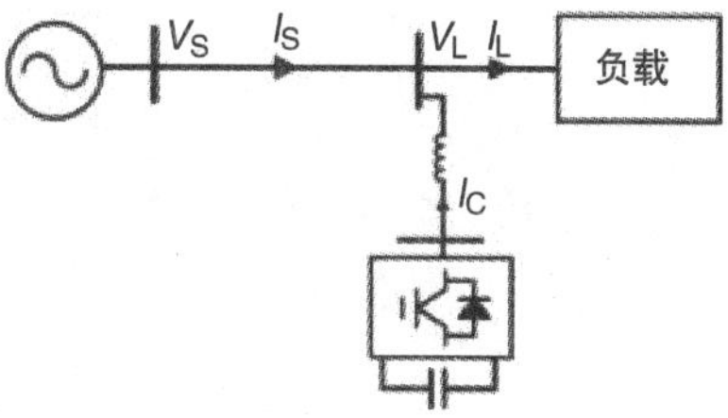

图 10.16　负荷补偿

在此讨论两种控制策略：

1. 平衡三相负荷的功率因数修正

为了获得单位功率因数，D-STATCOM 需要注入电流以补偿负荷的无功功率 q_L。

D-STATCOM 需要注入的瞬时无功功率由下式给出：

$$v_{dL} \times i_{qC} - v_{qL} \times i_{dC} = q_L \tag{10.4}$$

d 轴与 V_L 对齐。v_{dL} 和 v_{qL} 是 V_L 的 d、q 轴分量。i_{dC} 和 i_{qC} 是 I_L 的 d、q 轴分量。

假设 D-STATCOM 没有吸收或注入任何有功功率：

$$v_{dL} \times i_{dC} - v_{qL} \times i_{qC} = 0 \tag{10.5}$$

从式（10.4）和式（10.5）可以得出 D-STATCOM 注入的电流。由此制定的电流控制策略可以通过控制 D-STATCOM 产生需要的输出电流。

2. 修正功率因数以及平衡不均衡电流

假设电源电流和电压都是平衡的，瞬时有功功率 p_S、无功功率 q_S 由下式给定[20]：

$$p_S = v_{aS} \times i_{aS} + v_{bS} \times i_{bS} + v_{cS} \times i_{cS} \tag{10.6}$$

$$q_S = \begin{bmatrix} q_{aS} \\ q_{bS} \\ q_{cS} \end{bmatrix} = \begin{bmatrix} v_{bS} \times i_{cS} - v_{cS} \times i_{bS} \\ v_{cS} \times i_{aS} - v_{aS} \times i_{cS} \\ v_{aS} \times i_{bS} - v_{bS} \times i_{aS} \end{bmatrix} \tag{10.7}$$

式中，v_{aS}、v_{bS}、v_{cS}是 V_S 的三相电压；i_{aS}、i_{bS}、i_{cS}是 I_S 的三相电流。

假设负荷有功功率等于 p_S，无功功率 q_S 为零（负荷无功由 D-STATCOM 提供），从式（10.6）和式（10.7）可得出三相电流 i_{aS}、i_{bS}、i_{bS}。则 D-STATCOM 注入的电流为

$$q = \begin{bmatrix} i_{aC} \\ i_{bC} \\ i_{cC} \end{bmatrix} = \begin{bmatrix} i_{aS} - i_{aL} \\ i_{bS} - i_{bL} \\ i_{cS} - i_{cL} \end{bmatrix} \tag{10.8}$$

从式（10.8）可知，负荷的三相电流并不相同，所以 D-STATCOM 的三相输出应该分别独立可控。一种可行的电路是 H 桥（见图 9.2）电路连接一个普通直流电容器，如图 10.17。

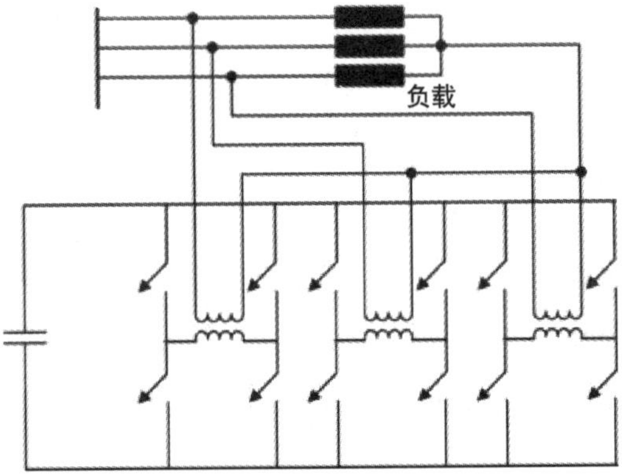

图 10.17　独立控制每一相的带 H 桥的 D-STATCOM

10.4.1.2　电压控制

带有晶闸管静止无功补偿器可以用 D-STATCOM 来进行电压控制。传统电压控制使用如图 10.18 所示带有电流调差的控制器。PI 控制器通过比较实际电压和参考电压 V^*_{Ref}的偏差信号来决定无功需求信号。对 V_{ref}引入差分控制计算得出参考电压。差分控制可以实现终端电压在容性补偿时比正常值小，或者在感性补偿时比正常值大。

当汇流母线接入可再生能源引起电压 V_T 波动时，需要 D-STATCOM 提供或吸收无功功率以减小电压波动。

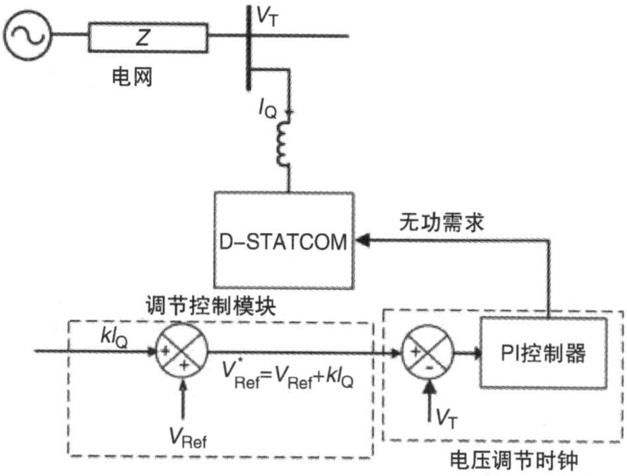

图 10.18　电压调节的闭环控制[21]

例 10.5

一个 5MW 的水电方案，感应发电机如图 10.19 所示连接到配电系统。当感应发电机产生 5MW 的功率时，它吸收 2.5Mvar 的无功功率。

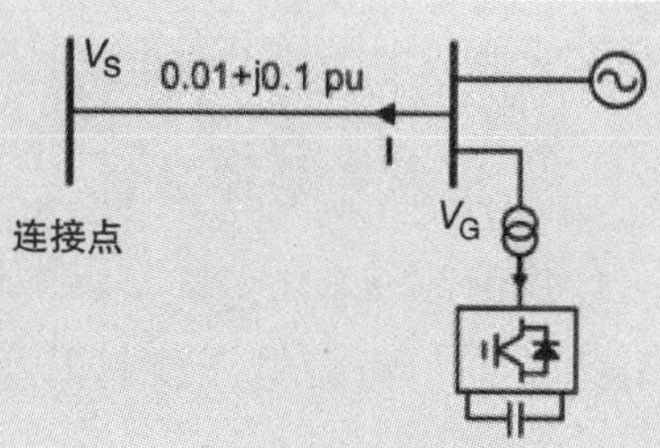

图 10.19　例 10.5 的图
（注：以 10MVA 为标幺值基准）

1）已知产生的有功功率 P、吸收的净无功功率 Q 和发电机终端电压 $\boldsymbol{V}_G$，写出连接点处的电压表达式 $\boldsymbol{V}_S$。

2）当 D-STATCOM 产生的无功功率是 Q_C，连接点处的电压是 $1.0013\angle 2.9°$pu，发电机的终端电压是 $1\angle 0°$时，计算 Q_C 的值。

解：

1）$\boldsymbol{V}_G\boldsymbol{I}^* = P - \mathrm{j}Q$

$$\boldsymbol{I} = \frac{P+\mathrm{j}Q}{\boldsymbol{V}_G^*}$$

$$\boldsymbol{V}_S = \boldsymbol{V}_G + \left(\frac{P+\mathrm{j}Q}{\boldsymbol{V}_G^*}\right)(0.01+\mathrm{j}0.1)$$

$$= \left(\boldsymbol{V}_G + \frac{0.01P - 0.1Q}{\boldsymbol{V}_G^*}\right) + \mathrm{j}\left(\frac{0.01Q + 0.1P}{\boldsymbol{V}_G^*}\right)$$

2）当 D-STATCOM 产生 Q_C 时：

$P=5\text{MW}=0.5\text{pu}$

$Q=2.5-Q_C\text{Mvar}$

对于 $\boldsymbol{V}_S=1.0013\angle 2.9°=1.0+\text{j}0.0505\text{pu}$，$\boldsymbol{V}_G=1.0\angle 0°=1\text{pu}$：

$$1.0+\text{j}0.0505=\left(1+\frac{0.01\times 0.5-0.1\times Q}{1}\right)+\text{j}\left(\frac{0.01\times Q+0.1\times 0.5}{1}\right)$$
$$=1.005-0.1Q+\text{j}\ (0.05+0.01Q)$$

计算上面方程的实部和虚部，可得 $Q=0.05\text{pu}$。

因此，D-STATCOM 产生的无功功率 $=2.5-10\times 0.05=2.0\text{Mvar}$。

10.4.2 有源滤波器

并联有源滤波器由一个 PWM 控制的电流源或电压源变换器构成。其注入谐波电流供非线性负荷吸收，例如电弧炉、整流器负荷（电动机、加热器）或者晶闸管控制的电动机驱动。图 10.20 所示为一个电压控制的并联有源滤波器。由晶闸管控制的直流电动机驱动产生的谐波电流如图 10.21 的第 2 条曲线所示。如果有源滤波器产生第 4 条曲线那样的谐波电流，则电源输出的电流为正弦曲线。

10.4.3 储能并联补偿器

随着储能技术的发展，VSC-ES 设备成为了稳态电压控制以及消除系统扰动的可行方法[23,24]。

VSC-ES 可以控制改变直流系统的有功和无功功率。有功功率和无功功率的控制是互相独立的。并且任何发出/吸收有功功率的设备和任何发出/吸收无功功率的设备组合都可做到（在额定范围之内）。

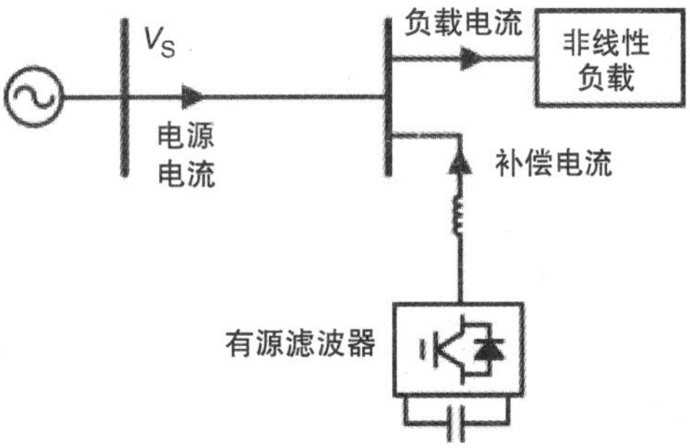

图 10.20　并联有源滤波器

就像 D-STATCOM 一样，VSC-ES 的无功产生和吸收能力可以用于负荷补偿或控制稳、暂态电压。其有功产生和吸收能力可用于增强稳暂态电压控制能力，还可以消除电压骤降和抑制功率振荡。

图 10.22 所示为典型的 VSC-ES 连接。在这个典型的例子中，即使负荷的 P、Q 都为定值，其可能为 DG（那么，P 的方向会相反并且 Q 的方向会由 DG 连接的电机类型决定）。此电路可得出下式：

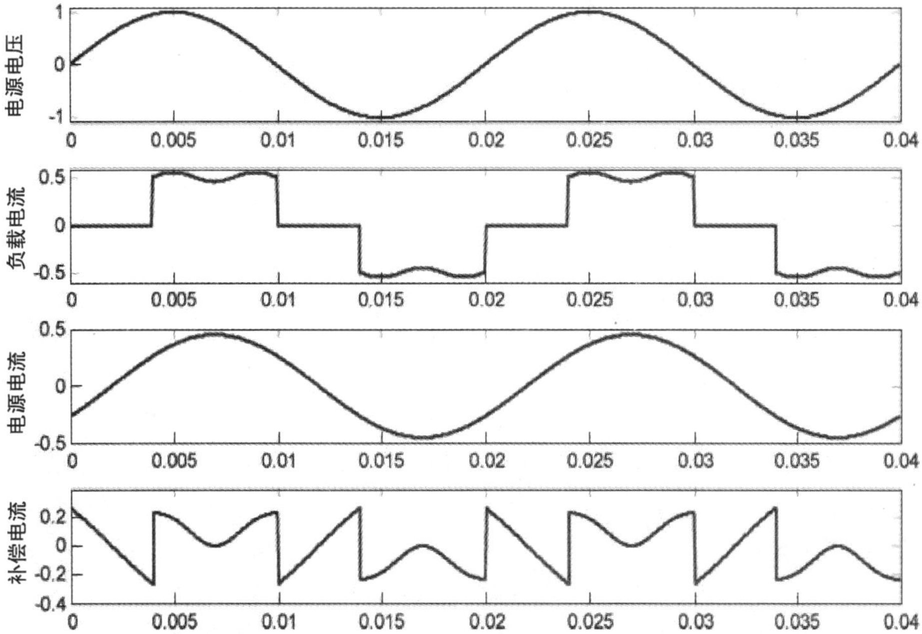

图 10.21 晶闸管控制的直流电动机负载与补偿电流（注：所有 y 轴坐标为标幺值）

$$\boldsymbol{I}=\frac{P-\mathrm{j}Q}{\boldsymbol{V}_{\mathrm{R}}^{*}} \tag{10.9}$$

$$\frac{\boldsymbol{V}_{\mathrm{S}}-\boldsymbol{V}_{\mathrm{R}}}{R+\mathrm{j}X}+\boldsymbol{I}_{\mathrm{C}}=\boldsymbol{I} \quad \boldsymbol{V}_{\mathrm{R}}=\boldsymbol{V}_{\mathrm{S}}-(\boldsymbol{I}-\boldsymbol{I}_{\mathrm{C}})(R+\mathrm{j}X) \tag{10.10}$$

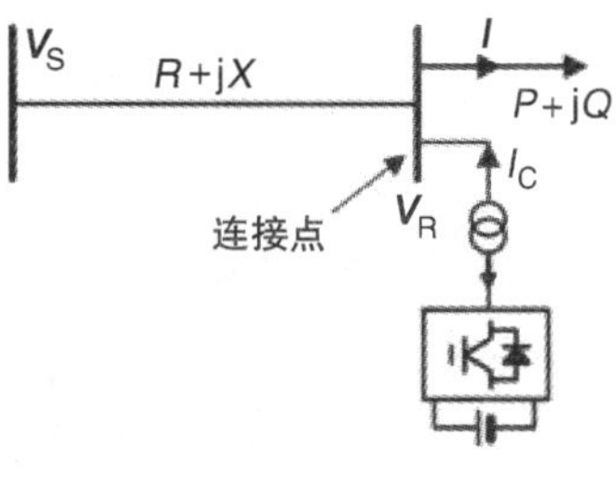

图 10.22 VSC-ES 连接

没有 VSC-ES，$\boldsymbol{V}_{\mathrm{R}}$ 会随着 P、Q 的变化而变化。很容易得出为了减小或者消除 $\boldsymbol{V}_{\mathrm{R}}$ 时 VSC-ES 需要产生的注入电流。当注入电流计算出后，可以通过电流控制来提供所需的补偿电流。

例 10.6

一个 50MW 的风电场连接到配电系统。观察通过塔的叶片可以得出风电场产生的电能为 40 +4sin（10t）MW。计算需要通过 VSC-ES 注入用来补偿叶片功率频率的电流。为了计算方便，假设连接点的无功功率为 0。并且假设VSC-ES 连接点的电压为常值 33kV。

解：

由式（10.9）和式（10.10）可知，为了计算连接点的振荡电压，VSC-ES 需要加入一个功率时变元件。

功率时变元件的响应电流为 $I=\dfrac{4\times10^{6}\times\sin(10t)}{33\times10^{3}/\sqrt{3}}=210\sin(10t)\,\mathrm{A}$。

如果 VSC-ES 注入同样数值的时变电流，连接点的电压是常数。所以，$I_C=210\sin\ (10t)\ \mathrm{A}$。

VSC-ES 有着如下应用：

1）负荷补偿：在许多应用中，VSC-ES 都作为负荷补偿，提供在稳态运行中负荷需要的无功功率，以稳定功率因数在 1 左右。

2）稳态电压控制：VSC-ES 可用于稳态电压控制以及消除系统扰动。在重负荷情况下，VSC-ES 可以提供有功和无功功率来消除电压波动。当系统负荷较轻时，VSC-ES 中的能量储存元件可以进行充电。

3）电压骤降抑制：并联电压骤降抑制设备相较于串联电压骤降抑制设备有着更多的优势，因为并联设备可以同时用于稳态电压控制、功率振荡抑制以及作为一个后备电源。然而相较于串联设备，并联设备只能抑制一个很小的电压暂降，因此限制了其效率。图 10.23 所示为 VSC-ES 抑制电压骤降能力的实验结果。

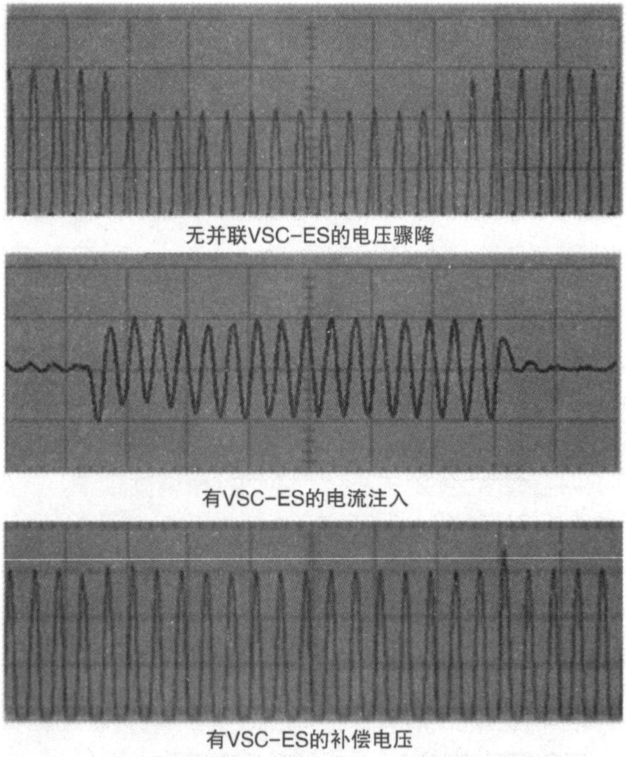

图 10.23　采用 VSC-ES 最大限度降低电压骤降的实验结果

（注：为直观展示仅采用了电压波形的上半部分）

10.5　串联补偿

敏感负荷，如高价值产品的制造工厂（例如半导体工厂或造纸厂）需要电压在特定范围之内，例如图 6.15 中的 ITI 曲线。偏离范围的电压可能导致连续生产过程的中断，造成严重的经济损失。可以使用串联变换器，例如动态电压恢复器（DVR），以保持电压在规定范围之内。连接在配电馈线上的 DVR 如图 10.24 所示。如果供给敏感负荷馈电线上的电压低于运行电压，DVR 会产生一个串联电压以补偿电压波动。

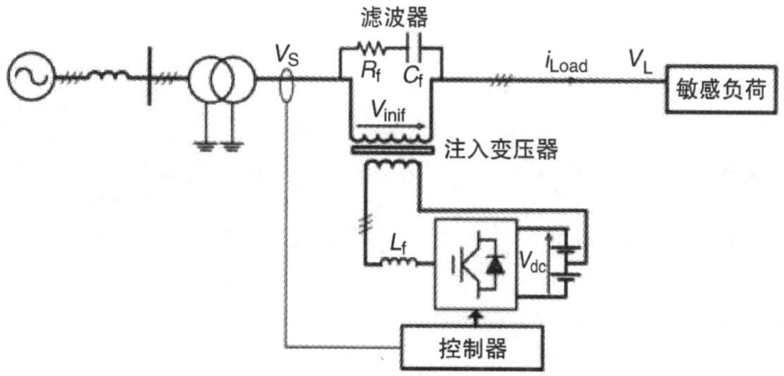

图 10.24　将 DVR 应用于敏感负荷

两种常用的补偿技术为“同相补偿”和“freeze PLL 补偿”。

如图 10.25a 所示，“同相补偿”技术保持相电压在给定相位范围内。当电压骤降引起供给电压矢量变化时，“同相补偿”在供给电压的基础上添加一个快速相位转换。

“freeze PLL 补偿”通过注入骤降前与骤降后的电压差来维持供给电压骤降前的幅值水平（见图 10.25b）。

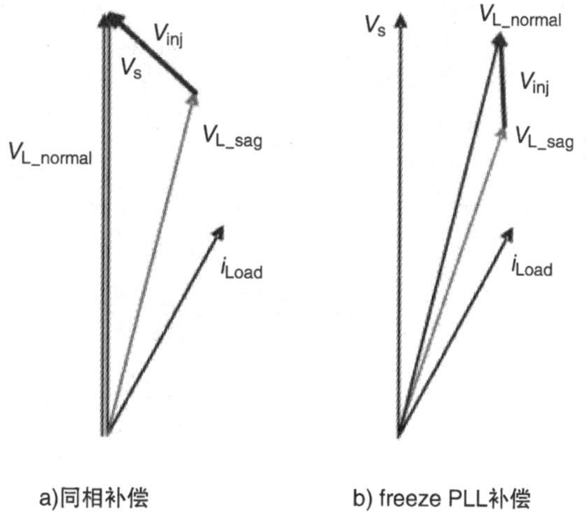

图 10.25　不同的补偿技术

例 10.7 如图 10.26 所示是配电网的一部分。连接在母线 E 上的负载是一个敏感负载，因此这条线路上的电压等级应保持在 1 ±0.1pu。计算母线 F 发生故障时负载线路上的电压。画相量图，计算为了确保敏感负载的电压在其要求的范围内所需注入的 DVR 电压大小。假设故障前，母线 E 的电压是 1∠0°pu。

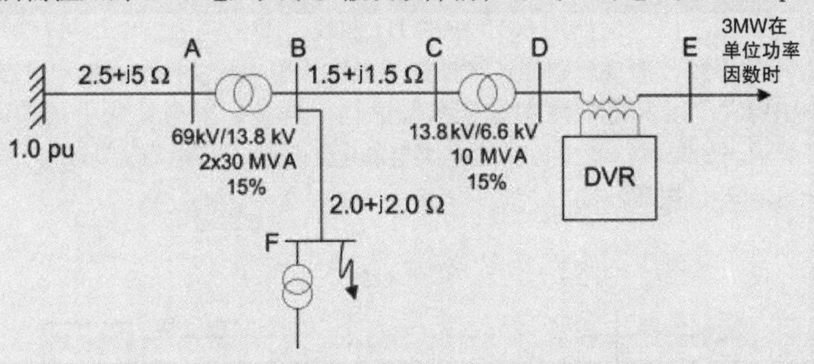

图 10.26 例 10.7 的图

解：所有的数据在 S_{base}250MWA 的基础上转换为标幺值。在 69kV 的电压等级上 Z_{base}是 19.04Ω，在 13.8kV 电压等级上 Z_{base}是 0.76Ω。

69kV 线路的标幺值 = (2.5 + j5)/19.04 = 0.131 + j0.263pu

BC 线路的标幺值 = (1.5 + j1.5)/0.76 = 1.97 + j1.97pu

BF 线路的标幺值 = (2.0 + j2.0)/0.76 = 2.63 + j2.63pu

$$2 \times 69\text{kV}/13.8\text{kV 变压器的标幺值} = \frac{1}{2} \times 0.15 \times \frac{250}{30} = 0.625\text{pu}$$

$$13.8\text{kV}/6.6\text{kV 变压器的标幺值} = 0.15 \times \frac{250}{10} = 3.75\text{pu}$$

负载功率的标幺值 = 3/250 = 0.012pu

负载可以被一个 1/0.012 = 83.3pu 的电阻代替。

图 10.26 中单行表示的配电网转变为图 10.27 所示的电路图（这使得计算变得简单）。在这个计算中，DVR 从电路图中断开。

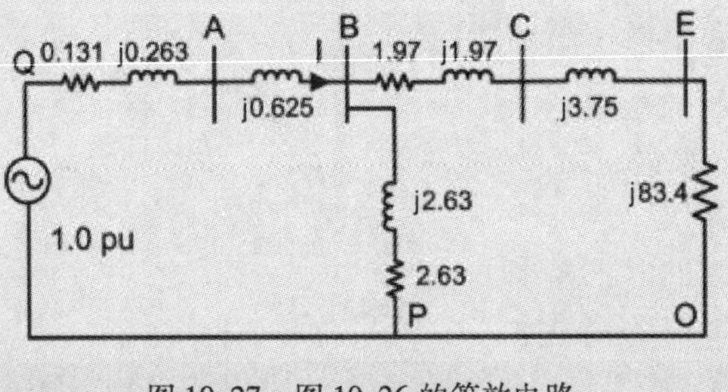

图 10.27 图 10.26 的等效电路

由图 10.27 所示：

$$Z_{BO}=85.37+j5.72\text{pu}$$

$$Z_{QB}=0.131+j0.888\text{pu}$$

$$Z_{BO}/Z_{BP}=\frac{1}{\left[\frac{1}{85.37+j5.72}+\frac{1}{2.63+j2.63}\right]}$$

$$=2.62+j2.47\text{pu}$$

$$I=\left[\frac{1}{(0.131+2.63)+j(0.888+2.47)}\right]=0.146-j0.178\text{pu}$$

$$V_B=0.823-j0.106\text{pu}$$

$$V_E=(0.823-j0.106)\times\frac{83.4}{85.37+j5.72}$$

$$=0.79-j0.16=0.806\angle-11.4°\text{pu}$$

由图 10.28 中的相量图得

$$V_{inj}=\sqrt{(1-0.806\cos 11.4°)^2+(0.806\sin 11.4°)^2}$$

$$=0.263\text{pu}=1.73\text{kV}$$

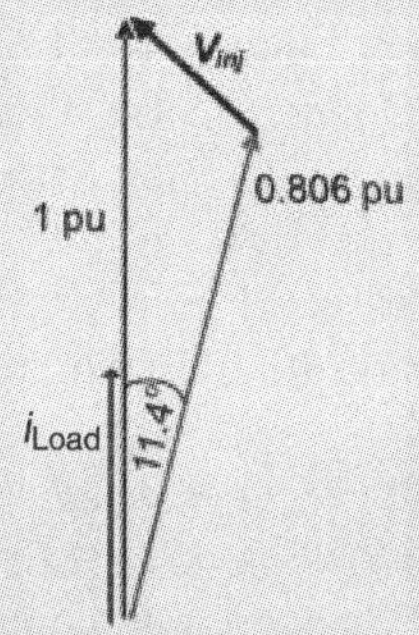

图 10.28　相量图

参 考 文 献

[1] Jenkins, N., Ekanayake, J.B. and Strbac, G. (2010) *Distributed Generation*, Institution of Engineering and Technology, Stevenage.

[2] Mohan, N., Undeland, T.M. and Robbins, W.P. (1995) *Power Electronics: Converters, Applications and Design*, John Wiley & Sons, Inc., New York.

[3] Kjaer, S.B., Pedersen, J.K. and Blaabjerg, F. (2005) A review of single-phase grid-connected inverters for photovoltaic modules. *IEEE Transactions on Industry Applications*, **41**(5), 1292–1306.

[4] Hussein, K.H., Muta, I., Hoshino, T. and Osakada, M. (1995) Maximum photovoltaic power tracking: an algorithm for rapidly changing atmospheric conditions. *IEE Proceedings Generation, Transmission and Distribution*, **142**, 59–64.

[5] King, J. and Tryfonas, J. (2009) Tidal stream power technology: state of the art, *Proceedings of Oceans Europe, IEEE Conference, Bremen, May 11–14*, pp. 1–8.

[6] Ramtharan, G., Ekanayake, J.B. and Jenkins, N. (2007) Frequency support from doubly fed induction generator wind turbines. *IET Renewable Power Generation*, **1**(1), 3–9.

[7] Lalor, G., Mullane, A. and O'Malley, M. (2005) Frequency control and wind turbine technologies. *IEEE Transactions on Power Systems*, **20**(4), 1905–1913.

[8] Ledesma, P. and Usaola, J. (2002) Contribution of variable-speed wind turbines to voltage control. *Wind Engineering*, **26**(6), 347–358.

[9] Fraile-Ardanuy, J., Wilhelmi, J.R., Fraile-Mora, J.J. and Perez, J.I. (2006) Variable-speed hydro generation: operation and contol. *IEEE Transaction Energy Conversion*, **21**(2), 569–574.

[10] *Status Report on Variable Speed Operation in Small Hydropower*, EU project ENERGIE, 2000, http://ec.europa.eu/energy/res/sectors/doc/small_hydro/statusreport_vspinshp_colour2.pdf (accessed on 4 August 2011).

[11] Hamidi, V., Smith, K.S. and Wilson, R.C. (2010) *Smart Grid Technology Review within the Transmission and Distribution Sector*, Innovative Smart Grid Technologies Europe, Sweden.

[12] Renz, K., Thumm, G. and Weiss, S. (1995) Thyristor control for fault current limitation. IEE Colloquium on Fault Current Limiters – A Look at Tomorrow, 1995, pp. 3/1–3/4.

[13] Putrus, G.A., Jenkins, N. and Cooper, C.B. (1995) A static fault current limiting and interrupting device. IEE Colloquium on Fault Current Limiters – A Look at Tomorrow, 1995, pp. 5/1–5/6.

[14] Ahmed, M.M.R. (2008) Comparison of the performance of two solid state fault current limiters in the distribution network. 4th IET Conference on Power Electronics, Machines and Drives, 2008, pp. 772–776.

[15] *IEEE Standard 519-1992: IEEE Recommended Practices and Requirements for Harmonic Control in Electrical Power Systems*, IEEE, 1992.

[16] *Harmonic Standard ER G5/4*, Engineering Recommendation, 2001.

[17] Ekanayake, J.B. and Jenkins, N. (1996) A three-level advanced static VAr compensator. *IEEE Transactions on Power Delivery*, **11**(1), 540–545.

[18] Schauder, C. and Mehta, H. (1993) Vector analysis and control of Advanced Static VAr compensators. *IEE Proceedings-C*, **140**(4), 299–306.

[19] Akagi, H., Kanazawa, Y. and Nabae, A. (1984) Instantaneous reactive power compensators comprising switching devices without energy storage components. *IEEE Transactions on Industry Applications*, **1A-20**(3), 625–630.

[20] Ghosh, A. and Ledwich, G. *Applications of Power Electronics to Power Distribution Systems*, Document No 05TP176, IEEE.

[21] Hingorani, N.G. and Gyugyi, L. (1999) *Understanding FACTS: Concepts and Technology of Flexible AC Transmission Systems*, IEEE Power Engineering Society, New York.

[22] Saad Saoud, Z., Lisboa, M.L., Ekanayake, J.B. *et al.* (1998) Application of STATCOMs to wind farms. *IEE Proc. Generation, Transmission and Distribution*, **145**(5), 511–516.

[23] Schoenung, S.M. and Burns, C. (1996) Utility energy storage application studies. *IEEE Transactions on Energy Conversion*, **11**(3), 658–665.

[24] Baker, J.N. and Collinson, A. (1999) Electrical energy storage at the turn of the millennium. *Power Engineering Journal*, **13**(3), 107–112.

第 11 章　大功率潮流中的电力电子设备

11.1　简介

在未来的电网中，将会接入越来越多的可再生能源或其他低碳发电机，以减少排放和保持持续安全的能源供应。这些新能源及其大功率潮流的注入，促使电网系统必须升级。增加大功率传输容量的传统方法有重构现有线路、升高电压等级、重新建设线路等。然而这些方法，特别是需要重新铺设架空线的方法，因为规划限制和环境保护等问题变得难以实施。FACTS 设备可以增加交流线路容量，而 HVDC 特别是海底线路，也可被用来增加输送容量。

图 11.1[1]所示为利用 FACTS 和 HVDC 强化系统。英国北部的电网强化项目计划通过两条海底线路和带有串联补偿的 400kV 交流架空线将风能引入伦敦。东海岸正在开展 CSC-HVDC 的建设，同时东海岸的 HVDC 将建成多端口 VSC-HVDC。

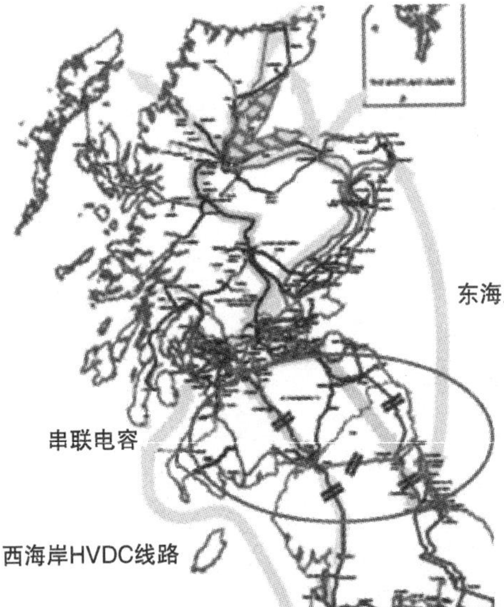

图 11.1　英国输电网的改造建议[1]

一种更为大胆的规划设想是，一个离岸的 HVDC 电网计划建在 11 条正在运行的海底线路上以及 21 条横穿英国北部和波罗的海的其他线路上。这将形成一个欧洲范围的 HVDC 电网，连接来自欧洲北部和西海岸的 300GW 风能，通过扩展还可以连接 700GW 来自环地中海的太阳能[2]。人们预测加上北欧地区 200GW 的水能，计划中的电网可以保证区域内平稳持续的电能供应，提高供给安全性，减少能源进口。借助全时段区域内可再生资源以及负荷的多样性，保持能源供求平衡。

11.2　FACTS

FACTS 装置可以增加现有输电线的传输功率。如图 11.2 所示的传输线，送端电压为 $V_S\angle\delta_S$，接收端电压为 $V_R\angle\delta_R$，平行线路的等值阻抗为 X，线路传输功率为

$$P=\frac{V_S V_R}{X}\sin(\delta_S-\delta_R) \tag{11.1}$$

图 11.2 展示了 FACTS 工作原理。TCSC 可以改变线路阻抗，STATCOM 可以通过注入或吸收无功来控制终端电压幅值，UPFC 可以控制送端电压相位。可以通过多种方法控制线路潮流。

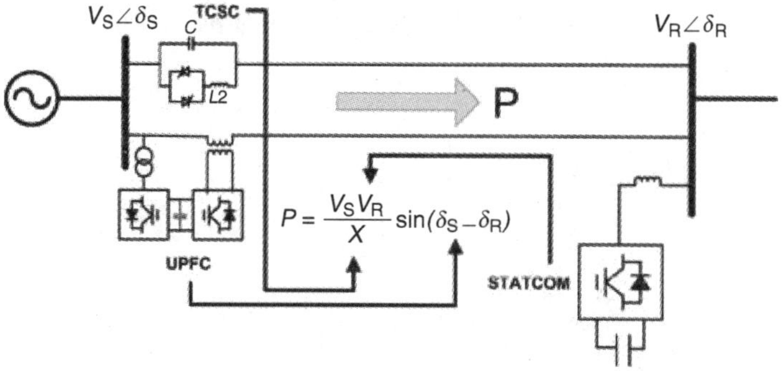

图 11.2　以增强传输功率为目的的 FACTS 系统应用[3]

11.2.1　无功补偿

传输线路中，当终端负荷发生改变时，终端电压会随之发生改变。为了将电压维持在规定范围内，可以使用无功功率补偿设备。其通过在节点注入或吸收功率来改变节点电压。除了稳态电压控制，无功功率补偿还能用于消除由于线路转换、甩负荷、故障或其他扰动引起的动态电压波动。如图 11.2 所示，其可以增加线路传输容量并提高稳定性[4]。

为了满足可再生能源设施的需求，无功补偿变得越来越必要。许多国家的国家级用电法规中，规定了发电厂并网运行技术的基本要求，也规定了稳态和暂态的无功控制要求。在发电厂连接至配电网时应满足这些规定。对于风力发电场，在电网接入点常常需要无功补偿以满足电网法规的无功要求。[5]

图 11.3 所示为常用于电力系统中的并联无功补偿。固定的电容器向电网提供一个串联的容性电抗（有时并联电感以提供感性电抗）。电抗器可以与电容器串联构成滤波器（见图 11.3a）。滤波器可以产生相同的谐波电流，并且为特定频率谐波提供低阻抗通道。

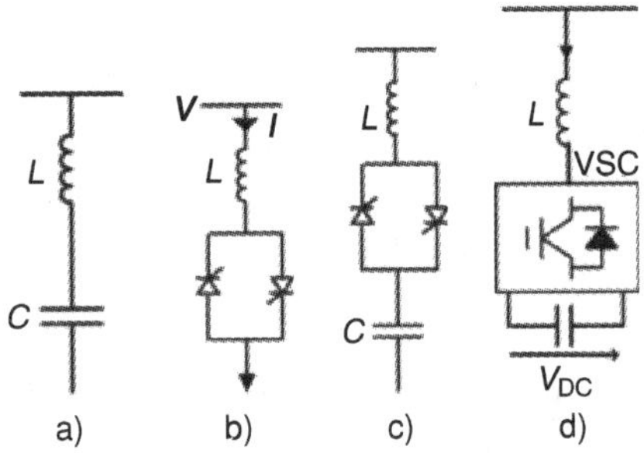

图 11.3　常用的无功功率补偿器

晶闸管控制电抗器（TCR）和晶闸管开关电容器（TSC）可以提供变化的无功阻抗。无功输出是由线路电压的二次方除以无功阻抗所得。STATCOM 可以注入/吸收变化的无功电流，所以无功功率的输出由线电压和注入/吸收电流决定。

TCR 的基本结构如图 11.3b 所示[4,6]，是由电抗器与双向晶闸管对构成。每一个晶闸管交互导通半个周期。通过调整背靠背晶闸管的导通间隔来改变电感（L）中的电流。而这是通过延迟晶闸管关断来实现的，即当电压过零时的导通角 α。图 11.4 中，当 $\alpha = 90°$时，电流本质上为正弦的无功电流。当 α 为 90° ~ 180°时，为部分导通。

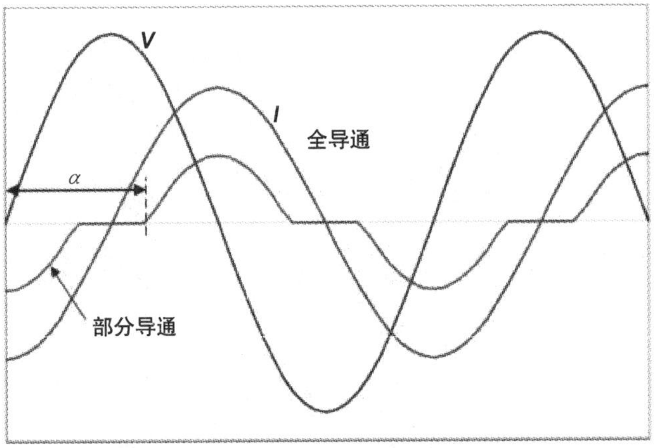

图 11.4　通过 TCR 的电压与电流波形

当部分导通时，TCR 产生谐波。如果触发角是平衡的，只产生奇次谐波。由于三相设备中 TCR 为三角形联结，所以在线电流中没有出现三次谐波。对于低次谐波如 9 次谐波，可以通过如下方法消除：两个 TCR 三角形联结，接在降压变压器的二次绕组，二次绕组采用一个星形联结一个三角形联结，构成了如图 11.5 所示的 12 脉冲 TCR。

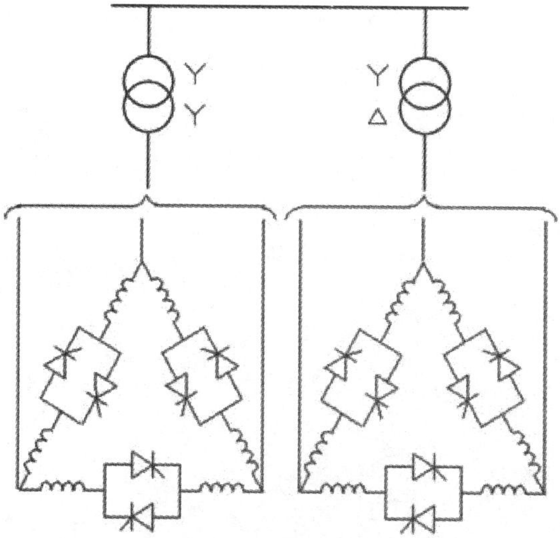

图 11.5 12 脉冲 TCR

TSC 的基本构成为串联的电容器、一对双向晶闸管、小电抗器，如图 11.3c 所示[4,6]。电抗器用于限制开关产生的衰减瞬时电流，起滤波作用。可以通过改变并联电容器的数目来调整并联电容值。每个电容器导通整数个半周期。

电容器的开关存在暂态效应，所以需要在暂态数值最小的时候操作[4,6]。把电容器预充电至峰值，或者选择当晶闸管电压最小时（即供应电压最大值时）开关都是可行方法。关断期是电流为零之后的整数个半周期。

TCR 只能吸收无功功率，所以在很多设备中定值电容或 TSC 与 TCR 并联。一个 TSC-TCR 组合如图 11.6 所示。这种组合常被称为静止无功补偿（SVC）。

图 11.6 TSC-TCR 组合（来源：东芝公司）

正如10.4.1节所讲的，图11.3d中的STATCOM是一个VSC，其直流侧与电容所连，其交流侧通过一个大电抗变压器或者串联电抗的变压器与电网相连。使用IGBT或者GTO晶闸管的STATCOM可以产生或者吸收无功功率。其动态响应比TSC或者TCR要快，并且允许连续无功控制。

例11.1

将一个±30Mvar SVC通过132kV/6kV变压器与132kV系统相连，SVC由12脉冲TCR与两个开关电容臂组成，其中一个转向11次谐波，另一个转向13次谐波（低频谐波由TCR产生），并产生等量无功功率。计算TCR和开关电容支路所需的无源元件值。

解

每个三角形联结的12脉冲TCR相连部分的增量，$Q=15\text{Mvar}$。

由

$$Q=\frac{\sqrt{3}V_{\text{LL}}^2}{X}:15\times10^6=\frac{\sqrt{3}\times(6\times10^3)^2}{X_{\text{L}}}$$

因此，$X_{\text{L}}=2\pi\times50\times L=4.16\Omega$，则$L=13.2\text{mH}$。

由于第一个电容支路转向第11次谐波元件：

$$\frac{1}{\sqrt{L_{11}C_{11}}}=2\pi\times50\times11$$

$$\therefore L_{11}C_{11}=83.74\times10^{-9} \tag{11.2}$$

50Hz时，滤器臂产生容性无功功率为15Mvar。

滤波器在50Hz时阻抗为

$$\frac{1}{100\pi C_{11}}-100\pi L_{11}$$

由

$$Q=\frac{\sqrt{3}V_{\text{LL}}^2}{X}:\frac{\sqrt{3}\times(6\times10^3)^2}{\left(\frac{1}{100\pi C_{11}}-100\pi L_{11}\right)}=15\times10^6$$

$$\therefore \frac{1}{100\pi C_{11}}-100\pi L_{11}=4.16 \tag{11.3}$$

由式（11.2）和式（11.3）：

$$L_{11}=110\mu\text{H} \qquad C_{11}=759\mu\text{F}$$

而第二个电容器支路转向第13次谐波元件：

$$\frac{1}{\sqrt{L_{13}C_{13}}}=2\pi\times50\times13$$

$$\therefore L_{13}C_{13}=59.95\times10^{-9} \tag{11.4}$$

50Hz 时，滤波器臂产生容性无功功率为 15Mvar。

滤波器在 50Hz 时阻抗为

$$\frac{1}{100\pi C_{13}}-100\pi L_{13}$$

由

$$Q=\frac{\sqrt{3}V_{LL}^2}{X}:\frac{\sqrt{3}\times(6\times10^3)^2}{\left(\frac{1}{100\pi C_{13}}-100\pi L_{13}\right)}=15\times10^6$$

$$\therefore \frac{1}{100\pi C_{13}}-100\pi L_{13}=4.16 \tag{11.5}$$

由式（11.4）和式（11.5）：

$$L_{13}=78.7\mu H \qquad C_{13}=761\mu F$$

例 11.2

如图 11.7a 所示，2MW 风机与电网相连，每个风机在 33kV 时所测性能图如

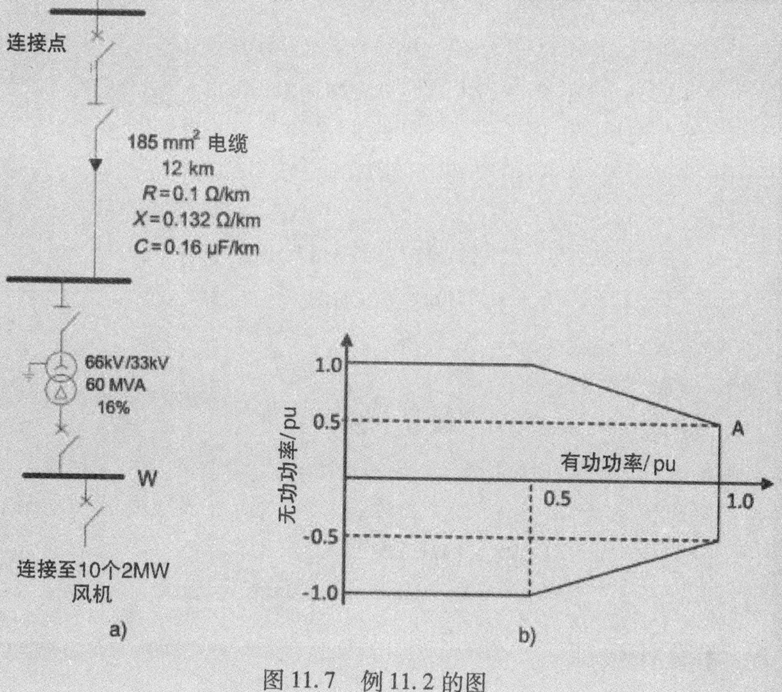

图 11.7　例 11.2 的图

图 11.7b 所示。风电场中所有风机都运行在图 11.7b 中 A 点，计算由 STATCOM 产生的无功功率，其中 STATCOM 与使输出值保持在 0.95 的节点相连。忽略风电场的有功及无功功率损失，估算风电场母线（W）电压为 $1.05\angle 0°$pu。

解

$S_{base}=100$MVA 时：

风电场产生的有功功率 $=10\times 2/100=0.2$pu

风电场产生的无功功率 $=10\times 0.5\times 2/100=0.1$pu

$$100\text{MVA、}66\text{kV 时},Z_{base}=\frac{(66\times 10^3)^2}{100\times 10^6}=43.56(\Omega)$$

线路阻抗为 $\dfrac{(0.1+j0.132)\times 12}{43.56}=0.028+j0.036$pu

以 100MVA 为基准的变压器电抗 $=0.16\times 100/60=0.267$pu。其等效电路如图 11.8 所示：

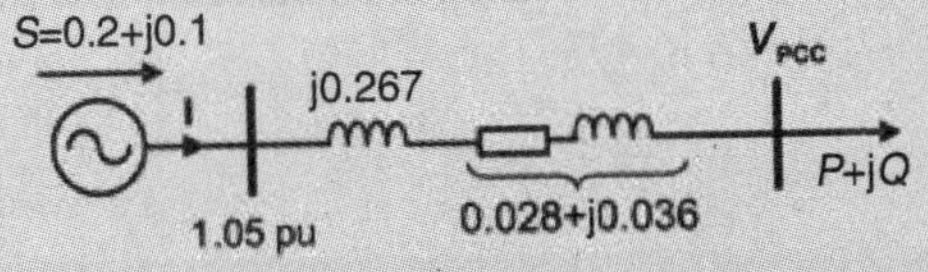

图 11.8　图 11.7 的等效电路

$$\boldsymbol{VI}^*=0.2+j0.1$$

$$\boldsymbol{I}=\frac{0.2-j0.1}{1.05}$$
$$=0.19-j0.095$$

$$\boldsymbol{V}_{PCC}=1.05-(0.19-j0.095)\times(j0.267+0.028+j0.036)$$
$$=1.05-(0.19-j0.095)(0.028+j0.303)$$
$$=1.016-j0.055$$
$$=1.017\angle -3.1°$$

因此，

$$P+jQ=\boldsymbol{V}_{PCC}\boldsymbol{I}^*=1.017\angle -3.1°\times(0.19+j0.095)$$
$$=1.017\angle -3.1°\times 0.212\angle 26.6°$$
$$=0.216\angle 23.5°$$
$$=0.198+j0.086$$

因此功率因数角 $=\tan^{-1}(0.086/0.198)=23.5°$

功率因数 0.95 的功率因数角 $=\cos^{-1}0.95=18.2°$

为使得功率因数为 0.95，STATCOM 在连接点所应吸收的无功功率 =

$$0.198\times[\tan 23.5°-\tan 18.2°]$$
$$=0.021\text{pu}=2.1\text{Mvar}$$

11.2.2　串联补偿

串联电容或者电感可以改变电路中的无功功率与电网电压。通常来说，并联无功补偿比较温和，不会对电网带来风险。同样，并联电力电子补偿设备也可用来调节无功功率。另外，电容器可以串联到电路中以减少感性电抗。这样做存在一定的风险，因为故障时会在电容器上产生很大的过电压，并且在电机轴上引起机电共振。对于给定的电容值，通过串联电容改变电抗来控制电压要比并联补偿改变无功来控制电压更为有效。

最简单的串联无功补偿设备是串联电容器。图 11.9 所示为电网中所用的基于晶闸管的串联无功补偿电路。这种串联补偿方式通过控制系统避免共振保持系统的稳定性。

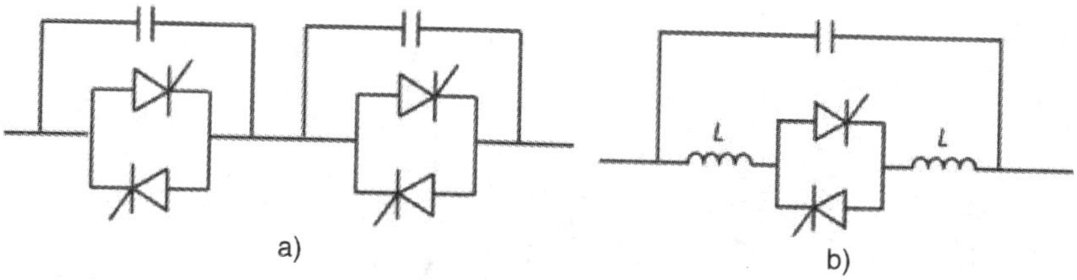

图 11.9　基于晶闸管的串联补偿电路

在晶闸管开关串联电容器（TSSC）（见图 11.9a）中，通过开关线路中串联电容器组来改变串联电容值。通过控制系统，使得晶闸管完全导通或者完全断开整数个半周期。TSSC 只允许在离散的时间内导通电容。

如图 11.9b 所示，晶闸管控制串联电容器（TCSC）是由一个电容器与带晶闸管控制的电抗器相并联。这种结构可以形成连续且快速的可变串联阻抗。图 11.10 展示了晶闸管不同触发角时的阻抗变化。当 $\alpha=90°$ 时（α 定义见图 11.4），晶闸管完全导通，当 $\alpha=180°$ 时晶闸管完全阻断。当触发角为 90°～180°时，晶闸管部分导通。因此晶闸管臂提供了可变电感与电容器并联。当感性电抗与容性电抗相等时，TCSC 进入如图 11.10 所示的并联谐振。在这一点处（α 角在 140°附近），电抗在感性和容性之间产生突变转换。

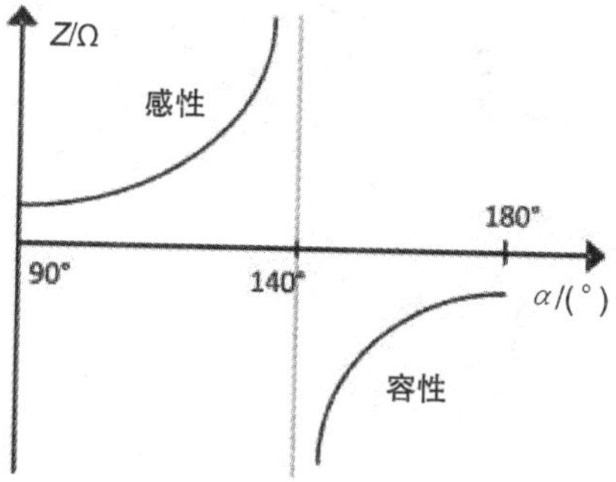

图 11.10　TCSC 特性曲线

例 11.3

如图 11.11 所示为串联电容补偿输电线路。在 100MVA、400kV 时，$X_g = 0.1pu$，$X_T = 0.02pu$，$R_L = 0.0015pu$，$X_L = 0.04pu$。计算串联电容值以及补偿为 30% 和 60% 时的谐振频率，忽略发电机阻抗。

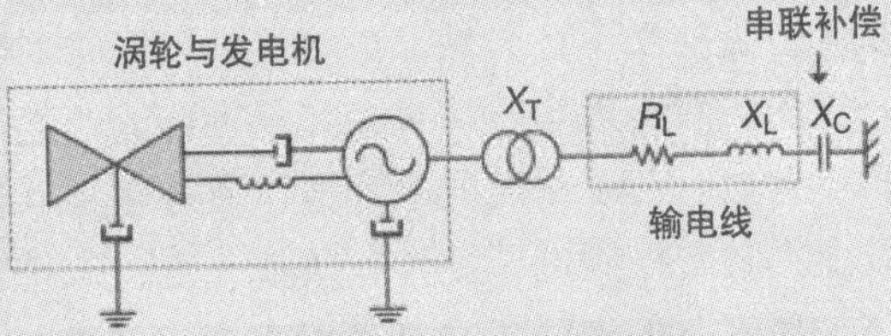

图 11.11 例 11.3 的图

数据：补偿百分比定义为 $K = (X_C)/(X_g + X_T + X_L) \times 100$[7]。

解

补偿为 30% 时：

$$\frac{X_C}{X_g + X_T + X_L} \times 100 = 30$$

$$\frac{X_C}{0.1 + 0.02 + 0.04} = 0.3$$

$$X_C = 0.048pu$$

基阻抗：

$$= \frac{(400 \times 10^3)^2}{100 \times 10^6} = 1600(\Omega)$$

$$\therefore X_C = \frac{1}{2\pi fC} = 0.048 \times 1600 = 76.8(\Omega)$$

其中 $f = 50Hz$，$C = 41.4\mu F$。

串联谐振频率 f_C 由下式给出：

$$f_C = \frac{1}{2\pi}\sqrt{\frac{1}{LC}} = \frac{f}{2\pi f}\sqrt{\frac{1}{LC}} = f\sqrt{\frac{1}{\omega^2 LC}} = f\sqrt{\frac{X_C}{X''_d + X_T + X_L}} = \frac{f\sqrt{K}}{10}$$

因此，补偿率为 30% 时，$f_C = (50\sqrt{30})/10 = 27.4(Hz)$

当补偿率为 60% 时：

$$\frac{X_C}{X''_d + X_T + X_L} \times 100 = 60$$

$$\frac{X_C}{0.1 + 0.02 + 0.04} = 0.6$$

$$X_C = 0.096pu$$

$$\therefore X_C = \frac{1}{2\pi fC} = 0.096 \times 1600 = 153.6\ (\Omega)$$

式中，$f = 50Hz$；$C = 20.7\mu F$；$f_C = (50\sqrt{60})/10 = 38.7(Hz)$。

发电机和涡轮在其轴上振动的机械固有频率接近某个电谐波频率，可能导致严重损伤。

11.2.3　晶闸管控制移相变压器

移相器在电力系统中广泛应用，其作用为控制有功潮流的幅值和方向，通常与输电线路并联。传统移相器的原理如图 11.12a 所示。控制有功幅值和方向的方法是在线路中加入一个串联绕组，改变接收端电压相角。通过使用能改变绕组抽头的变压器来获得可变电压，此电压与输入电压正交。常通过升压串联绕组实现[8]。

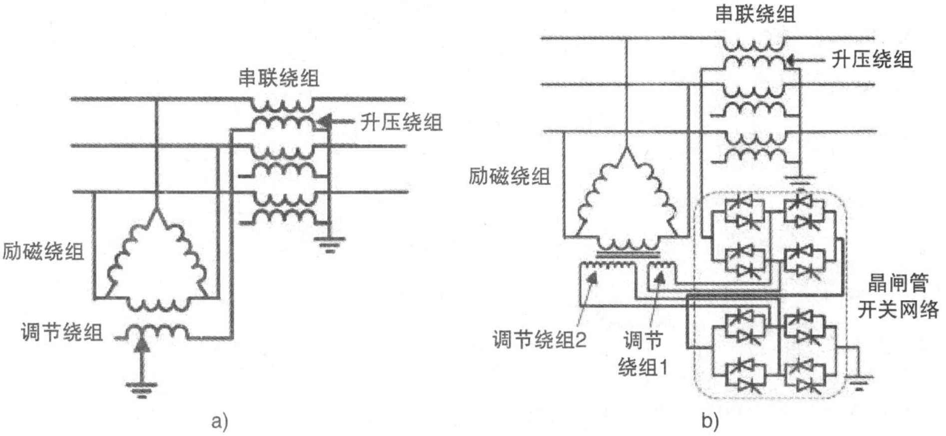

图 11.12　移相器（注：仅显示了升压绕组的单相连接）

快速相角控制可以通过改变晶闸管开关注入电压来实现。图 11.12b 展示了一种可行方案。在这个结构中可以调整两个调节绕组的匝数至 1:3。当绕组 1 被连接，一个串联电压，即 V，注入线路中。也可以反向连接，得到 $-V$ 的注入电压。绕组 2（提供注入电压 $\pm 3V$）和绕组 1（提供注入电压 $\pm V$）可以提供变化量为 $-4 \sim 4V$ 的注入电压。

例 11.4

400kV 输电线在以 100MVA 为基准时，电抗为 0.05pu，发送终端电压为 $1.02\angle 2°$，接收终端为 $1.0\angle 0°$。那么应注入什么电压与发送终端电压正交，使线路传输功率提高 20%？

解

线路传输功率为

$$P = \frac{V_S V_R}{X}\sin(\delta_S - \delta_R) = \frac{1.02 \times 1}{0.05}\sin(2° - 0) = 0.71\text{pu}$$

如果传输功率提高 20%，$P = 0.85$pu，假设发送电压相位为常数，由新的功率传输可知：

$$0.85 = \frac{1.02 \times 1}{0.05}\sin(2° - \delta_R)$$

$$\therefore \delta_R = -0.4°$$

由相位图（见图 11.13）：

注入电压 = $V_S\tan(2.4°) = 1.02\tan(2.4°) = 0.04$pu。

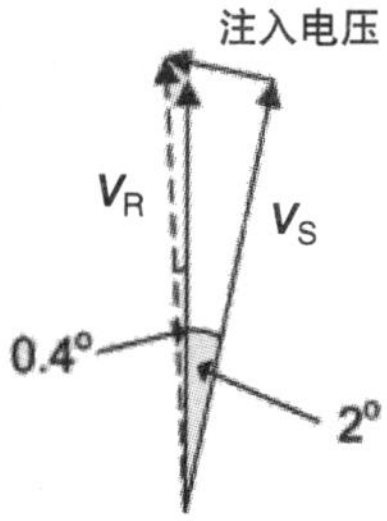

图 11.13 相位图

11.2.4 统一潮流控制器

统一潮流控制器（UPFC）是一种交-交变换器，可以改变线路参数：线路终端电压、两条母线之间的相角和线路视在阻抗。由图 11.14 所示结构实现，即两个交-直变换器与普通直流电容器共同组成。一个变换器串联在输电线路中，另一个并联在输电线路中。VSC2 产生一个电压为 $V_X(t) = V\sin(\omega t - \alpha)$ 的基频（ω）电压，其幅值和相角的变化范围分别为 $(0 \leqslant V \leqslant V_{max})$ 和 $(0 \leqslant \alpha \leqslant 2\pi)$，这个电压通过串联耦合变压器加在交流系统中。

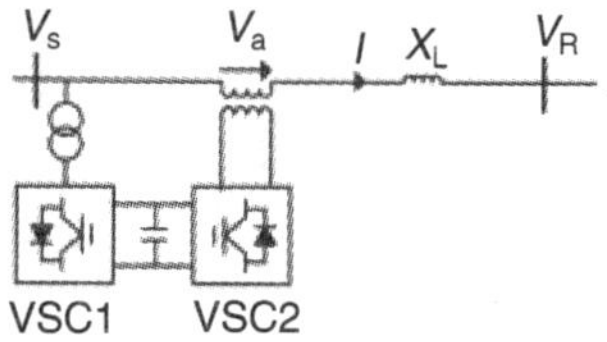

图 11.14 UPFC

从图 11.14 可以得出，接收端的视在功率如下：

$$\boldsymbol{S}_R = \boldsymbol{V}_R\boldsymbol{I}^* = \boldsymbol{V}_R\left[\frac{\boldsymbol{V}_S + \boldsymbol{V}_X - \boldsymbol{V}_R}{\mathrm{j}X}\right]^*$$

$$= \boldsymbol{V}_R\left[\frac{\boldsymbol{V}_S - \boldsymbol{V}_R}{\mathrm{j}X}\right]^* + \boldsymbol{V}_R\left[\frac{\boldsymbol{V}_X}{\mathrm{j}X}\right]^* \tag{11.6}$$

式（11.6）左边部分为未补偿线路的视在功率，右边部分为与 VSC2 串联后的视在功率。VSC2 需要的有功功率由 VSC1 通过直流连接的电容器提供。VSC1 也可以充当并联无功补偿器，吸收或者注入无功功率与 VSC2 的操作无关。

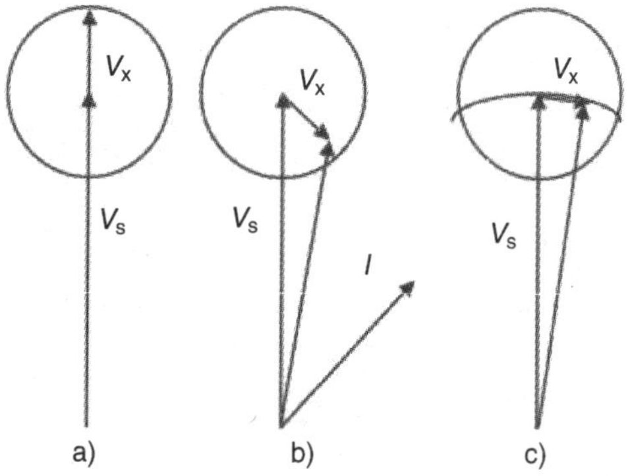

图 11.15 UPFC 运行图

正如图 11.15 所示，VSC2 可以进行末端电压调节、线路阻抗控制和相角控制。末端电压控制是通过注入与发送端电压同相位的电压来实现，如图 11.15a 所示。线路阻抗控制是通过注入一个与线电流垂直的电压来实现（见图 11.15b）。相位控制是注入一个电压使发送端电压转变一定角度（见图 11.15c）。

11.2.5　线间潮流控制器

线间潮流控制器（IPFC）在不同的输电线路中串联一系列 VSC。如图 11.16 所示，其直流侧并联。这使得功率能够通过串联从一条线路转移到另一条线路上。

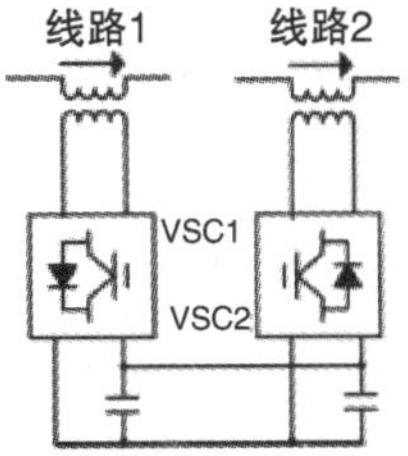

图 11.16　连接在两条线路上的 IPFC

例 11.5

如图 11.17 所示，500MW 风电场连接至两个输电区域。在给定的时刻向各区域提供 200MW 电能，当风电场输出提高到 450MW 时，则需要向区域 1 发送 250MW，向区域 2 发送 200MW。讨论如何利用 IPFC 完成上述操作。假设区域 1 和 2 中与联络线相连的母线电压幅值和相角不变。

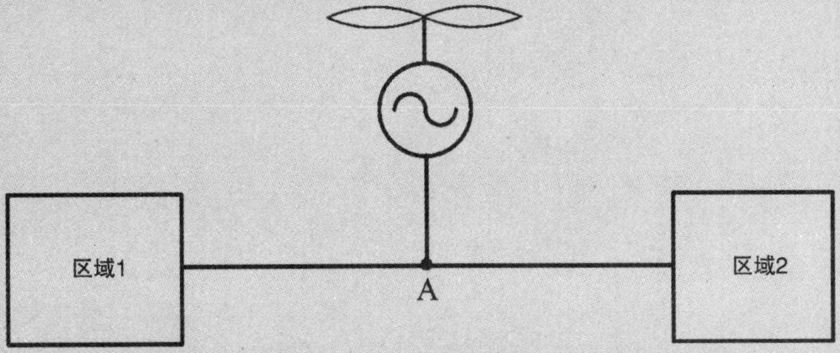

图 11.17　例 11.5 的图

解

当风电场输出功率提高到 450MW 时，若线路没有补偿，则各区域分别分配到 225MW。IPFC 可连接至 A 点，因此可从线路 2 获取 25MW 反馈至线路 1，如图 11.18a 所示。IPFC 控制器的完成方式如图 11.18b 所示。为了清晰起见，假设线路 1 和 2 具有相同电抗 X。VSC1 向串联电路中注入电压，将负载相角从 δ 提高到 δ_1，从而提高线路 1 的潮流。另一方面，VSC2 向串联电路注入电压，使负载相角从 δ 减少到 δ_2，从而减少线路 2 的潮流。

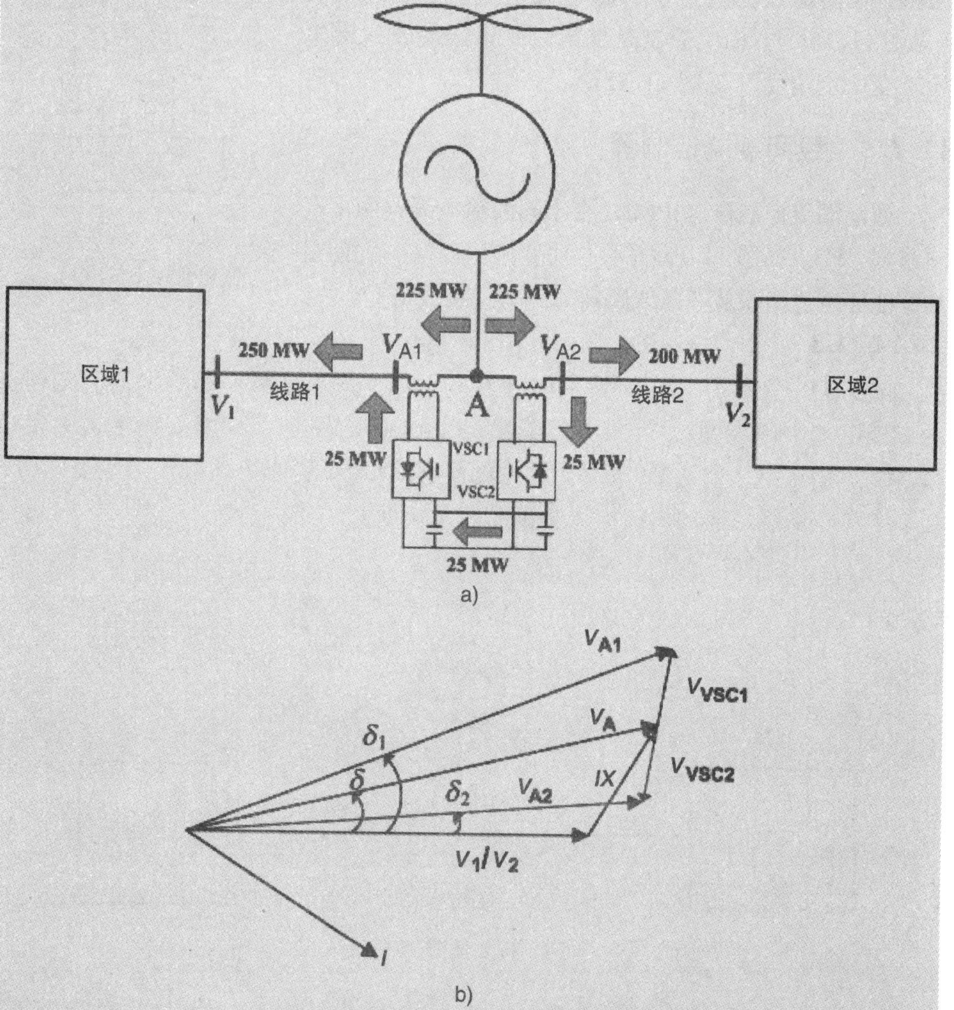

图 11.18 a）潮流和 b）相角图

11.3 HVDC

通过 HVDC 来连接国家电网或连接大发电厂至负荷中心的历史已经超过 50 年。对于具有高负荷密度，需要从外界输入电能的大城市，HVDC 是一种理想的输电方案，因为其具有安全性和灵活性。例如，连接匹兹堡和旧金山的 400MW VSC HVDC 降低了旧金山的输电容量限制。

HVDC 也可以与交流线路并联以增强交流输电线路的灵活性。HVDC 太平洋电网和连接美国西北部与洛杉矶地区的交流联络线并联，提供从美国北部向南部的柔性输电服务。

图 11.19 所示为基于 VSC 的 HVDC 与交流线路并联，它不仅能提供从发送端到接收端的有功潮流，还能通过控制无功潮流来控制发送端和接收端的电压幅值，从而影响交流潮流。

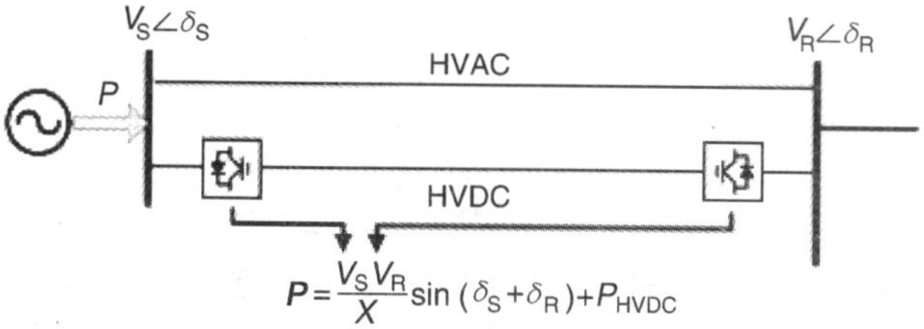

图 11.19 HVDC 对功率传输的影响

对于大型可再生能源，例如离岸风电场，通常距离负荷中心很远（对于可再生能源来说最好的发电地点通常远离负荷中心），因此 HVDC 的柔性和经济性有着相当大的吸引力。

11.3.1 CSC

基于 CSC - HVDC 是一种将大量电能从一个地点传输到另一地点的有效手段。整流站和逆变站的基本构造是 CSC[9]。CSC - HVDC 凭借其换流器内晶闸管换流阀的可靠性和鲁棒性得到普遍采用。晶闸管换流阀如图 11.20 所示。

图 11.20 晶闸管换流阀（来源：东芝公司）

传统 CSC - HVDC 设备中晶闸管的开关操作存在一些基本限制。换流站经常吸收无功功率，这样就需要为每个换流站配备一个较强的交流电压源，同时也容易出现换流站通信失效。过去的 50 年，有大量关于 CSC-HVDC 的杰出著作[9-11]，在此进行简单介绍。一个 CSC-HVDC 规划及其等效电路可简要描述为图 11.21。根据图 9.7 中的整流器等效电路和逆变器等效电路得到此等效电路。对于逆变器来说，其触发角 α 大于 $\pi/2$，定义一新角度 $\beta=\pi-\alpha$。

由图 11.21b 可得

$$I_d=\frac{1.35V_{LL}\cos\alpha-1.35V_{LL}\cos\beta}{\dfrac{3\omega L_r}{\pi}+\dfrac{3\omega L_i}{\pi}+r_L} \tag{11.7}$$

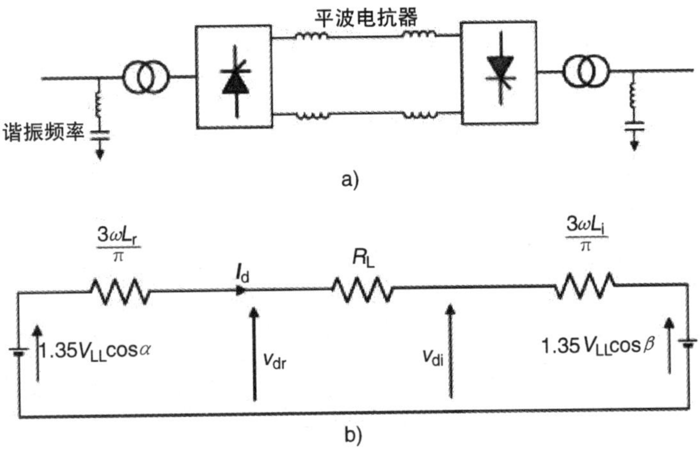

图 11.21 CSC-HVDC 方案

对于稳态功率传输的典型控制策略是，整流器维持恒定电流（CC），即控制器根据负荷改变 α 角。逆变器维持恒定电压（CV），即保持 β 恒定。式（11.7）的分母很小，α 角一个很小的变动会引起 I_d 巨大的变动。当 I_d 随着传输功率的上升而上升时，α 角需要适当地减小。当 α 角达到最小限制时（大概在 5°），此时若没有进一步的控制措施，则维持 α 角恒定，即恒定电压（CV）模式。这种控制策略如图 11.22 所示。

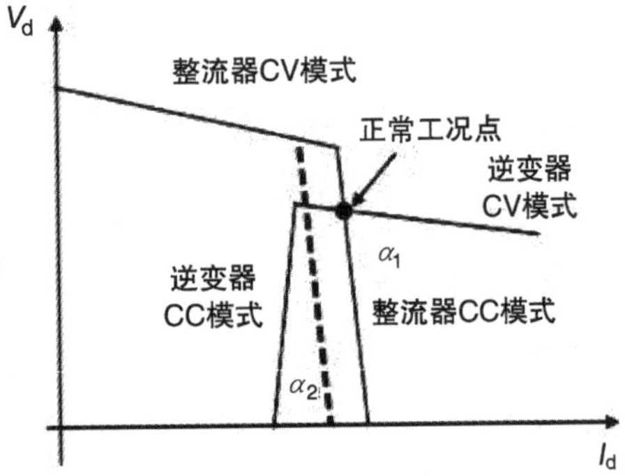

图 11.22 电流源型高压直流输电控制

例 11.6

12 脉冲整流器如图 11.23 所示。变压器的有效匝数比 n 为 0.4，当初始电压为 220kV 时，触发角为 15°，整流器中通过的 DC 电流为 1000A。计算：1）DC

线路电压；2）有效电流；3）12 脉冲整流器引起的无功功率。

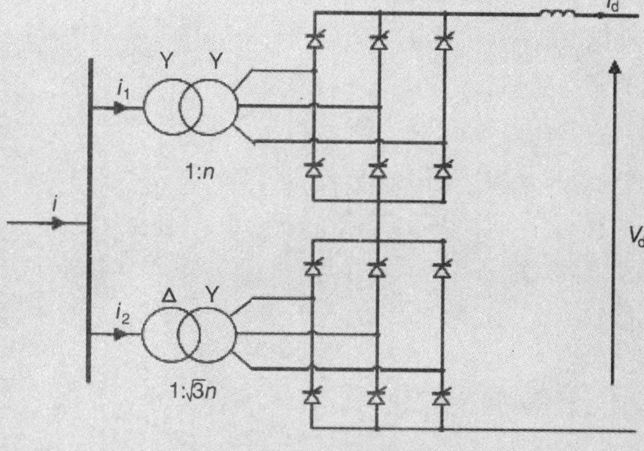

图 11.23　12 脉冲整流器

解

1）对单独 6 脉冲整流器：

$$\frac{V_d}{2}=1.35V_{LL}\cos\alpha$$
$$=1.35\times220\times0.4\times\cos15°$$
$$=114.75\text{kV}$$

因此 DC 线路电压 $=114.75\times2=229.5$（kV）。

注：整流器变压器匝数比为 $1:\sqrt{3}$，尽管整流器通过星形-三角形电路与变压器相连，但在 DC 侧整流器操作相同。

2）电流 i_1 的有效值：

$$=\frac{\sqrt{6}}{\pi}\times n\times I_d=\frac{\sqrt{6}}{\pi}\times0.4\times1000=311.88\ (\text{A})$$

尽管 i_2 通过三角形-星形变压器且匝数比已确定，但 i_2 的有效值仍为 311.88A。因此电流 i 的有效值 $=2\times311.88\text{A}=623.76\text{A}$。

3）由于功率因数角 ϕ 近似等于 15°。

因此，12 脉冲整流器吸收的无功功率：

$$=\sqrt{3}VI\cos\phi=\sqrt{3}\times220\times10^3\times623.76\times\sin15°$$
$$=61.5\ (\text{Mvar})$$

例 11.7

HVDC 线路传送 1000MW，其 DC 电压为 500kV，DC 线路阻抗为 2Ω/相，

每6脉冲整流器的等效整流电阻为2Ω。DC线路中整流器在CC节点运行，其中$\alpha = 15°$，CV节点处变频器$\beta = 20°$。计算下列值：

1）线路间电压RMS。

2）整流器的无功功率。

解

1）DC电流$=1000\times10^6/500\times10^3=2000$（A）

由式（11.7）：

$$I_d = 2000 = \frac{1.35V_{LL}\cos15° - 1.35V_{LL}\cos20°}{2+2+2\times2}$$

$$V_{LL} = 451.8\text{kV}$$

2）由于功率因数角等于触发角，$\phi = 15°$。

RMS电流$=\frac{\sqrt{6}}{\pi}I_d = \frac{\sqrt{6}}{\pi}\times2000 = 1559.4$（A）

无功功率：

$$=\sqrt{3}VI\sin\phi = \sqrt{3}\times451.8\times10^3\times1559.4\times\sin15°$$

$$=315.8\text{（Mvar）}$$

11.3.2 VSC

随着自换相电力电子设备电压和电流等级的不断提高，现在可以在HVDC中使用VSC。IGBT开关操作的全可控性，使得自换相VSC能够比CSC更快地反转潮流，并消除换相失败的风险。VSC能够分别独立地产生或吸收有功和无功功率，大大减少了谐波产生，进而减少了吸收谐波所需要的滤波器，以及交流系统黑启动所需的容量（没有外部电压源协助情况下存储的电能）。

典型VSC的构成如图11.24所示，包括：

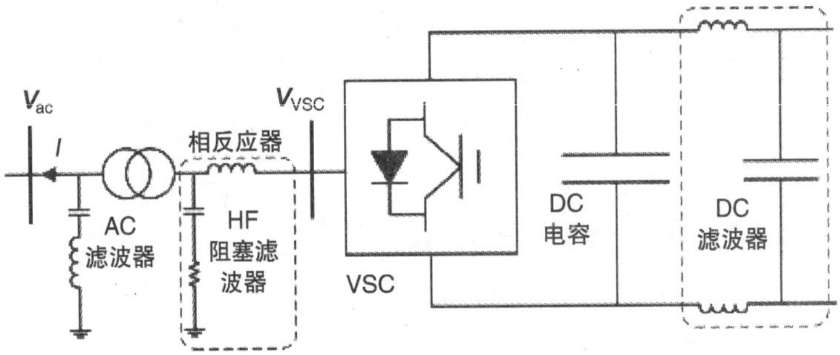

图11.24 VSC-SCC的重要部件

1）阀单元：阀单元的主要构成为控制转换器的开关装置，最常见的是 IGBT。为了增加阀单元的电压等级，通常将一系列 IGBT 串联。常有冗余的装置安装在阀中以增加鲁棒性和延长维修间隔周期。

为了使转换器更为有效，每个 IGBT 配置了辅助电路。例如减少过电压损害的缓冲器、过电流保护电路、分压电阻器。此外，每个开关的门都需要控制电路。

2）直流电容器：转换器直流侧电容器的主要作用是稳定直流电压。为了达到最佳运行点与经济性，需要根据开关频率整定电容器规格，开关频率越高，电容器值越小。

3）交流变压器：变压器提供了电气隔离与调整电压的作用。它还同时提供了一个介于 VSC 和电网之间的阻抗。

4）相反应器：相反应器有几种用途，即辅助控制有功和无功功率、降低谐波电流和限制故障电流。

5）滤波器：VSC 中的交流滤波器用来消除变换器开关产生的高阶谐波。这些滤波器不需要提供无功功率（不同于 CSC 技术），所以规格大大减小。高次谐波阻断滤波器保护变压器免于过高的 $\mathrm{d}v/\mathrm{d}t$，阻止直流进入变压器。直流滤波器消除直流侧谐波。

从图 11.24 可知，如果无视 VSC 的谐波电压，则线电流为

$$\boldsymbol{I}=\frac{\boldsymbol{V}_{\mathrm{VCS}}-\boldsymbol{V}_{\mathrm{ac}}}{\mathrm{j}X} \tag{11.8}$$

式中，X 是相反应器和变压器的总电抗。

因此 VSC-HVDC 注入电网的功率为：

$$P+\mathrm{j}Q=\boldsymbol{V}_{\mathrm{ac}}\boldsymbol{I}^{*}=\boldsymbol{V}_{\mathrm{ac}}\left[\frac{\boldsymbol{V}_{\mathrm{VCS}}-\boldsymbol{V}_{\mathrm{ac}}}{\mathrm{j}X}\right]^{*} \tag{11.9}$$

假设 VSC 产生的电压相对于 $\boldsymbol{V}_{\mathrm{ac}}$ 为 $V_{\mathrm{VSC}}\angle\delta$（则 $\boldsymbol{V}_{\mathrm{VSC}}=V_{\mathrm{VSC}}(\cos\delta+\mathrm{j}\sin\delta)$），有功与无功功率由式（11.9）得

$$P=\frac{V_{\mathrm{ac}}V_{\mathrm{VSC}}\sin\delta}{X} \tag{11.10}$$

$$Q=\frac{V_{\mathrm{ac}}(V_{\mathrm{VSC}}\cos\delta-V_{\mathrm{ac}})}{X} \tag{11.11}$$

根据式（11.10）和式（11.11），利用 VSC 终端电压幅值 V_{VSC} 和电压相角 δ，可计算出参照的有功及无功潮流。

例 11.8

500MW 的 VSC 通过一个 20% 漏抗的 600MVA、400kV/250kV 变压器与 400kV 电网相连，以 500MVA、250kV 为基准，相反应器的电抗为 0.2pu。试计算单位功率因数时传送 300MW 到电网，VSC 产生的电压。如果 DC 线路电压为

500kV，调制参数的值应为多少？

数据：VSC 在正弦 PWM $V_{LL}=0.612\times m_a\times V_{DC}$下运行，其中 V_{LL}为 D-STATCOM 终端线电压，m_a 为调制参数，V_{DC}为 DC 电容电压。

解

500MVA 为基，变压器阻抗 =0.2×500/600 =0.167pu。

有功功率 =300/500 =0.6pu。

由式（11.10）：

$$P=\frac{1\times V_{VSC}\sin\delta}{(0.167+0.2)}=0.6$$

$$V_{VSC}\sin\delta=0.22$$

由于单位功率因数的功率为 $Q=0$，因此，由式（11.11）：

$$V_{VSC}\cos\delta-V_{ac}=0$$

$$V_{VSC}\cos\delta=1$$

因此 $V_{VSC}=\sqrt{0.22^2+1}=1.024\text{pu}=256\text{kV}$（线间）：

$$\delta=\tan^{-1}(0.22)=1.24°$$

由 $V_{LL}=0.612\times m_a\times V_{DC}$：

$$256=0.612\times m_a\times 500$$

$$m_a=0.84$$

尽管可以使用式（11.10）和式（11.11）得出的控制器，但实际中控制器常将电压和电流转换为 $d-q$ 旋转坐标系，如图 11.25 所示。$d-q$ 坐标系是固定

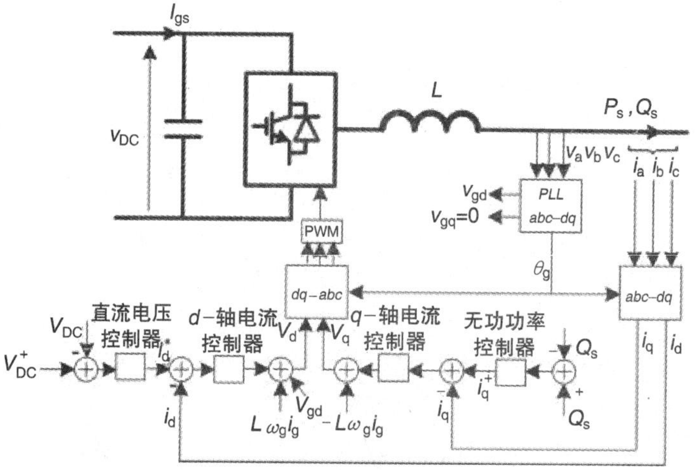

图 11.25 VSC 的 $d-q$ 控制器

的，在交流系统的 a 相相量上使用锁相环（PLL）。d 轴选为 a 相方向，这样 $V_{gq}=0$。控制器有两个控制环，外控制环控制直流电压和无功功率，内控制环转换电流的 d、q 分量。在 HVDC 系统中，一个末端控制直流电压，另一个末端控制有功功率（外控制环控制有功和无功功率）。

11.3.3 多端 HVDC

从 1963 年建成第一条平行多端 HVDC 起，包含一系列连接至 HVDC 线路换流器的多端 HVDC 系统一直受到关注[12]。建成了两条基于 CSC-LCC 的多端 HVDC 线路，一条是撒丁岛-科西嘉岛-意大利线路，1990 年把汞弧整流器换为晶闸管 CSC-LCC。另一条是魁北克-新英格兰线路，其功率等级为 2000MW，并且于 1992 年建成完工。最近，VSC 的柔性和在风电场中使用 HVDC 分接头连接的可行性重新引起了人们对多端系统的兴趣。

VSC-SCC 比 CSC-LCC 更适合多端 HVDC，因为 VSC 可以控制潮流方向而不改变电压极性。因此基于 VSC 的多端 HVDC 很可能成为欧洲超级电网[13,14]的关键输电技术。

图 11.26 所示为四端 HVDC。传统运行方式是一个变换器控制直流电压，其他变换器使用图 11.25 所示的控制器控制传输功率。然而，为了确定参考功率，可能需要变换器之间进行通信。另一种方法是在所有端口使用电压降控制，如图 11.27 所示。图 11.27 给出了当功率从左边传输到右边每个 VSC 的运行点。使用电压降控制实现主 HVDC 线路中的功率分配。例如，如果 VSC1 接收的功率增加，则控制器减小 V_{d1}。这样便减少了通过联络线的功率，即$(V_{d1}-V_{d3})/R_t$。

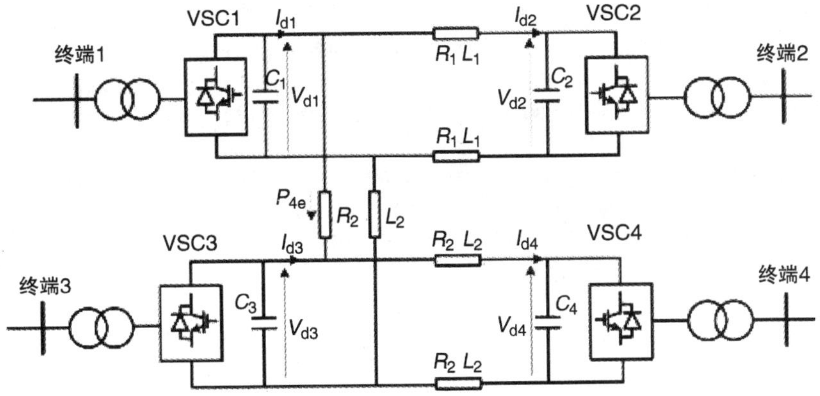

图 11.26 四端 HVDC 电路

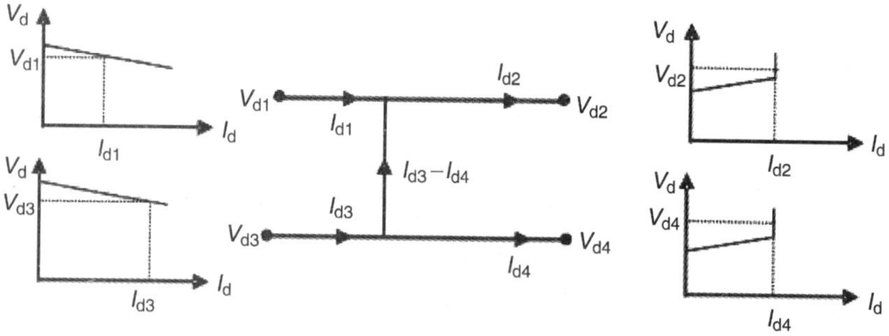

图 11.27　四端 HVDC 电路的有差调节器

参 考 文 献

[1] *Our Electricity Transmission Network: A Vision for 2020*, ENSG report, March 2009, http://webarchive.nationalarchives.gov.uk/20100919181607/http:/www.ensg.gov.uk/assets/ensg_transmission_pwg_full_report_final_issue_1.pdf (accessed on 4 August 2011).

[2] *Oceans of Opportunity*, September 2009, http://ewea.org/fileadmin/ewea_documents/documents/publications/reports/Offshore_Report_2009.pdf (accessed on 4 August 2011).

[3] Gyugyi, L. (2000) Application characteristics of converter-based FACTS controllers. *International Conference on Power System Technology*, **1**, 391–396.

[4] Gyugyi, L. (1988) Power electronics in electric utilities: static VAR compensators. *Proceedings of the IEEE*, **76**(4), 483–494.

[5] Viawan, F.A., Sannino, A., Romero, I. and Maibach, P. (2008) *STATCOM for wind farms fault ride through improvements and grid code compliance*. 7th International conference on large scale integration of wind power and on transmission networks for offshore wind farms, 26–27 May, 2008, Madrid, Spain.

[6] Hingorani, N.G. and Gyugyi, L. (1999) *Understanding Facts: Concepts and Technology of Flexible AC Transmission Systems*, IEEE Press. London.

[7] Anderson, P.M., Agrawal, B.L. and Van Ness, J.E. (1989) *Subsynchronous Resonance in Power Systems*, IEEE Press, London.

[8] Tleis, N. (2007) *Power System Modelling and Fault Analysis: Theory and Practice*, Newnes, Oxford.

[9] Adamson, C. and Hingorani, N. (1960) *High Voltage Direct Current Power Transmission*, Garraway, London.

[10] Arrilaga, J., Liu, Y.H. and Watson, N.R. (2007) *Flexible Power Transmission: The HVDC Options*, John Wiley & Sons, Ltd, Chichester.
[11] Baker, C. *et al.* (2010) *HVDC: Connecting to the Future*, Alstom Grid.
[12] Lamm, U., Uhlmann, E. and Danfors, P. (1963) Some aspects of tapping HVDC transmission systems. *Direct Current*, **8**(5), 124–129.
[13] Asplund, G. (2009) *HVDC Grids: Possibilities and Challenges*, CIGRE SC B4 Bergen Colloquium, Norway.
[14] Gordon, S. (2006) Supergrid to the rescue. *IET Power Engineer*, **20**, 30–33.
[15] Haileselassie, T., Uhlen, K. and Undeland, T. (2009) *Control of multi-terminal HVDC transmission for offshore wind energy*. Nordic Wind Power Conference, Bornholm, Denmark, September 11, 2009.

第 12 章　储　　能

12.1　简介

大量的电能可以通过抽水蓄能或地下空气压缩设备存储，这些设备的额定功率可达 1 ~ 2GW，其容量可达到 10 ~ 20GWh。少量电能可以通过电池、飞轮、超导磁储能系统（SMES）存储[1-3]。燃料电池把化学能持续地转换为电能，但作为储能系统会对电网带来一定的冲击（例如液流电池）。

图 12.1 所示为一些已经投入应用的储能技术[1,4,5]及其输出功率。功率为数百千瓦到数兆瓦的燃料电池现在常作为持续供电电源，因此没有出现在图 12.1 中[6]。

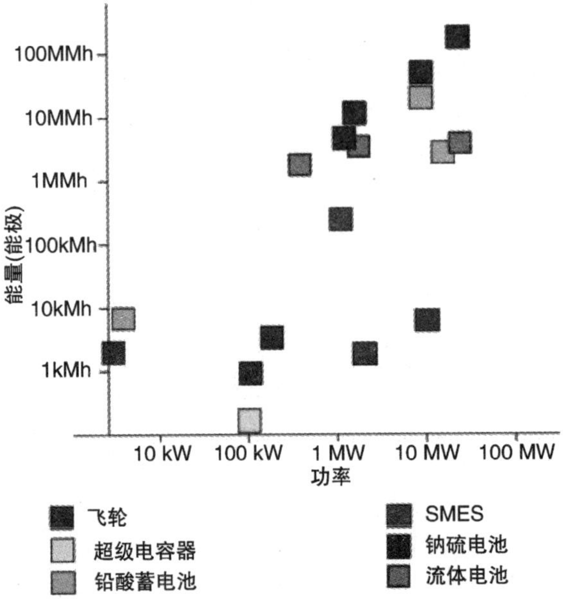

图 12.1　基于技术划分的储能应用方案

电网中的储能系统按照其主要功能可分为短期供能（kW）和长期供能（kWh）。电能质量、稳定电压以及某些频率支持服务需要的短期供能，如电池、飞轮、SMES，其中 SMES 能量转化率较高。支持可再生能源、电能转换、用户能量管理等，则需要大量储能，其充电时间由数分钟到数小时，抽水蓄能、空气压缩储能、热储能和（液流）电池都是理想的备选方案。最初的储能市场机会存在于某些特殊地区，但多渠道的现金流对于弥补储能设备高昂的造价以及充放电过程中的能量损失而言非常必要。

储能应用包括：

1）电能质量控制：随着敏感电力设备的广泛应用，电能质量变得越来越重要。电池储能在不间断电源（UPS）中获得应用，以减少能量损失和电能波动，现在它们已十分常见并廉价高效。电能储能也可以用来降低电压波动和消除其他电能质量问题，例如谐波等。除了储能外还可提升敏感设备控制系统的鲁棒性。

2）服务可再生能源：间断性和不可控性是可再生能源的内在性质。这对电力系统的安全运行构成了挑战。储能系统可以通过平缓输出、定位匹配范围（计划调度）并及时转移产生的电能等方法支持电力系统和可再生能源发电系统。在竞争激烈的市场中，输出难以准确预测是可再生能源的一大劣势。储能可以通过填补能量缺失、吸收多余输出来弥补可再生能源不能精确预测输出的缺点。

可再生能源的输出和电能需求之间没有直接的关联。当供大于求时，储能系统可以存储多余电能，当供不应求时，它可以向负荷提供电能，这一点在风能充足但用电需求偏低时尤为适用。

一些电力设施证明了储能电池在平缓风电场输出时的有效性。例如，安装在日本 Rokkasho 风电场中的 245MWh 的钠硫电池系统，在 51MW 的风电场中安装了 34MW 电池（见图 12.2），图 12.3 所示为储能电池如何平稳风电场输出至设定值。

图 12.2　日本 Rokkasho 风电场（来源：日本风力开发有限公司）

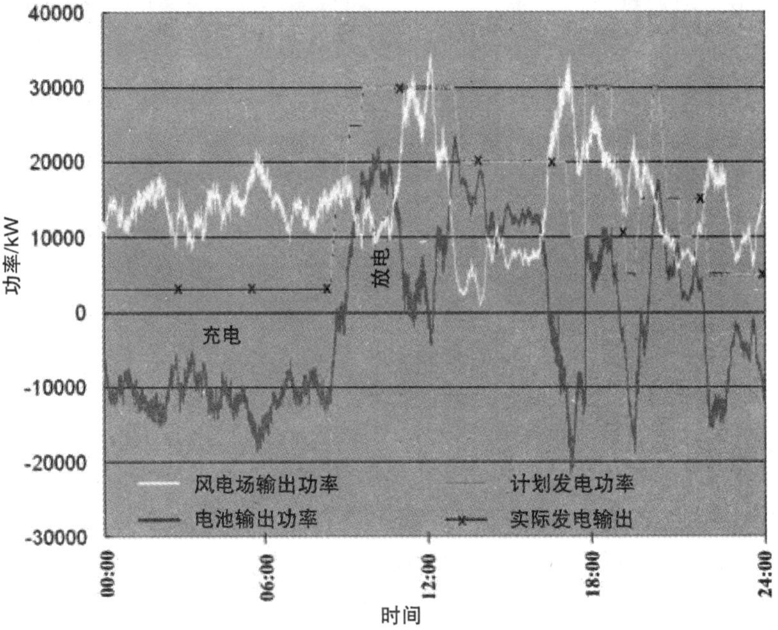

图 12.3　带储能系统的风力发电计划（来源：日本风力开发有限公司。注：实际功率输出与计划发电输出一致）

除储能系统外，其他补偿可再生发电输出变动的方法有快速响应的燃气发电机，或者通过大区域内的可再生能源发电站进行互连以及需求侧整合（第 5 章）。

3）电能时间变换：这项技术是指在电能需求偏低或电价偏低时进行储能，当需求增加或电价升高时释放电能，这提升了用电效率，同时可以通过缓解用电高峰的供电紧张情况为配电网提供支持，并在配电网的合适位置配置储能。

4）用户能量管理：这是以用户为前提的能量管理。储能系统可以为通过电能时间变换按分时电价用电或者有微型发电机的终端用户提供帮助。

电能时间转换和用户能量管理的替代方法是需求侧整合。

5）电压支持：在正常运行条件下，系统电压维持在一个固定的上下限内，这可通过变压器抽头或者控制无功潮流实现。在配电网中，由于配电网的 X/R 比值低，有功和无功功率需要同时用于电压控制。由于配电储能可以提供有功和无功功率，并在无功减少时控制电压，因此具备优势。

当连接分布式发电机时，配电网中电压的最大值和最小值都有限制。如果采用配电网有功功率控制方法，那么就可以增加配电网中连网的发电机数量。正如文献［7］中所讨论的，直流侧带有储能的 STATCOM 可用于电压控制。

6）备用：当系统发生计划外的负荷/电源连接或断开时维持系统稳定的辅助措施。一类为热备用，由未满负荷的大型发电机提供。这些发电机因为热损耗而减效运行。电能存储若要取代旋转备用，不能持续放电，但可在需要时进行放电。

由于电网中风力发电机数量增加，输出的不确定性变得凸显起来，所以需要额外的平衡措施。人们预计储能系统会发挥重要作用，例如电动汽车向电网放电。

除了旋转备用，平衡措施可以由高耗燃料发电厂提供所谓的固定预备实现，例如开式循环燃气轮机（OCGT）和能量存储。带储能 OCGT 的优点在于能够在风能较多或需求较少时储能，随后再取出利用。此外，储能系统可以存储或者释放能量，OCGT 电厂只向系统供能。

7）负荷跟踪：某些装置用来跟踪经常变动的电能需求。存储装置可以在部分电压等级中运行，同时具备高效和反应快速的优点，所以储能设备很适用于负荷跟踪。

8）配电线路容量：配电网中发电装置越来越多，电能已成为主要的能量需求，这使得配电网负荷过重，所以需要升级配电线路。储能系统可以缓解配电网的负荷，推迟线路升级。

12.2 储能技术

12.2.1 电池

电池连接负荷充、放电时存储的是化学能。简单电池有两个电极㊀，正极和负极置于电解液中。电极与电解液交换离子，与外电路交换电子。

铅酸蓄电池和钠硫（NaS）电池在当前大型设备中广泛应用。锂离子（Li-ion）电池，镍镉（NiCd）电池和镍氢（NiMH）电池同样在未来有着广阔前景。

铅酸蓄电池已经投入使用了很多年，通常在同步电机中提供励磁，并且作为后备辅助供电设施。铅酸蓄电池价格比较低但需要经常维护。尤其深度放电会缩短其寿命。

钠硫电池工作温度为 300 ~ 400℃，且单位体积或单位重量的比能量较大。常用于电能时间转换（例如，Citizens 变电站，美国，2MW，见图 12.4，12MWh）、风电场支持（例如 East Busco 变电站，美国，1MW，6MWh）、平缓光伏发电机的输出。

㊀ 正极是电子经过外部电路流入电池的一端（或电流流出端）。负极产生的电子流向外部电路。正极又称为阴极；负极又称为阳极。

图 12.4 Rock County 变电站，Beaver Creek，明尼苏达州：安装在 12MW 风电场并网节点处的 1MW、6MWh 钠硫电池系统（来源：Coartesy of S & C Electric Europe Ltd.）

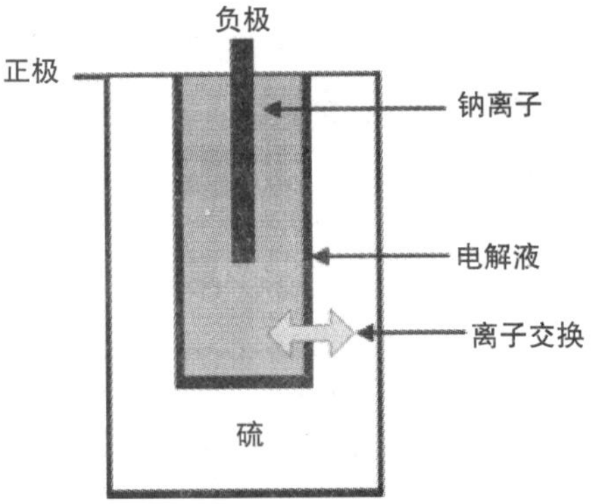

图 12.5 钠硫电池

图 12.5 所示是钠硫电池的简单示意图。正电极为液态硫，负电极为液态钠。电解质为钠 β－氧化铝陶瓷（四层氧原子和铝原子的原子排列相同），能够产生离子交换。更多关于钠硫电池的运行请参考文献［3］。

锂离子电池在配电网储能系统中的地位越来越重要，特别是电动汽车的应用。其负极为石墨，正极为锂钴氧化物、磷酸铁锂或者锂锰氧化物。电解液通常使用氧化溶剂和锂盐。

镍镉电池广泛用于电动工具、移动电话、笔记本计算机。然而过去数十年中，市场上的这种电池已经被其他几种电池所取代。技术鲁棒性、能量密度使其优于铅酸蓄电池，因此入选阿拉斯加黄金谷（Golden Valley in Alaska）旗舰电池储能项目[⊖]。

12.2.2 液流电池

液流电池使用两种电解质，常为不同类型的同种化学混合物。正极和负极电解质分开存储，并且都流经一个小室，两者在小室中保持分开状态。离子通过两

⊖ 黄金谷电气协会：网址：http：//gvea.com/about/bess/（2011 年 8 月 4 日访问记录）。

者之间的隔膜发生电化学反应，如图 12.6 所示。电极不参与化学反应，所以不会在重复的充放电循环中发生损耗（对于其他电池来说，长时间参与循环将导致电极损耗）。

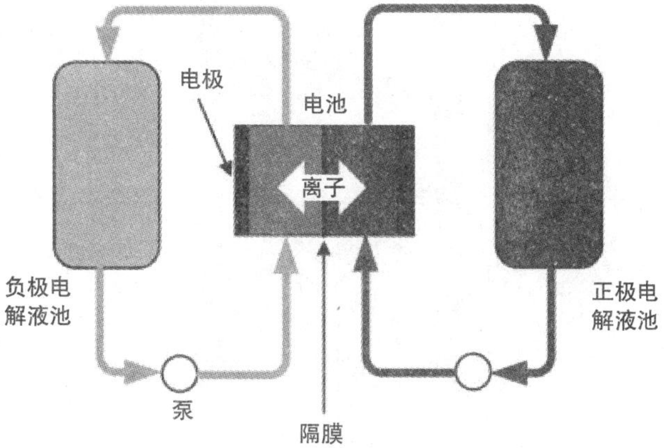

图 12.6 液流电池构造

液流电池存储的电量取决于电池中电解质的体积，而放电速度取决于隔膜上离子的交换速度。

液流电池使用溴化锌（ZBB）或者全钒氧化还原液（VRB）。溴化锌以锌为负极，溴为正极，两者由微孔隔膜分开。溴化锌溶液从两个分开的储液槽循环到小室的两个隔间，如图 12.6 所示。放电时，锌发生氧化，放出锌离子，溴分解为溴离子。充电时，锌被电解在负极上而溴在正极上形成，并以有机化学复合相的形式存储在正极电解质槽底部。放电时，会使用第三个泵再循环有机相。

充放电中两电极上发生的反应如下：

正极：$Br_2(aq) + 2e^- \underset{充电}{\overset{放电}{\rightleftharpoons}} 2Br^-$

负极：$Zn \underset{充电}{\overset{放电}{\rightleftharpoons}} Zn^{2+} + 2e^-$

VRB 中，硫酸的 V^2/V^3 和 V^4/V^5 氧化还原存储在电极箱中，通过隔膜进行离子交换。充放电过程中发生的反应如下：

正极：$V^{5+} + e^- \underset{充电}{\overset{放电}{\rightleftharpoons}} V^{4+}$

负极：$V^{2+} \underset{充电}{\overset{放电}{\rightleftharpoons}} V^{3+} + e^-$

现在有一系列示范性项目使用了液流电池，其容量为数 kW ~ 数 MW，最多能够输出 10h 电量[5]。

12.2.3 燃料电池和氢电解槽

多数燃料电池使用氢气和氧气作为主燃料（见图 12.7）。在负极，氢原子氧

化为 H^+ 和电子。电子流向外部电路，氧离子通过电解液流向正极。正极为涂有催化剂的易渗透材料。氢离子与氧离子结合形成水。

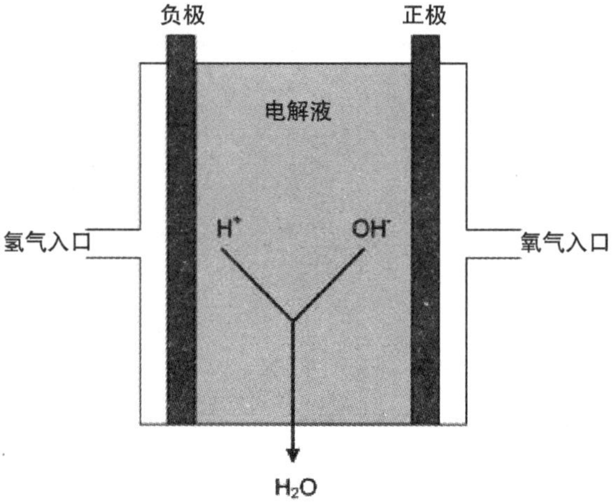

图 12.7　燃料电池的简化图

现在研发出了许多类型的燃料电池，其特性在表 12.1 中列出。

表 12.1　不同类型的燃料电池[8]

类型	电解液	操作温度/℃	最大输出功率
聚合物电解质膜（PEM）燃料电池	有机聚合物	80	250kW
碱性燃料电池（AFC）	氢氧化钾	150～200	12kW
磷酸型燃料电池（PAFC）	磷酸	150～200	250kW
熔融碳酸盐燃料电池（MCFC）	钾、钠或碳化锂	650	2MW
固体氧化物燃料电池（SOFC）	陶瓷	1000	100kW

基于氢的储能系统含有一个电解槽、储氢装置和燃料电池，如图 12.8 所示。

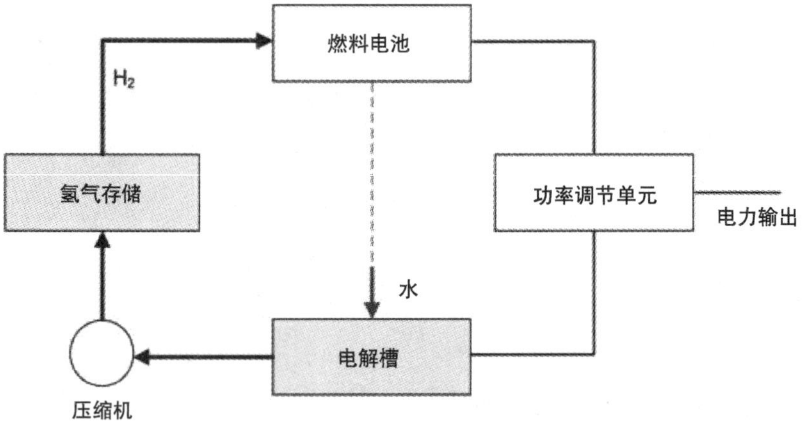

图 12.8　氢储能系统

电解槽使用电能电解水得到氢气。这种设备的假设应用前提是当风能过剩时利用多余风电电解产生氢气，并在系统负荷高峰时向电网供电。

目前已经研究出了消耗电能作为电解槽（产生氢气）的可再生燃料电池。

12.2.4 飞轮储能

在旋转的飞轮中存储动能，并且在需要电能时减速释放能量。其主要用于保持电能质量和为 UPS 提供电能。绝大多数是在用户的请求下安装的，很少在示范性微网中使用。

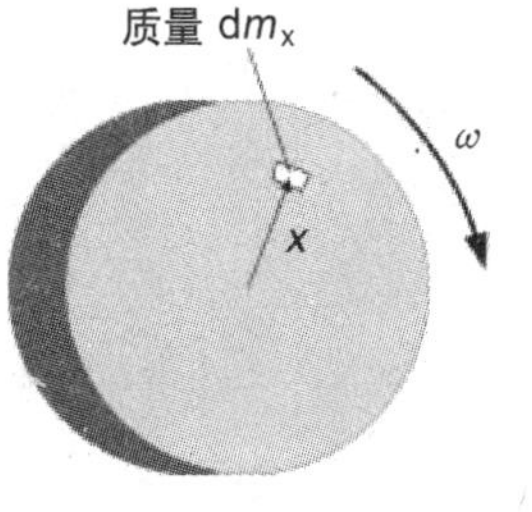

图 12.9 一个旋转圆盘

如图 12.9 所示为简单旋转圆盘模型。存储的能量和角速度（ω）二次方以及转动惯量（J）成正比：

$$储能 = \frac{1}{2}J\omega^2 \tag{12.1}$$

转动惯量计算如下[3]：

$$J = \int x^2 \times dm_x \tag{12.2}$$

式中，x 为质量微元到转动轴的距离。

从式（12.1）可知，可以使用两种方法存储电能：一种是使用具有大转动惯量的低速飞轮；另一种是使用高速较轻材料的飞轮。

从式（12.2）可知，质量微元的位置也很重要。有些飞轮设计为环形，使质量微元远离旋转轴来增加转动惯量。

高速飞轮，有些转速可达 50000r/min，运行在真空中且为磁轴承，以此来减少摩擦损耗。

典型飞轮的横截面如图 12.10 所示。

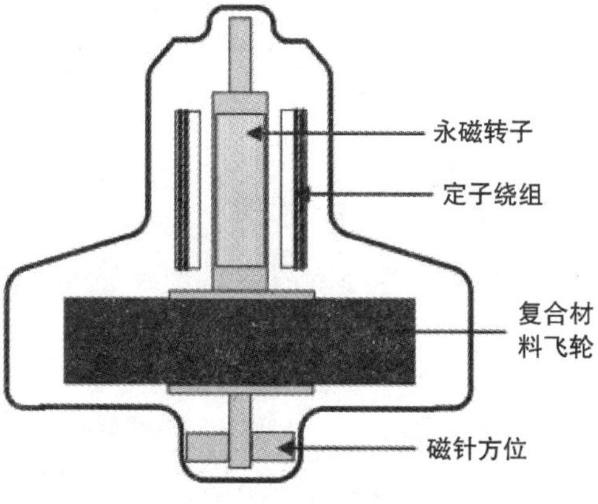

图 12.10 飞轮剖面图

例 12.1

飞轮有一个集中的碳纤维轮辋。臂的内半径 r_1 为 10cm，外半径 r_2 为 23cm。臂的厚度 l 为 20cm。如果碳纤维的密度是 $1500kg/m^3$，飞轮的惯性从什么时候开始？因此，飞轮为了获得 1MWh 的短期储能需要什么样的转速？

解：

图 12.11 展示了一个飞轮。

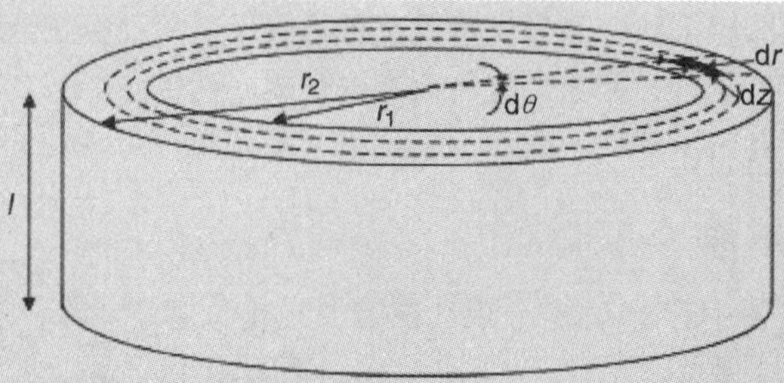

图 12.11　飞轮

微元质量为 $dm_x=\rho l\times dz\times dr$，其中 ρ 是环的密度。

因此：$dz=r\times d\theta$，$dm_x=\rho l\times rd\theta\times dr$。

由式（12.2）得，环的转动惯量由下式计算：

$$J=\int_{r=r_1}^{r=r_2}\int_{\theta=0}^{2\pi}r^2\times\rho l\times rd\theta\times dr$$

$$=\int_{r=r_1}^{r=r_2}2\pi\rho l\times r^3\times dr$$

$$=\pi\rho l\left[\frac{r_2^4-r_1^4}{2}\right]$$

代值得 $J=\pi\times1500\times0.2\left[\frac{0.23^4-0.1^4}{2}\right]=1.27\ (\mathrm{kgm^2})$。

由式（12.1）得，储能 $=\frac{1}{2}\times1.27\times\omega^2=1\times10^3\mathrm{W}\times3600\mathrm{s}$

因此，自转的速度应该是 2381rad/s（即 22737r/min）。

12.2.5　SMES 系统

在 SMES 系统中，直流电流经超导线圈产生一个磁场（见图 12.12）。在超导线圈中，电阻损耗可以忽略，所以存储于此磁场中的能量（等于 $LI^2/2$，其中 L 为线圈电感，I 为流经线圈的电流）不会衰减。然而为了保持 SMES 线圈的超导性，需要一个制冷器来保持线圈在超导温度以下工作。因此超导线圈最佳运行温度在 50～70K，该温度最适合储能。由于 SMES 产生的磁场相当强，需要坚固的结构来容纳该磁场。SMES 中存储的能量可以在交流电网功率控制系统需要时回送电网，如图 12.12 所示。

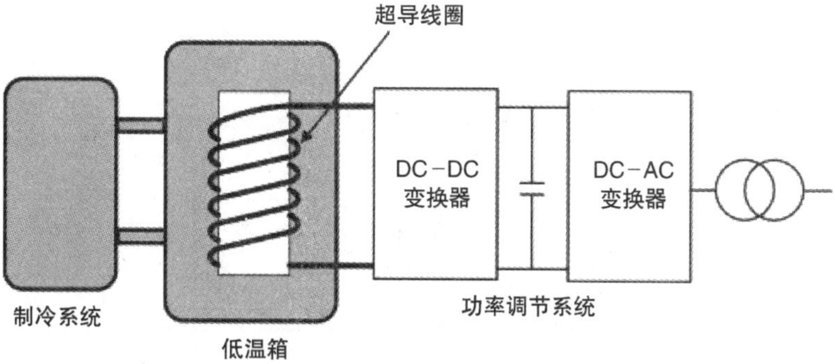

图 12.12　SMES 系统构成

12.2.6　超级电容器

在电容器中，电能存储在静电场中。存储的电能 E 为

$$E=\frac{1}{2}CV^2$$

式中，C 为电容；V 为电容器上所加电压。

对于平行板电容器：

$$C=\frac{\varepsilon_r\varepsilon_o A}{d}$$

式中，ε_r 为电介质材料的相对介电常数；ε_o 为真空介电常数；A 为平行板的面积；d 为平行板之间的距离。

超级电容器有两层结构，其使用了易渗透的电解质，例如聚对苯二甲酸乙二醇酯（PET）。由于双层结构增大了表面积从而显著增加了储电能力，即增加了 C。此外，相对于薄膜电容器，PET 的高相对介电常数（20℃时为 3.5）也增加了储能能力。超级电容器一极为碳化易渗透材料，另一极为液态化学导体。

12.3　案例分析一：风电中的储能

图 12.13 所示为 2MW 带有电池储能（BES）系统的定速感应发电机（FSIG）。

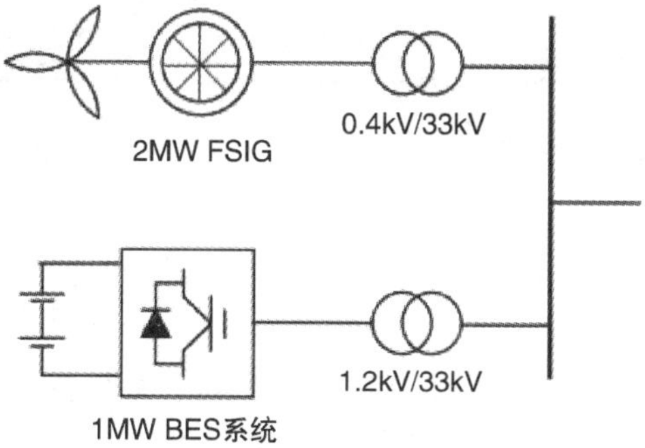

图 12.13　案例学习系统

BES 系统使用图 12.14a 中的多模块变换器。为获得图 12.14b 中的阶梯状输出，需要各个桥中的开关配合控制。

在正半周期，第一桥臂中的所有上方开关（S_1 ~ S_6）都导通，在

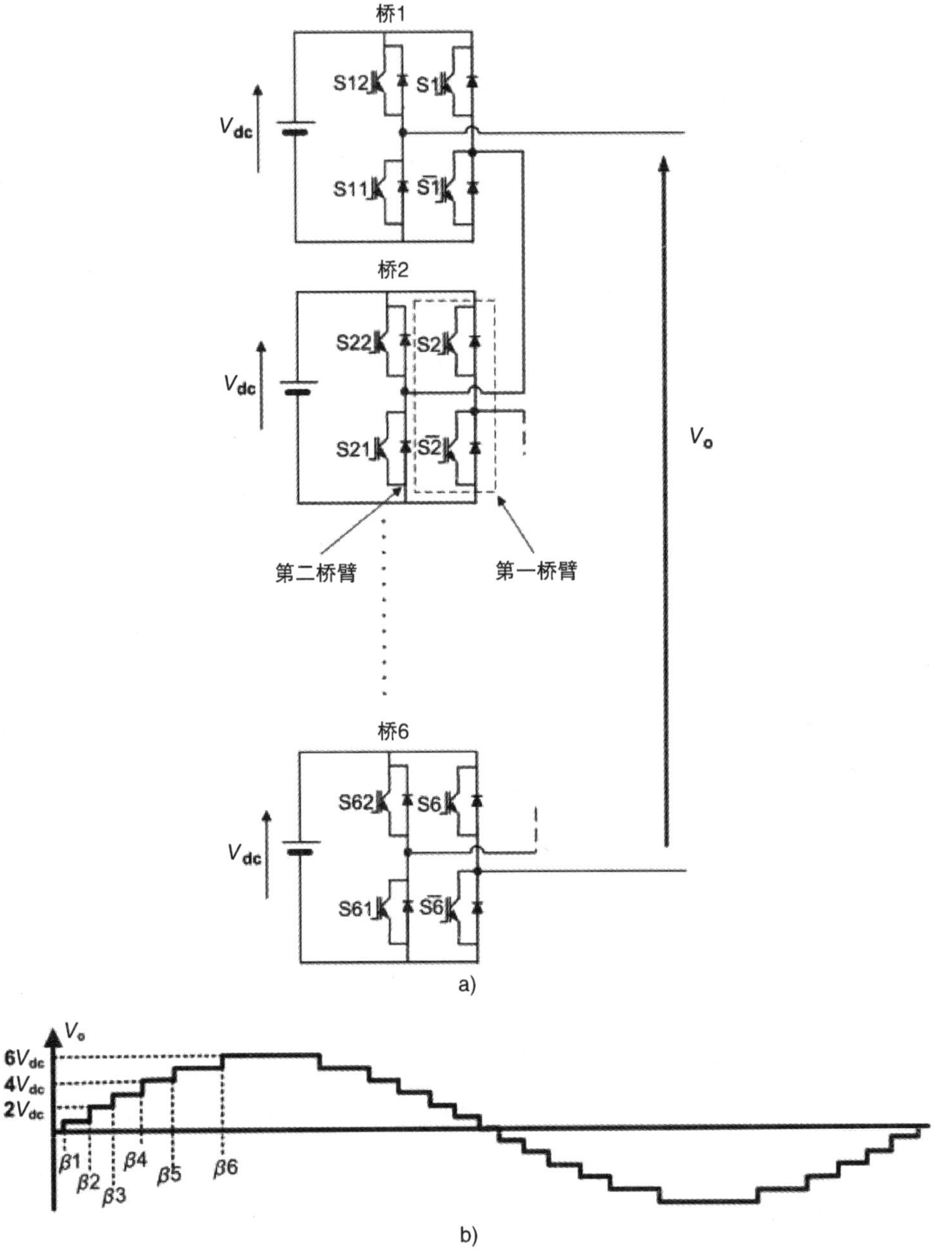

图 12.14　逆变器的输出波形

负半周期中，所有第一桥臂的下方开关（$\overline{S}_1 \sim \overline{S}_6$）都导通。

在一个半周期中，阶梯状波形是通过控制第二桥臂的开关实现的。为了得到

阶梯电压 V_{dc}，第二桥臂中的一个下方开关导通。例如，当 S_{11} 导通时，其他第二桥臂中的下方开关（S_{21}、S_{31}、S_{41}、S_{51} 和 S_{61}）断开，输出 V_o 等于 V_{dc}。为了获得 $2V_{dc}$ 的阶梯电压，第二桥臂中需导通两个下方开关。最后，为了获得 $6V_{dc}$ 的阶梯电压，所有第二桥臂中的下方开关都需导通。

表 12.2 为正半周期和负半周期一种可能的开关状态组合。所有开关都呈周期性变化，所以从每个电池中提出等量的电能。即第一个周期中，使用桥 1 来获得 V_{dc}，在第二个周期，使用桥 2 来获得 V_{dc}。导通时间（$\beta1$、$\beta2$ 等）由最优程序求得，其目的是最小化图 12.14b 中输出波形与正弦波形之间的误差。

表 12.2　可能的开关组合

正半周期									
V_o	$S_1\sim S_6$	$\bar{S}_1\sim\bar{S}_6$	S_{11}	S_{21}	S_{31}	S_{41}	S_{51}	S_{61}	$S_{12}\sim S_{62}$
0	0	0	0	0	0	0	0	0	0
$V_{dc}/6$	1	0	1	0	0	0	0	0	0
$2V_{dc}/6$	1	0	1	1	0	0	0	0	0
$3V_{dc}/6$	1	0	1	1	1	0	0	0	0
$4V_{dc}/6$	1	0	1	1	1	1	0	0	0
$5V_{dc}/6$	1	0	1	1	1	1	1	0	0
$6V_{dc}/6$	1	0	1	1	1	1	1	1	0
负半周期									
	$S_1\sim S_6$	$\bar{S}_1\sim\bar{S}_6$	S_{12}	S_{22}	S_{32}	S_{42}	S_{52}	S_{62}	$S_{11}\sim S_{61}$
$-V_{dc}/6$	0	1	1	0	0	0	0	0	0
$-2V_{dc}/6$	0	1	1	1	0	0	0	0	0
$-3V_{dc}/6$	0	1	1	1	1	0	0	0	0
$-4V_{dc}/6$	0	1	1	1	1	1	0	0	0
$-5V_{dc}/6$	0	1	1	1	1	1	1	0	0
$-6V_{dc}/6$	0	1	1	1	1	1	1	1	0

采用图 12.14a 中的 BES 系统，可对图 12.13 所示系统进行仿真。图 12.15a 使用变速风机取代定速风机。仿真从 6：00 开始，到第二天 6：00 结束。6：00～22：00，控制 BES 以保证供电网的功率保持在 2MW，如图 12.15d 所示。22：00～第二天 6：00，负荷为零，风机对 BES 进行充电。图 12.15e 所示为每个六电平变换器电池的荷电状态（SOC）。可以看出，SOC 电量在 6：00～22：00减少，在 22：00 之后开始增加。每个桥的 SOC（SOC1 为桥 1 电池的荷电状态，以此类推）使用周期调控技术保持平衡。

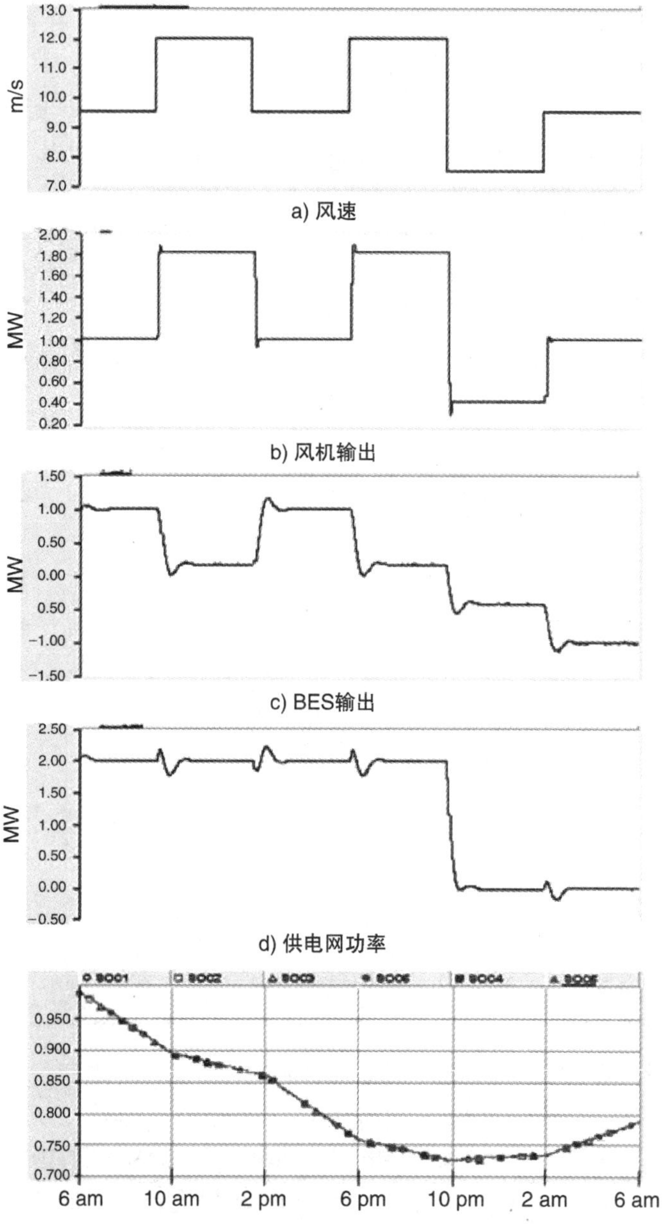

e) 蓄电池SOC

图 12.15　不同风速下电池 BES 输出及其 SOC

（注：所有图形采用同一时间轴）

12.4 案例分析二：电动汽车充电的基于智能体的控制

为了使得运输低碳化，许多国家致力于发展电动汽车（EV）。从电力系统的角度看，EV不仅可以看作负荷，还可以看作分布式储能装置。人们预计EV将会与智能电网互通，提供电能需求转换服务，例如减少其充电率或者向电网反向电能。

本案例中讨论两种充电方法：无控制的EV充电（所有用户在回家之后对EV进行充电）和有控制的EV充电。多智能体系统（MAS）用于有控制的EV充电。更多关于MAS的信息请参考文献［9，10］。

考虑一个拥有纯电动汽车（BEV）和插电式混合动力电动汽车（PHEV）㊀的住宅区。假设有32个BEV和96个PHEV。EV平均接入充电时间假设为18h。EV参数见表12.3。

表12.3 假定的EV参数

BEV电池容量/kWh	28
PHEV电池容量/kWh	7.2
EV充电率/kW	2.99
EV电池效率（%）	85
EV充电效率（%）	87
平均EV能量需求/kWh	6.5
平均BEV初始充电状态（%）	40
平均PHEV初始充电状态（%）	10

使用如图12.16所示的智能体结构：

1）变电站智能体（SA）属于MV/LV等级的二次变电站。负责控制LV区域EV充放电。

2）EV智能体（VA）位于充电汽车处，代表EV所有者或者EV群。负责单个或者多个EV的充放电。

本案例考虑了SA检测到MV/LV变电站变压器出现过负荷的情况。政策不允许出现超限情况，上限定为700kVA。遵循基于FIPA相互请求协议的流程，图12.17所示为标准建模语言（UML）的表示方法：

- SA最开始向VA发送请求。
- VA回应请求，根据EV用户的要求和EV设备的状态提供一系列可行的充电策略。
- SA根据负荷限制进行评估，并决定接下来的充电过程。

㊀ 两种类型都参考EV。

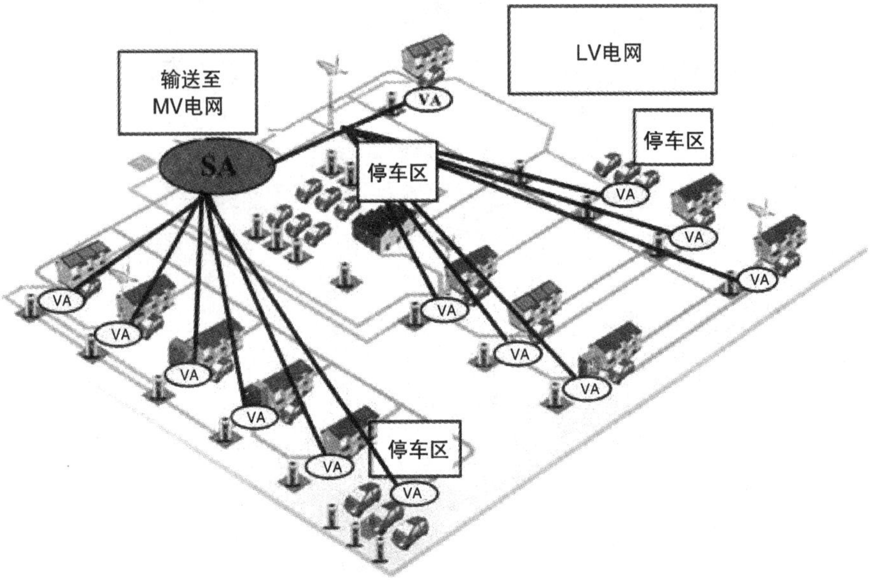

图 12.16　基于多智能体的 EV 充、放电架构

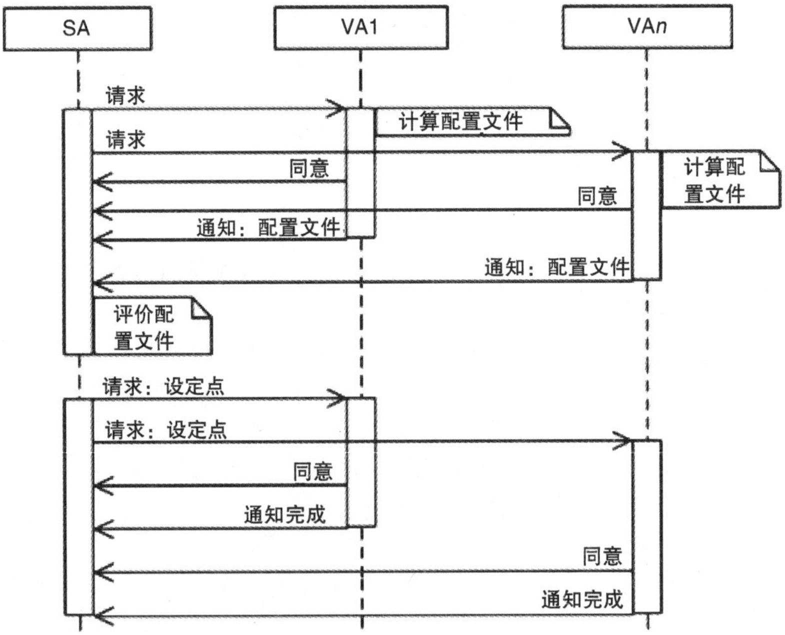

图 12.17　智能体通信的 UML 图

图 12.18 所示为 EV 充电情况下 MV/LV 变压器的负荷需求。如图，非控制下的充电会导致需求翻番。使用 MAS（使用智能体控制的 EV）保持 EV 充电需求维持在变压器额定范围之内。

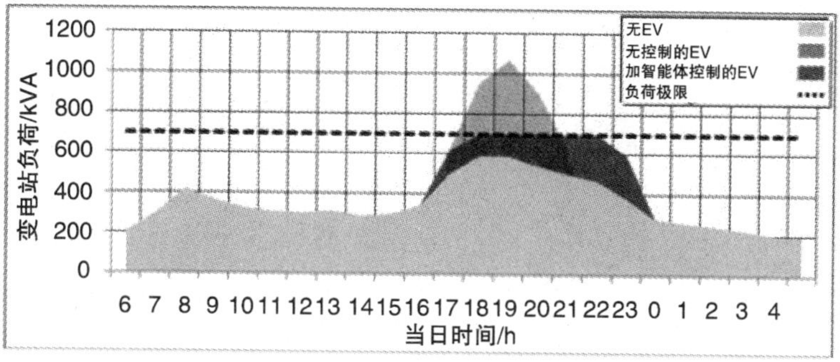

图 12.18　变电站负荷需求

参 考 文 献

[1] Sarrias, R., Fernández, L.M., García, C.A. and Jurado, F. (2010) Energy storage systems for wind power application. International Conference on Renewable Energies and Power Quality (ICREPQ'10), 23–25 March, 2010, Granada, Spain.

[2] *An Assessment of Battery and Hydrogen Energy Storage Systems Integrated with Wind Energy Resources in California*, Public Interest Energy Research Program, California Energy Commission, September 2005.

[3] Ter-Gazarian, A. (1994) *Energy Storage for Power Systems*, IEE Energy Series **6**.

[4] Roberts, B. (2009) Capturing grid power: performance, purpose, and promise of different storage technologies. *IEEE Power and Energy Magazine*, **7**(4), 32–41.

[5] Guerrero, M.A., Romero, E., Barrero, F. et al. *Supercapacitors: Alternative Energy Storage Systems*, http://peandes.unex.es/archives%5CP126.pdf (accessed on 4 August 2011).

[6] Curtin, S., Gangi, J. and Delmont, E. (2011) *State of the States: Fuel Cells in America*, June 2011, http://www.fuelcells.org/StateoftheStates.pdf (accessed on 4 August 2011).

[7] Arulampalam, A., Ekanayake, J.B. and Jenkins, N. (2003) Application study of a STATCOM with energy storage. *IEE Proceedings: Generation, Transmission and Distribution*, **150**(3), 373–384.

[8] *Fuel Cell Handbook* (5th edition), EG&G Services Parsons, Inc., 2000, http://www.fuelcells.org/info/library/fchandbook.pdf (accessed on 4 August 2011).

[9] Wooldridge, M. and Jennings, N.R. (1995) Intelligent agents: theory and practice. *The Knowledge Engineering Review*, **10**(2), 115–152.

[10] Bellifemine, F., Caire, G. and Greenwood, D. (2007) *Developing Multi-Agent Systems with JADE*, John Wiley & Sons, Ltd, Chichester.